U1006508

电力建设工程
施工安全检查指导手册

本书编委会　编著

中国建材工业出版社

图书在版编目(CIP)数据

电力建设工程施工安全检查指导手册/本书编委会编著. --北京：中国建材工业出版社，2022.10

ISBN 978-7-5160-3507-8

Ⅰ. ①电… Ⅱ. ①本 Ⅲ. ①电力工程—工程施工—安全检查—手册 Ⅳ. ①TM7-62

中国版本图书馆 CIP 数据核字（2022）第 089366 号

电力建设工程施工安全检查指导手册

Dianli Jianshe Gongcheng Shigong Anquan Jiancha Zhidao Shouce

本书编委会　编著

出版发行：中国建材工业出版社

地　　址：北京市海淀区三里河路 11 号

邮　　编：100831

经　　销：全国各地新华书店

印　　刷：北京印刷集团有限责任公司

开　　本：787mm×1092mm　1/16

印　　张：13.25

字　　数：320 千字

版　　次：2022 年 10 月第 1 版

印　　次：2022 年 10 月第 1 次

定　　价：76.00 元

本社网址：www.jccbs.com，微信公众号：zgjcgycbs

编 委 会

主　编： 宋宝成　金生吉

编　委： 张剑飞　任卫国　史同文　吴茂林

编制说明

近年来，国家电力建设快速发展，特别是可再生能源的建设提速。在电力工程建设过程中，管理人员和安监人员对工程的安全文明施工和管理肩负着重要的责任。为了便于管理人员和安监人员在电力工程建设过程中更好地开展安全管理与检查工作，作者编写了《电力建设工程施工安全检查指导手册》（简称《手册》）。本《手册》介绍了电力工程建设安全管理和施工现场专业安全管理内容，阐述了电力建设工程施工中安全管理的主要工作和法律依据，通过列举大量事故案例，结合相关法律法规和国家及地方标准，明确了电力建设工程施工安全检查的方法和内容。按照依法依规的原则，所有检查条款都以国家有关法律、法规、标准或管理文件的要求为依据，并在每项内容中标注了有关法律、法规和标准的依据。

本《手册》“检查依据”中的法律、法规、标准、规程和规范有如下特点：一是通用部分，检查人员在实际工作中可根据建设工程的具体类型增加相应的内容；二是引用内容均为 2021 年 12 月底前的现行版本，如依据文件发生更新，检查人员可按照更新的文件执行。

由于安全管理工作和工程现场安全文明施工标准在不断发展和提高，编者将不断依据最新的国家和行业标准、规范等对本《手册》进行修订完善。

本《手册》可作为电力工程建设施工项目管理人员和安监人员安全检查指导手册，也可作为班组作业人员与特种作业人员参考书。

作　者

2022 年 6 月

目　　录

第一部分　安全管理方面检查依据及检查要点

1.1 安全保证体系

1. 项目部应成立安委会或安全生产领导小组。安委会主任或安全生产领导小组组长应由项目经理担任，项目部班子成员及各相关部门（单位）负责人为成员，安委会或安全生产领导小组应明确职责，建立工作制度。

2. 施工单位主要负责人应每月主持召开安全工作例会。

3. 项目部应根据人员变动及时调整安委会或安全生产领导小组成员。

序号	检查内容	检查依据	检查要点
1.1.1	安全生产保证体系成立	1.《电力建设工程施工安全管理导则》（NB/T 10096—2018）第6.1.1条规定：参建单位应根据本企业及建设工程项目实际情况，成立安委会或成立安全生产领导小组。 2.《电力建设工程施工安全管理导则》（NB/T 10096—2018）第6.2.1条规定：参建单位应建立以主要负责人为核心的安全生产保证体系，保障安全生产的人员、物资、费用、技术等资源落实到位，各级人员应具备相应的任职资格和能力。 3.《电力建设工程施工安全监督管理办法》（发展改革委令第28号）第四条规定：施工单位建立健全安全生产保证体系。 4.《电力建设工程施工安全管理导则》（NB/T 10096—2018）第6.2.2条规定：参建单位主要负责人应每月主持召开安全工作例会，总结、布置安全文明施工工作，提出改进措施并形成会议记录	1. 查阅项目成立安委会或安全生产领导小组（安全生产保证体系）文件。内容包括岗位职责已明确，人员组成满足工程需要。 2. 查阅安委会（项目主要负责人）会议纪要

1.2 安全监督管理体系

1. 项目部应按国家相关规定设立安全生产监督管理机构，配备专职安全生产管理人员，建立健全安全生产监督体系，落实企业及工程建设项目的安全监督管理工作。

2. 施工单位应配备具有相应任职资格的专职安全生产管理人员。

3. 安全监督机构要定期检查本单位安全生产工作情况，纠正违反安全生产法规及规章制度的行为，安全监督工作记录应完整。

4. 项目部应按规定召开安全监督网络会议，并做好会议记录。

序号	检查内容	检查依据	检查要点
1.2.1	安全生产监督管理机构	1.《中华人民共和国安全生产法》（主席令第八十八号）第二十四条规定：建筑施工单位应当设置安全生产管理机构或者配备专职安全生产管理人员。 2.《建设工程安全生产管理条例》（国务院令第393号）第二十三条规定：施工单位应当设立安全生产管理机构，配备专职安全生产管理人员。 3.《电力建设工程施工安全管理导则》（NB/T 10096—2018）第6.3.1规定：参建单位应按国家相关规定建立健全安全生产监督网络，设立安全生产监督管理机构，配备专职安全生产管理人员，组织排查生产安全事故隐患，督促落实生产安全事故	1. 查阅项目成立的安全生产管理机构文件。内容包括岗位职责已明确，人员配备满足工程需要。 2. 查阅项目安全监督网络会议纪要及活动记录

续表

序号	检查内容	检查依据	检查要点
1.2.1	安全生产监督管理机构	隐患整改措施。 4.《电力建设工程施工安全管理导则》（NB/T 10096—2018）第6.3.3规定：a）管理范围内从业人员50人以上的参建单位必须设置安全生产监督管理机构（以下简称安监部门），并按比例配备专职安全管理人员，且不得少于2名。 b）施工单位的专业工地（队、车间）必须设专职安全员，班组应设兼职安全员。分包单位与施工单位的专业工地（队、车间）等同管理。 5.《电力建设工程施工安全监督管理办法》（发展改革委令第28号）第二十一条规定：施工单位应当按照国家法律法规和标准规范组织施工，对其施工现场的安全生产负责。应当设立安全生产管理机构，按规定配备专（兼）职安全生产管理人员。《电力建设工程施工安全管理导则》（NB/T 10096—2018）第6.3.2规定：参建单位安全监督机构应定期召开安全监督会议，并做好会议记录；检查安全生产状况，提出改进安全生产管理的建议	1. 查阅项目成立的安全生产管理机构文件。内容包括岗位职责已明确，人员配备满足工程需要。 2. 查阅项目安全监督网络会议纪要及活动记录
1.2.2	专职安全生产管理人员配备	1.《中华人民共和国安全生产法》（主席令第八十八号）第二十七条规定：建筑施工安全生产管理人员，应当由主管的负有安全生产监督管理职责的部门对其安全生产知识和管理能力考核合格。 2.《电力建设工程施工安全管理导则》（NB/T 10096—2018）第6.3.3条c款规定：专职安全管理人员必须具备三年以上的施工现场经历，具有较高的业务管理素质和相应的任职资格。 3.《建筑施工企业安全生产管理机构设置及专职安全生产管理人员配备办法》（2008）第四条规定：专职安全生产管理人员是指经建设主管部门或者其他有关部门安全生产考核合格取得安全生产考核合格证书，并在建筑施工企业及其项目从事安全生产管理工作的专职人员	查阅专职安全生产管理人员台账。内容包括姓名、证书编号、发证单位、有效期等

1.3 安全生产责任制

1. 工程项目部应建立以项目经理为第一责任人的各级管理人员安全生产责任制，经批准后以文件形式发布。
2. 项目经理应同各部门、各级人员签订安全生产责任书。
3. 按安全生产管理目标和项目管理人员的安全生产责任制，应进行安全生产责任目标分解。
4. 项目应对各级、各岗位人员的安全生产职责履行情况进行检查、考核。

序号	检查内容	检查依据	检查要点
1.3.1	责任制建立	1.《中华人民共和国安全生产法》（主席令第八十八号）第二十二条规定：生产经营单位的全员安全生产责任制应当明确各岗位的责任人员、责任范围和考核标准等内容。 2.《中华人民共和国建筑法》（主席令第二十九号）第四十四条规定：建筑施工企业必须依法加强对建筑安全生产的管理，执行安全生产责任制度，采取有效措施，防止伤亡和其他安全生产事故的发生。 3.《建设工程安全生产管理条例》（国务院令第393号）第二	1. 查阅经第一责任人签发的安全生产责任制。内容包括全员安全生产责任制。 2. 查阅项目经理签订的相应的安全生产责任书

续表

序号	检查内容	检查依据	检查要点
1.3.1	责任制建立	十一条规定：施工单位的项目负责人应当对建设工程项目的安全施工负责，落实安全生产责任制度。 4.《电力建设工程施工安全管理导则》（NB/T 10096—2018）第5.4.1规定：建立、健全本项目的安全生产责任制，明确各级人员职责。 5.《电力建设工程施工安全监督管理办法》（发展改革委令第28号）第四条规定：施工单位建立安全生产责任制，保证电力建设工程施工安全，依法承担安全生产责任	1. 查阅经第一责任人签发的安全生产责任制。内容包括全员安全生产责任制。 2. 查阅项目经理签订的相应的安全生产责任书
1.3.2	责任制检查、考核	1.《中华人民共和国安全生产法》（主席令第八十八号）第二十二条规定：生产经营单位应当建立相应的机制，加强对全员安全生产责任制落实情况的监督考核，保证全员安全生产责任制的落实。 2.《电力建设工程施工安全管理导则》（NB/T 10096—2018）第5.4.1规定：定期对安全生产职责履职情况进行检查、考核、公示	查阅安全生产责任制考核结果公示及应用

1.4 安全生产管理制度

1. 项目部应及时识别获取并严格遵守项目所在地安全生产有关要求。
2. 项目部应严格遵守国家、行业及所在地安全生产法律法规、标准规范。
3. 项目部应根据工程实际和工程建设单位要求，建立和完善安全生产规章制度或实施细则，项目经理批准后发布实施。
4. 安全生产管理制度及时传达到相关单位、部门、工作岗位，保证现场各单位人员能方便查询和落实。
5. 建立对安全管理制度进行定期评审和修订的机制。

序号	检查内容	检查依据	检查要点
1.4.1	制度编制	1.《中华人民共和国安全生产法》（主席令第八十八号）第四条规定：生产经营单位必须建立健全安全生产规章制度。 2.《建设工程安全生产管理条例》（国务院令第393号）第二十一条规定：施工单位应当制定安全生产规章制度和操作规程。 3.《电力建设工程施工安全管理导则》（NB/T 10096—2018）第8.1.1规定：安全生产管理制度（施工单位应建立的安全制度见附录A）应包括工作内容、责任人（部门）的职责与权限、基本工作程序及标准等基本内容。 4.《电力建设工程施工安全监督管理办法》（发展改革委令第28号）第二十一条规定：施工单位制定安全管理制度和操作规程	查阅安全管理制度、操作规程。内容与管理模式相适应；编、审、批手续齐全
1.4.2	制度发布、学习与贯彻	1.《中华人民共和国劳动法》（主席令第二十四号）第五十六条规定：劳动者在劳动过程中必须严格遵守安全操作规程。 2.《中华人民共和国安全生产法》（主席令第八十八号）第四十四条规定：生产经营单位应当教育和督促从业人员严格执行本单位的安全生产规章制度和安全操作规程。 3.《电力建设工程施工安全管理导则》（NB/T 10096—2018）第8.2.1规定：安全生产管理制度应经过相关部门的评审，经项目安全第一责任人批准后发布实施，并及时传达到相关单位、部门、工作岗位。	查阅各部门、班组学习、贯彻记录

续表

序号	检查内容	检查依据	检查要点
1.4.2	制度发布、学习与贯彻	4.《电力建设工程施工安全管理导则》(NB/T 10096—2018)第8.2.2规定：施工单位应根据岗位、工种特点，引用或编制适用的安全操作规程，并发放到相关岗位。 5.《电力建设工程施工安全管理导则》(NB/T 10096—2018)第8.2.3规定：各单位应专门组织相关人员对安全管理制度及安全操作规程进行学习和宣传贯彻	查阅各部门、班组学习、贯彻记录

1.5 安全生产教育培训

1. 项目部应建立安全教育培训制度。

2. 项目部应制订、实施安全教育培训计划。

3. 项目负责人和安全生产管理人员应经相应资质的培训机构培训合格，具备安全生产知识和管理能力，取得培训合格证书。

4. 项目部应对从业人员每年至少进行一次安全教育培训，培训内容包括安全法规、规章制度、操作规程、生产技能、应急处置知识等，并经考试验证确认其能力符合岗位要求。

5. 新入厂人员在上岗前，必须按规定经过三级安全教育培训，经考试合格后方可上岗。

6. 作业人员重新上岗、调整工作岗位，应对其进行适应新操作方法、新岗位的安全培训。

7. 采用新技术、新标准、新工艺、新装备的，应对作业人员进行专门的安全教育和培训。

8. 特种作业人员应按有关规定接受专门的培训，经考核合格并取得有效资格证书后，方可上岗作业，并定期进行资格审查。

9. 项目部应做好安全教育培训记录，建立安全教育培训台账，实施分级管理，并对培训效果进行验证、评估和改进。

序号	检查内容	检查依据	检查要点
1.5.1	总体要求	1.《中华人民共和国建筑法》(主席令第二十九号)第四十六条规定：建筑施工企业应当建立健全劳动安全生产教育培训制度，加强对职工安全生产的教育培训；未经安全生产教育培训的人员，不得上岗作业。 2.《建设工程安全生产管理条例》(国务院令第393号)第三十六条规定：施工单位应当对管理人员和作业人员每年至少进行一次安全生产教育培训，其教育培训情况记入个人工作档案。安全生产教育培训考核不合格的人员，不得上岗。 3.《电力建设工程施工安全管理导则》(NB/T 10096—2018)第10.1.1规定：施工单位定期识别安全教育培训需求，制订、实施安全教育培训计划，有相应的资源保证。 4.《中华人民共和国安全生产法》(主席令第八十八号)第二十八条规定：生产经营单位应当建立安全生产教育和培训档案，如实记录安全生产教育和培训的时间、内容、参加人员以及考核结果等情况。 5.《生产经营单位安全培训规定》(国家安全生产监督管理总局令第80号)第二十二条规定：生产经营单位应当建立健全从业人员安全生产教育和培训档案，由生产经营单位的安全生产管理机构以及安全生产管理人员详细、准确记录培训的时间、内容、参加人员以及考核结果等情况。 6.《安全生产培训管理办法》(国家安全生产监督管理总局	1. 查阅安全教育培训制度。 2. 查阅安全教育培训计划。 3. 查阅安全教育培训记录、三级安全教育卡、培训效果评估等资料。 4. 查阅安全教育考试卷

续表

序号	检查内容	检查依据	检查要点
1.5.1	总体要求	令第80号）第十条规定：从业人员安全培训的时间、内容、参加人员以及考核结果等情况，生产经营单位应当如实记录并建档备查。 7.《电力建设工程施工安全管理导则》（NB/T 10096—2018）第10.1.2规定：做好培训记录，建立安全教育培训台账，并对培训效果进行评估、验证和改进	1. 查阅安全教育培训制度。 2. 查阅安全教育培训计划。 3. 查阅安全教育培训记录、三级安全教育卡、培训效果评估等资料。 4. 查阅安全教育考试卷
1.5.2	主要负责人和安全生产管理人员	1.《中华人民共和国安全生产法》（主席令第八十八号）第二十七条规定：建筑施工单位的主要负责人和安全生产管理人员，应当由主管的负有安全生产监督管理职责的部门对其安全生产知识和管理能力考核合格。 2.《建设工程安全生产管理条例》（国务院令第393号）第三十六条规定：施工单位的主要负责人、项目负责人、专职安全生产管理人员应当经建设行政主管部门或者其他有关部门考核合格后方可任职。 3.《生产经营单位安全培训规定》（国家安全生产监督管理总局令第80号）第六条规定：生产经营单位主要负责人和安全生产管理人员应当接受安全培训，具备与所从事的生产经营活动相适应的安全生产知识和管理能力。 4.《电力建设工程施工安全管理导则》（NB/T 10096—2018）第10.2.1规定：主要负责人和安全生产管理人员应具备相应的安全生产知识和管理能力并考核合格。 5.《建筑施工企业主要负责人、项目负责人和专职安全生产管理人员安全生产管理规定》（住房城乡建设部令第17号）第五条规定："安管人员"应当通过其受聘企业，向企业工商注册地的省、自治区、直辖市人民政府住房城乡建设主管部门（以下简称考核机关）申请安全生产考核，并取得安全生产考核合格证书。 6.《建筑施工企业主要负责人、项目负责人和专职安全生产管理人员安全生产管理规定》（住房城乡建设部令第17号）第十一条规定："安管人员"变更受聘企业的，应当与原聘用企业解除劳动关系，并通过新聘用企业到考核机关申请办理证书变更手续	1. 查阅项目负责人和安全生产管理人员安全生产考核合格证书。政府主管部门颁发、当前有效。 2. 查阅项目负责人和安全生产管理人安全生产考核合格证书中的受聘企业的符合性
1.5.3	特种作业人员	1.《中华人民共和国劳动法》（主席令第二十四号）第五十五条规定：从事特种作业的劳动者必须经过专门培训并取得特种作业资格。 2.《中华人民共和国安全生产法》（主席令第八十八号）第三十条规定：生产经营单位的特种作业人员必须按照国家有关规定经专门的安全作业培训，取得相应资格，方可上岗作业。 3.《建设工程安全生产管理条例》（国务院令第393号）第二十五条规定：垂直运输机械作业人员、安装拆卸工、爆破作业人员、起重信号工、登高架设作业人员等特种作业人员，必须按照国家有关规定经过专门的安全作业培训，并取得特种作业操作资格证书后，方可上岗作业。	1. 抽查施工现场从事特种作业人员的证件，核查特种作业人员台账。内容包括姓名、工种类别、证书编号、发证单位、有效期等。 2. 查阅特殊工种人员资格证书。与台账一致、政府主管部门颁发证书、当前有效

续表

序号	检查内容	检查依据	检查要点
1.5.3	特种作业人员	4.《特种设备安全监察条例》（国务院令第549号）第三十八条规定：电梯、起重机械、场（厂）内专用机动车辆等的作业人员及其相关管理人员（以下统称特种设备作业人员），应当按照国家有关规定经特种设备安全监督管理部门考核合格，取得国家统一格式的特种作业人员证书，方可从事相应的作业或者管理工作。 5.《生产经营单位安全培训规定》（国家安全生产监督管理总局令第80号）第十八条规定：生产经营单位的特种作业人员，必须按照国家有关法律、法规的规定接受专门的安全培训，经考核合格，取得特种作业操作资格证书后，方可上岗作业。 6.《特种作业人员安全技术培训考核管理规定》（国家安全监管总局令第80号）第五条规定：特种作业人员必须经专门的安全技术培训并考核合格，取得《中华人民共和国特种作业操作证》（以下简称特种作业操作证）后，方可上岗作业。 7.《电力建设工程施工安全管理导则》（NB/T 10096—2018）第10.3.6规定：特种作业人员和特种设备操作人员应按有关的规定接受专门培训，经考核合格并取得有效资格证书后，方可上岗作业	1. 抽查施工现场从事特种作业人员的证件，核查特种作业人员台账。内容包括姓名、工种类别、证书编号、发证单位、有效期等。 2. 查阅特殊工种人员资格证书。与台账一致、政府主管部门颁发证书、当前有效
1.5.4	采用“四新”培训	1.《中华人民共和国安全生产法》（主席令第八十八号）第二十九条规定：生产经营单位采用新工艺、新技术、新材料或者使用新设备，必须了解、掌握其安全技术特性，采取有效的安全防护措施，并对从业人员进行专门的安全生产教育和培训。 2.《建设工程安全生产管理条例》（国务院令第393号）第三十七条规定：施工单位在采用新技术、新工艺、新设备、新材料时，应当对作业人员进行相应的安全生产教育培训。 3.《生产经营单位安全培训规定》（国家安全生产监督管理总局令第80号）第十七条规定：生产经营单位采用新工艺、新技术、新材料或者使用新设备时，应当对有关从业人员重新进行有针对性的安全培训。 4.《电力建设工程施工安全管理导则》（NB/T 10096—2018）第10.3.2规定：采用（使用）新工艺、新技术、新设备、新材料的，应当对从业人员进行专门的安全培训	查阅采用新技术、新工艺、新设备、新材料时安全教育培训记录、档案
1.5.5	从业人员培训	1.《中华人民共和国安全生产法》（主席令第八十八号）第二十八条规定：生产经营单位应当对从业人员进行安全生产教育和培训，保证从业人员具备必要的安全生产知识，熟悉有关的安全生产规章制度和安全操作规程，掌握本岗位的安全操作技能，了解事故应急处理措施，知悉自身在安全生产方面的权利和义务。未经安全生产教育和培训合格的从业人员，不得上岗作业。 2.《中华人民共和国安全生产法》（主席令第八十八号）第五十八条规定：从业人员应当接受安全生产教育和培训，掌握本职工作所需的安全生产知识，提高安全生产技能，增强事故预防和应急处理能力。	1. 抽查现场正在施工人员，核对施工人员安全教育培训记录、三级安全教育卡。 2. 查阅施工人员安全教育考试卷。考试成绩合格

续表

序号	检查内容	检查依据	检查要点
1.5.5	从业人员培训	3.《建设工程安全生产管理条例》（国务院393号令）第三十七条规定：作业人员进入新的岗位或者新的施工现场前，应当接受安全生产教育培训。未经教育培训或者教育培训考核不合格的人员，不得上岗作业。 4.《安全生产培训管理办法》（国家安全生产监督管理总局令第80号）第十条规定：生产经营单位应当建立安全培训管理制度，保障从业人员安全培训所需经费，对从业人员进行与其所从事岗位相应的安全教育培训，未经安全教育和培训合格的从业人员，不得上岗作业。 5.《生产经营单位安全培训规定》（国家安全生产监督管理总局令第80号）第四条规定：生产经营单位从业人员应当接受安全培训，熟悉有关安全生产规章制度和安全操作规程，具备必要的安全生产知识，掌握本岗位的安全操作技能，了解事故应急处理措施，知悉自身在安全生产方面的权利和义务。未经安全培训合格的从业人员，不得上岗作业。 6.《电力建设工程施工安全管理导则》（NB/T 10096—2018）第10.3.4规定：新入厂人员在上岗前，必须进行岗前安全教育培训，经考试合格后方可上岗	1. 抽查现场正在施工人员，核对施工人员安全教育培训记录、三级安全教育卡。 2. 查阅施工人员安全教育考试卷。考试成绩合格

1.6 安全生产费用

1. 项目部应当按照规定提取和使用安全生产费用。
2. 项目部应编制工程项目安全生产费用使用计划。
3. 项目部应建立安全生产费用使用审批程序。
4. 项目部应建立安全生产费用使用管理台账。

序号	检查内容	检查依据	检查要点
1.6.1	费用计划	1.《中华人民共和国安全生产法》（主席令第八十八号）第二十三条规定：生产经营单位应当具备的安全生产条件所必需的资金投入，由生产经营单位的决策机构、主要负责人或者个人经营的投资人予以保证，并对由于安全生产所必需的资金投入不足导致的后果承担责任。 有关生产经营单位应当按照规定提取和使用安全生产费用，专门用于改善安全生产条件。安全生产费用在成本中据实列支。 2.《电力建设工程施工安全管理导则》（NB/T 10096—2018）第11.4.3规定：施工单位应编制工程项目安全生产费用使用计划。 3.《电力建设工程施工安全监督管理办法》（发展改革委令第28号）第二十二条规定：施工单位应当按照国家有关规定计列和使用安全生产费用。应当编制安全生产费用使用计划，专款专用	查阅项目安全生产费用使用计划
1.6.2	费用实施	1.《建设工程安全生产管理条例》（国务院令第393号）第二十二条规定：施工单位对列入建设工程概算的安全作业环境及安全施工措施所需费用，应当用于施工安全防护用具及设施的采购和更新、安全施工措施的落实、安全生产条件的改善，不得挪作他用。	查阅安全生产费用的使用台账和证实材料。内容与计划相符

续表

序号	检查内容	检查依据	检查要点
1.6.2	费用实施	2.《电力建设工程施工安全管理导则》(NB/T 10096—2018)第11.4.4规定：施工单位应建立安全生产费用使用审批程序，保证安全生产费用投入，专户核算、专款专用，并建立安全生产费用使用管理台账	查阅安全生产费用的使用台账和证实材料。内容与计划相符

1.7 施工安全技术

1. 项目部应建立安全技术保证体系，保证安全技术措施和专项施工方案有效实施。

2. 项目部在施工前应编制施工组织设计，施工组织设计应针对工程特点、施工工艺制定安全技术措施。

3. 建立相应的危险性较大的分部分项工程清单，并报建设单位、监理单位确认、备案。

4. 依据危险性较大的分部分项工程清单编制相应的专项施工方案。专项施工方案应有针对性，并按有关规定进行设计计算。

5. 对超过一定规模的危险性较大的分部分项工程专项施工方案，应组织专家进行论证、审查。危险性较大的专项施工方案编制、审核、批准、备案应规范，作业前应对参与施工作业的员工进行交底，并设专人现场监督。

6. 重要临时设施、重要施工工序、特殊作业、危险作业项目、季节性施工，应编制专项安全技术措施，并严格实施。

7. 项目部应按施工组织设计、专项施工方案组织实施。

8. 对现场管理人员和作业人员进行安全技术交底，交底应有书面记录，交底双方应签字确认，交底资料应由交底双方及安全管理部门留存。

序号	检查内容	检查依据	检查要点
1.7.1	施工组织设计	1.《中华人民共和国建筑法》(主席令第二十九号)第三十八条规定：建筑施工企业在编制施工组织设计时，应当根据建筑工程的特点制定相应的安全技术措施；对专业性较强的工程项目，应当编制专项安全施工组织设计，并采取安全技术措施。 2.《建设工程安全生产管理条例》(国务院令第393号)第二十六条规定：施工单位应当在施工组织设计中编制安全技术措施和施工现场临时用电方案。 3.《电力建设工程施工安全监督管理办法》(发展改革委令第28号)第二十五条规定：电力建设工程开工前，施工单位应当开展现场查勘，编制施工组织设计。 4.《电力建设工程施工安全管理导则》(NB/T 10096—2018)第12.2.8条规定：施工组织设计由项目负责人组织编制，施工单位本部相关部门审核、技术负责人批准	1. 查阅工程项目专业施工组织设计。相关责任人已签字、专业工程开工前编制。 2. 查阅专业施工组织设计报审表。有同意实施等肯定性意见，总包及施工、监理、建设单位相关责任人已签字、盖章
1.7.2	专项施工方案	1.《建设工程安全生产管理条例》(国务院令第393号)第二十六条规定：对达到一定规模的危险性较大的分部分项工程编制专项施工方案，并附具安全验算结果，经施工单位技术负责人、总监理工程师签字后实施，由专职安全生产管理人员进行现场监督。 2.《电力建设工程施工安全管理导则》(NB/T 10096—2018)第12.4.4条规定：施工单位应在施工前，应参照危险性较大的分部分项工程(见附录B、C)清单进行识别，建立相应的危险性较大的分部分项工程清单，并报建设单位、监理单位确认、备案，依据清单编制相应的专项施工方案。	1. 查阅危险性较大的分部分项工程清单。责任人已签字、单位已盖章。 2. 查阅超过一定规模的危险性较大的分部分项工程(需专家论证的专项方案)的评审报告。对论证的内容提出明确的意见、专家(专家为非本项目参建单位人员)已签字。 3. 查阅报审表审批意见。有同意实施等肯定性意见，总包及施工、监理单位相关责任人已签字、盖章

续表

序号	检查内容	检查依据	检查要点
1.7.2	专项施工方案	3.《电力建设工程施工安全监督管理办法》（发展改革委令第28号）第二十五条规定：电力建设工程开工前，施工单位应对复杂自然条件、复杂结构、技术难度大及危险性较大的分部分项工程需编制专项施工方案并附安全验算结果，必要时召开专家会议论证确认。 4.《电力建设工程施工安全管理导则》（NB/T 10096—2018）第12.4.6条规定：专项施工方案由施工单位审核合格后报监理单位，经专业监理工程师审查后，由总监理工程师审核并签署意见后，报建设单位批准。 5.《危险性较大的分部分项工程安全管理规定》（住房城乡建设部令第37号）第十条规定：施工单位应当在危大工程施工前组织工程技术人员编制专项施工方案。 6.《危险性较大的分部分项工程安全管理规定》（住房城乡建设部令第37号）第十一条规定：专项施工方案应当由施工单位技术负责人审核签字、加盖单位公章，并由总监理工程师审查签字、加盖执业印章后方可实施。 7.《电力建设工程施工安全管理导则》（NB/T 10096—2018）第12.4.7条规定：超过一定规模的危险性较大的分部分项工程专项施工方案，由施工单位组织召开审查论证会（审查论证会前专项施工方案应通过施工单位审核和总监理工程师审查）。 8.《危险性较大的分部分项工程安全管理规定》（住房城乡建设部令第37号）第十二条规定：对于超过一定规模的危大工程，施工单位应当组织召开专家论证会对专项施工方案进行论证。实行施工总承包的，由施工总承包单位组织召开专家论证会。专家论证前专项施工方案应当通过施工单位审核和总监理工程师审查。 9.《电力建设工程施工安全管理导则》（NB/T 10096—2018）第12.4.8条规定：专家论证会后，应当形成论证报告，对专项施工方案提出通过、修改后通过或者不通过的一致意见。专家对论证报告负责并签字确认。 超过一定规模的危险性较大的分部分项工程专项施工方案经专家论证后结论为“通过”的，施工单位可参考专家意见自行修改完善；结论为“修改后通过”的，专家意见要明确具体修改内容，施工单位应当按照专家意见进行修改。 10.《危险性较大的分部分项工程安全管理规定》（住房城乡建设部令第37号）第十三条规定：专家论证会后，应当形成论证报告，对专项施工方案提出通过、修改后通过或者不通过的一致意见。专家对论证报告负责并签字确认。 专项施工方案经论证需修改后通过的，施工单位应当根据论证报告修改完善后，重新履行审核程序。 专项施工方案经论证不通过的，施工单位修改后应当按照本规定的要求重新组织专家论证。 11.《电力建设工程施工安全管理导则》（NB/T 10096—2018）第12.4.9条规定：施工单位应当根据论证报告修改完	1. 查阅危险性较大的分部分项工程清单。责任人已签字、单位已盖章。 2. 查阅超过一定规模的危险性较大的分部分项工程（需专家论证的专项方案）的评审报告。对论证的内容提出明确的意见、专家（专家为非本项目参建单位人员）已签字。 3. 查阅报审表审批意见。有同意实施等肯定性意见，总包及施工、监理单位相关责任人已签字、盖章

续表

序号	检查内容	检查依据	检查要点
1.7.2	专项施工方案	善专项施工方案，经施工单位本部技术负责人、监理单位总监理工程师、建设单位技术负责人审核签字后，方可组织实施。 12.《电力建设工程施工安全管理导则》(NB/T 10096—2018) 第12.4.10条规定：施工单位应严格按照专项施工方案组织实施，不得擅自修改、调整，并明确专人对专项施工方案的实施进行指导。 13.《电力建设工程施工安全管理导则》(NB/T 10096—2018) 第12.4.11条规定：专项施工方案如因设计、结构、外部环境等因素发生变化确需修改的，应征得建设单位、监理单位同意，修改后的专项施工方案应当重新审核。对于超过一定规模的危险性较大的分部分项工程的专项施工方案，施工单位应重新组织专家进行论证。 14.《危险性较大的分部分项工程安全管理规定》(住房城乡建设部令第37号) 第十六条规定：施工单位应当严格按照专项施工方案组织施工，不得擅自修改专项施工方案。 因规划调整、设计变更等原因确需调整的，修改后的专项施工方案应当按照本规定重新审核和论证。涉及资金或者工期调整的，建设单位应当按照约定予以调整	1. 查阅危险性较大的分部分项工程清单。责任人已签字、单位已盖章。 2. 查阅超过一定规模的危险性较大的分部分项工程（需专家论证的专项方案）的评审报告。对论证的内容提出明确的意见、专家（专家为非本项目参建单位人员）已签字。 3. 查阅报审表 审批意见。有同意实施等肯定性意见，总包及施工、监理单位相关责任人已签字、盖章
1.7.3	分部分项施工方案、安全技术措施	1.《建筑施工组织设计规范》(GB/T 50502—2009) 第5.1.1条规定：单位工程应当按《建筑工程施工质量验收统一标准》GB 50300中分部、分项工程划分的原则，对主要的分部、分项工程制定施工方案。 2.《电力建设工程施工安全监督管理办法》(发展改革委令第28号) 第二十五条规定：电力建设工程开工前，施工单位应当开展现场查勘，编制施工方案和安全技术措施并按技术管理相关规定报建设单位、监理单位同意。 3.《电力建设工程施工安全管理导则》(NB/T 10096—2018) 第12.5.1条规定：安全技术措施由施工单位工程技术人员在施工准备阶段编写（编制安全技术措施的作业项目清单参见附录D)。 4.《电力建设工程施工安全管理导则》(NB/T 10096—2018) 第12.5.5条规定：当施工条件发生变化，安全技术措施不能满足安全生产需要时，应按程序重新编制或更新安全技术措施	1. 查阅分部分项施工方案和安全技术措施。相关责任人已签字、施工前编制审批。 2. 查阅施工方案和安全技术措施报审表。有同意实施等肯定性意见，总包及施工、监理单位相关责任人已签字、盖章
1.7.4	安全技术交底	1.《中华人民共和国建筑法》(主席令第二十九号) 第四十四条规定：生产经营单位应当向从业人员如实告知作业场所和工作岗位存在的危险因素、防范措施以及事故应急措施。 2.《建设工程安全生产管理条例》(国务院令第393号) 第二十七条规定：建设工程施工前，施工单位负责项目管理的技术人员应当对有关安全施工的技术要求向施工作业班组、作业人员作出详细说明，并由双方签字确认。 3.《电力建设工程施工安全监督管理办法》(发展改革委令第28号) 第二十五条规定：施工单位负责项目管理的技术人员	1. 查阅安全技术交底，核实正在施工的项目是否有交底。 2. 查阅安全技术交底记录。内容与方案、作业指导书相符、施工前交底、交底人和被交底人已签字

续表

序号	检查内容	检查依据	检查要点
1.7.4	安全技术交底	应当向作业人员进行安全技术交底，如实告知作业场所和工作岗位可能存在的风险因素、防范措施以及现场应急处置方案，并由双方签字确认。 4.《电力建设工程施工安全管理导则》（NB/T 10096—2018）第12.6.3条规定：危险性较大的分部分项工程专项实施前，编制人员或技术负责人应当向现场管理人员和作业人员进行安全技术交底。 5.《危险性较大的分部分项工程安全管理规定》（住房城乡建设部令第37号）第十五条规定：专项施工方案实施前，编制人员或者项目技术负责人应当向施工现场管理人员进行方案交底。施工现场管理人员应当向作业人员进行安全技术交底，并由双方和项目专职安全生产管理人员共同签字确认。 6.《电力建设工程施工安全管理导则》（NB/T 10096—2018）第12.6.2条规定：施工单位应根据国家有关安全生产的法律法规、标准规范的要求和工程设计文件、施工组织设计、安全技术计划和安全技术专篇、专项施工方案、安全技术措施等安全技术管理文件的要求进行安全技术交底， 7.《建筑施工安全技术统一规范》（GB 50870—2013）第8.2.1条规定：安全技术交底应依据国家有关法律法规和有关标准、工程设计文件、施工组织设计和安全技术规划、专项施工方案和安全技术措施、安全技术管理文件等的要求进行。 8.《建筑施工安全技术统一规范》（GB 50870—2013）第8.2.3条规定：安全技术交底的内容包括：工程项目和分部分项工程的概况、施工过程的危险部位和环节及可能导致生产安全事故的因素、针对危险因素采取的具体预防措施、作业中应遵守的安全操作规程及应注意的安全事项、作业人员发现隐患应采取的措施、发生事故后应及时采取的避险和救援措施。 9.《电力建设工程施工安全管理导则》（NB/T 10096—2018）第12.6.6条规定：安全技术交底应按照相关技术文件要求进行，交底应有书面记录，交底双方应签字确认，交底资料应由交底双方及安全管理部门留存。 10.《电力建设工程施工安全管理导则》（NB/T 10096—2018）第12.6.5条规定：施工过程中，施工条件或施工环境发生变化的，应补充技术交底；连续施工超过一个月或不连续施工的应重新交底	1. 查阅安全技术交底，核实正在施工的项目是否有交底。 2. 查阅安全技术交底记录。内容与方案、作业指导书相符、施工前交底、交底人和被交底人已签字

1.8 隐患排查和治理（安全检查）

1. 项目部应建立隐患排查治理（安全检查）管理制度，明确责任部门、人员、范围、方法、程序等内容。在安全职责中，逐级明确部门、人员的隐患排查治理（安全检查）责任。

2. 项目部应定期组织安全生产管理人员、工程技术人员和其他相关人员排查（检查）本单位的事故隐患，并对排查（检查）出的隐患进行分析评估，确定隐患等级，登记建档，及时采取有效的治理措施，形成“查找—分析—评估—报告—治理（控制）—验收”的闭环管理流程。

3. 对于重大事故隐患，企业及项目部应及时向有关部门报告。

4. 法律法规、标准规范发生变更或更新，以及施工条件或工艺改变，对事故、事件或其他信息有新的认识，

续表

组织机构和人员发生大的调整的，项目部应及时组织隐患排查。

5. 隐患排查（安全检查）前应制定实施方案，明确排查（检查）的目的、范围、时间、人员，并结合安全检查、安全性评价，组织隐患排查（安全检查）工作。

6. 开展隐患排查（安全检查）工作的范围，应包括所有与工程施工相关的场所、环境、人员、设备设施和活动。

7. 根据安全生产的需要和特点，采用综合检查、专项检查、季节性检查、节假日检查、日常检查等方式进行隐患排查。

8. 对于危害和整改难度较小，发现后能够立即整改排除的一般事故隐患，应立即组织整改排除。

9. 对于重大事故隐患，应制定专项隐患治理方案，隐患治理方案应包括目标和任务、方法和措施、经费和物资、机构和人员、时限和要求、安全措施和应急预案。

10. 重大事故隐患治理前，应采取临时控制措施。

11. 控制措施应包括：工程技术措施、管理措施、教育措施、防护措施和应急措施；安全管理人员应对重大事故隐患治理过程进行整改监督。

12. 隐患治理完成后，应对治理情况进行验证和效果评估。

序号	检查内容	检查依据	检查要点
1.8.1	隐患排查（安全检查）	1.《中华人民共和国安全生产法》（主席令第八十八号）第四十一条规定：生产经营单位应当建立健全并落实生产安全事故隐患排查治理制度，采取技术、管理措施，及时发现并消除事故隐患。事故隐患排查治理情况应当如实记录，并通过职工大会或者职工代表大会、信息公示栏等方式向从业人员通报。其中，重大事故隐患排查治理情况应当及时向负有安全生产监督管理职责的部门和职工大会或者职工代表大会报告。 2.《建设工程安全生产管理条例》（国务院令第393号）第二十一条规定：施工单位对所承担的建设工程进行定期和专项安全检查，并做好安全检查记录。 3.《安全生产事故隐患排查治理暂行规定》（国家安全生产监督管理总局令第16号）第十条规定：生产经营单位应当定期组织安全生产管理人员、工程技术人员和其他相关人员排查本单位的事故隐患。对排查出的事故隐患，应当按照事故隐患的等级进行登记，建立事故隐患信息档案，并按照职责分工实施监控治理。 4.《电力建设工程施工安全管理导则》（NB/T 10096—2018）第16.3.2.2条规定：按照有关规定组织开展隐患排查治理工作，及时发现并消除隐患，实行隐患闭环管理。 5.《电力建设工程施工安全监督管理办法》（发展改革委令第28号）第二十六条规定：施工单位应当定期组织施工现场安全检查和隐患排查治理，严格落实施工现场安全措施，杜绝违章指挥、违章作业、违反劳动纪律行为发生	1. 查阅隐患排查治理（安全检查）的管理制度。 2. 查阅隐患排查治理（安全检查）记录
1.8.2	排查（检查）范围与方法	1.《电力建设工程施工安全管理导则》（NB/T 10096—2018）第15.1.1条规定：安全检查可分为综合检查、专项检查、季节性检查、节假日检查、经常性检查、自检与交接检查等。 2.《电力建设工程施工安全管理导则》（NB/T 10096—2018）	1. 查阅问题整改反馈单。 2. 查阅一般隐患治理的闭环管理情况。 3. 查阅重大隐患治理后的验收与评估

续表

序号	检查内容	检查依据	检查要点
1.8.2	排查（检查）范围与方法	第15.1.2条规定：常用的安全检查方法有常规检查、安全检查表法、仪器检查法。 3.《电力建设工程施工安全管理导则》(NB/T 10096—2018)第15.2.1条规定：安全检查以查制度、查管理、查隐患为主要内容，同时应将环境保护、职业卫生和文明施工纳入检查范围。 4.《电力建设工程施工安全管理导则》(NB/T 10096—2018)第15.2.2条规定：施工单位应当对所承担的建设工程项目每月至少开展一次安全检查活动。 5.《电力建设工程施工安全管理导则》(NB/T 10096—2018)第15.2.3条规定：各类安全检查中发现的安全隐患、安全文明施工管理问题，应下发整改通知单，限期整改，并对整改结果进行确认，实施闭环管理。 6.《电力建设工程施工安全管理导则》(NB/T 10096—2018)第16.3.1.2条规定：应依据有关法律法规、标准规范等策划编制事故隐患排查表，制定各部门、岗位、场所、设备设施的隐患排查治理标准或排查清单。 7.《电力建设工程施工安全管理导则》(NB/T 10096—2018)第16.3.2.1条规定：应建立事故隐患排查治理机制，定期组织开展建设工程的隐患排查治理工作，在开展隐患排查前应制定排查方案，明确排查的目的、范围、时间、人员和方法等内容，定期组织开展全面的隐患排查	1. 查阅问题整改反馈单。 2. 查阅一般隐患治理的闭环管理情况。 3. 查阅重大隐患治理后的验收与评估

1.9 安全风险管控

1. 项目应建立安全生产危险源辨识和风险评估管理制度。
2. 应对本单位所承担的工程项目进行危险有害因素辨识与评估，确定重大风险及重大危险源。
3. 应建立分部分项工程危险源辨识清单。
4. 应对重大危险源及时登记建档，进行定期检查、检测。
5. 应按规定将本单位重大危险源的名称、地点、性质和可能造成的危害及有关安全措施、应急预案，报所在地有关主管部门备案。
6. 应采取有效的技术措施对重大危险源实施监控。

序号	检查内容	检查依据	检查要点
1.9	安全风险管控	1.《中华人民共和国安全生产法》(主席令第八十八号)第四十一条规定：生产经营单位应当建立安全风险分级管控制度，按照安全风险分级采取相应的管控措施。 2.《电力建设工程施工安全管理导则》(NB/T 10096—2018)第16.2.1.1条规定：施工单位应按分部分项工程划分评价单元，对评价单元、作业活动过程中的危险源进行全面、充分的辨识。 3.《电力建设工程施工安全管理导则》(NB/T 10096—2018)第16.2.2.2条规定：施工单位应对本工程的重大危险源进行登记建档，并将属于申报范围的重大危险源报建设单位和监理单位，由建设单位统一上报所在地县级以上人民政府安全生产监督管理部门备案。实行工程总承包的，由工程总承包单位统计上报。	1. 查阅危险有害因素辨识与评估管理制度。 2. 查阅对工程项目进行的危险有害因素辨识与评估文件。 3. 查阅重大危险源备案的执行情况

续表

序号	检查内容	检查依据	检查要点
1.9	安全风险管控	4.《电力建设工程施工安全管理导则》（NB/T 10096—2018）第16.2.3.2条规定：应对本项目存在的危险源进行安全风险评估。 5.《电力建设工程施工安全管理导则》（NB/T 10096—2018）第16.2.3.4条规定：施工单位应采取工程技术措施、管理控制措施、个体防护措施等对安全风险进行控制，并登记建档。 6.《电力建设工程施工安全管理导则》（NB/T 10096—2018）第16.2.3.5条规定：施工单位应公布作业活动或场所存在的主要风险、风险类别、风险等级、管控措施和应急措施，使从业人员了解风险的基本情况及防范、应急措施	1. 查阅危险有害因素辨识与评估管理制度。 2. 查阅对工程项目进行的危险有害因素辨识与评估文件。 3. 查阅重大危险源备案的执行情况

1.10 分包安全管理

1. 总包单位应对承揽分包工程的分包单位进行资质、安全生产许可证和相关人员安全生产资格的审查。

2. 当总包单位与分包单位签订分包合同时，应签订安全生产协议书，明确双方的安全责任。

3. 分包单位应按规定建立安全机构，配备专职安全员。

4. 项目经理、专职安全员和特种作业人员，必须经行业主管部门培训考核合格，取得相应资格证书，方可上岗作业。

序号	检查内容	检查依据	检查要点
1.10.1	资质要求及资源配备	1.《电力建设工程施工安全监督管理办法》（发展改革委令第28号）第二十三条规定：电力建设工程实行施工总承包的，由施工总承包单位对施工现场的安全生产负总责，具体包括： （二）施工单位或施工总承包单位依法将主体工程以外项目进行专业分包的，分包单位必须具有相应资质和安全生产许可证，合同中应当明确双方在安全生产方面的权利和义务。 （三）施工单位或施工总承包单位和专业承包单位实行劳务分包的，应当分包给具有相应资质的单位，并对施工现场的安全生产承担主体责任。 2.《电力建设工程施工安全管理导则》（NB/T 10096—2018）第17.3.1条规定：分包单位必须在分包合同、安全生产协议签订后方可进场施工。 3.《电力建设工程施工安全管理导则》（NB/T 10096—2018）第17.3.2条规定：分包合同中必须明确分包性质（专业分包或劳务分包）。 4.《电力建设工程施工安全管理导则》（NB/T 10096—2018）第17.3.3条规定：分包合同、安全生产协议的签字人必须是发、承包双方法定代表人或其授权委托人。 5.《电力建设工程施工安全管理导则》（NB/T 10096—2018）第17.4.1条规定：分包单位的资质必须符合国家建筑业企业资质管理的相关规定，并与所承揽的工程相适应，取得安全生产许可证和法人授权委托书。 6.《电力建设工程施工安全管理导则》（NB/T 10096—2018）第17.4.3条规定：分包单位必须建立健全安全生产管理体系和安全管理制度。	1. 查阅分包单位资质证书。政府主管部门颁发、当前有效、业务涵盖合同约定的业务。 2. 查阅项目经理资格证书。政府主管部门颁发、当前有效、注册单位与承包单位一致。 3. 查阅项目经理安全生产考核合格证书。 政府主管部门颁发、当前有效。 4. 查阅施工单位法定代表人对项目经理的授权文件及变更文件。变更文件经建设单位批准、被授权人与当前工程项目经理一致、授权内容与工程相符。

续表

序号	检查内容	检查依据	检查要点
1.10.1	资质要求及资源配备	7.《电力建设工程施工安全管理导则》(NB/T 10096—2018) 第17.4.4条规定：项目主要负责人、技术负责人、安全管理人员、技术人员及特种作业人员等应具有合格资质，满足施工安全管理需要。 8.《电力建设工程施工安全管理导则》(NB/T 10096—2018) 第17.4.5条规定：具有保证施工安全的机械、工器具、安全防护设施、用具等资源	5. 查阅安全管理人员安全生产考核合格证书。政府主管部门颁发、当前有效
1.10.2	监督管理	1.《中华人民共和国建筑法》(主席令第二十九号) 第二十八条规定：禁止承包单位将其承包的全部建筑工程转包给他人，禁止承包单位将其承包的全部建筑工程肢解以后以分包的名义分别转包给他人。 2.《中华人民共和国建筑法》(主席令第二十九号) 第二十九条规定：禁止总承包单位将工程分包给不具备相应资质条件的单位。禁止分包单位将其承包的工程再分包。 3.《电力建设工程施工安全监督管理办法》(发展改革委令第28号) 第二十三条规定：电力建设工程实行施工总承包的，由施工总承包单位对施工现场的安全生产负总责，具体包括： (一) 施工单位或施工总承包单位应当自行完成主体工程的施工，除可依法对劳务作业进行劳务分包外，不得对主体工程进行其他形式的施工分包；禁止任何形式的转包和违法分包； (二) 施工单位或施工总承包单位依法将主体工程以外项目进行专业分包的，施工单位或施工总承包单位履行电力建设工程安全生产监督管理职责，承担工程安全生产连带管理责任，分包单位对其承包的施工现场安全生产负责； (三) 施工单位或施工总承包单位和专业承包单位实行劳务分包的，应当分包给具有相应资质的单位并对施工现场的安全生产承担主体责任。 4.《电力建设工程施工安全监督管理办法》(发展改革委令第28号) 第二十四条规定：施工单位应当履行劳务分包安全管理责任，将劳务派遣人员、临时用工人员纳入其安全管理体系，落实安全措施，加强作业现场管理和控制。 5.《电力建设工程施工安全管理导则》(NB/T 10096—2018) 第17.5.1条规定：施工单位应自行完成主体工程的施工，将非主体工程进行专业分包时，分包合同中应明确双方的安全责任和义务。 6.《电力建设工程施工安全管理导则》(NB/T 10096—2018) 第17.5.3条规定：施工单位应组织专业分包单位开展现场查测，编制施工方案和安全技术措施，并按照技术管理相关规定上报建设单位、监理单位同意。 7.《电力建设工程施工安全管理导则》(NB/T 10096—2018) 第17.5.4条规定：施工单位实行劳务分包的，劳务分包单位应当具有相应的资质，施工单位应对施工现场的安全生产承担主体责任，履行对劳务分包安全管理职责，将劳务作业人员纳入其安全管理体系，落实安全措施，加强作业现场管理和控制。	1. 查阅工程分包申请报审表。有同意分包等肯定性意见，总包及施工、监理、建设单位相关责任人已签字、盖章。 2. 查阅施工单位安全管理资料，查验对分包单位履行安全管理职责情况

续表

序号	检查内容	检查依据	检查要点
1.10.2	监督管理	8.《电力建设工程施工安全管理导则》(NB/T 10096—2018)第17.5.8条规定：施工单位对关键工序、隐蔽工程、危险性大、专业性强的专业分包工程项目施工，必须派人全过程监督。 9.《电力建设工程施工安全管理导则》(NB/T 10096—2018)第17.5.9条规定：劳务分包人员在参与危险性大、专业性强的劳务作业时，施工单位应指派符合岗位要求的施工班组负责人、技术员、安全管理人员等对现场施工组织、工器具的配置、现场布置和劳务分包人员的实际操作进行统一组织指挥和有效监督	1. 查阅工程分包申请报审表。有同意分包等肯定性意见，总包及施工、监理、建设单位相关责任人已签字、盖章。 2. 查阅施工单位安全管理资料，查验对分包单位履行安全管理职责情况

1.11 应急管理

1. 项目部应建立健全本单位应急管理体系，建立突发事件应急领导机构，明确责任，并设专人负责。
2. 项目部应按规定结合工程实际，制定施工现场应急处置方案，并报公司本部及工程项目建设单位（项目部）备案。
3. 项目部的应急预案和处置方案应定期进行评审，并根据评审结果修订和完善。
4. 项目部应落实应急救援经费、医疗、交通运输、物资、治安和后勤等保障措施。
5. 项目部每年至少应组织一次相关部门、单位负责人和人员开展应急管理能力、应急知识的培训。
6. 项目部应制定现场应急预案（处置方案）演练计划及方案，每年至少组织一次应急演练。
7. 项目部对演练效果应进行评估，根据评估结果，修订、完善应急预案，改进应急管理工作。

序号	检查内容	检查依据	检查要点
1.11.1	应急体系建立	1.《生产安全事故应急条例》（国务院令第708号）第十条规定：建筑施工单位应当建立应急救援队伍，其中，小型企业或者微型企业等规模较小的生产经营单位，可以不建立应急救援队伍，但应当指定兼职的应急救援人员。 2.《生产安全事故应急预案管理办法》（国家安全生产监督管理总局令第88号）第十二条规定：生产经营单位应当根据有关法律、法规、规章和相关标准，结合本单位组织管理体系、生产规模和可能发生的事故特点，与相关预案保持衔接，确立本单位的应急预案体系，编制相应的应急预案，并体现自救互救和先期处置等特点。 3.《生产安全事故应急条例》（国务院令第708号）第十三条规定：建筑施工单位应当根据本单位可能发生的生产安全事故的特点和危害，配备必要的灭火、排水、通风以及危险物品稀释、掩埋、收集等应急救援器材、设备和物资，并进行经常性维护、保养，保证正常运转。 4.《生产安全事故应急预案管理办法》（国家安全生产监督管理总局令第88号）第三十八条规定：生产经营单位应当按照应急预案的规定，落实应急指挥体系、应急救援队伍、应急物资及装备，建立应急物资、装备配备及其使用档案，并对应急物资、装备进行定期检测和维护，使其处于适用状态。 5.《建设工程安全生产管理条例》（国务院第令393号）第四	1. 查阅成立急救援组织机构或配备应急救援人员文件； 2. 查阅应急队伍、物资配备情况

续表

序号	检查内容	检查依据	检查要点
1.11.1	应急体系建立	十九条规定：施工单位应当根据建设工程施工的特点、范围建立应急救援组织或者配备应急救援人员。 6.《电力建设工程施工安全管理导则》(NB/T 10096—2018)第19.2.1.5条规定：施工单位、工程总承包单位的应急管理体系应涵盖其分包协助单位，履行统一协调、管理职能。 7.《电力建设工程施工安全管理导则》(NB/T 10096—2018)第19.2.2.2条规定：参建单位应成立应急管理工作领导小组。领导小组组长由本单位安全生产第一责任人担任	1. 查阅成立急救援组织机构或配备应急救援人员文件； 2. 查阅应急队伍、物资配备情况
1.11.2	应急方案编制、培训和演练	1.《生产安全事故应急条例》(国务院令第708号)第五条规定：生产经营单位应当针对本单位可能发生的生产安全事故的特点和危害，进行风险辨识和评估，制定相应的生产安全事故应急救援预案，并向本单位从业人员公布。 2.《生产安全事故应急条例》(国务院令第708号)第六条规定：生产安全事故应急救援预案应当符合有关法律、法规、规章和标准的规定，具有科学性、针对性和可操作性，明确规定应急组织体系、职责分工以及应急救援程序和措施。 3.《生产安全事故应急预案管理办法》(国家安全生产监督管理总局令第88号)第五条规定：生产经营单位主要负责人负责组织编制和实施本单位的应急预案，并对应急预案的真实性和实用性负责；各分管负责人应当按照职责分工落实应急预案规定的职责。 4.《建设工程安全生产管理条例》(国务院令第393号)第四十九条规定：施工单位应制定施工现场生产安全事故应急救援预案。实行施工总承包的，由总承包单位统一组织编制建设工程生产安全事故应急救援预案，并定期组织演练。 5.《电力建设工程施工安全管理导则》(NB/T 10096—2018)第19.3.2条规定：施工单位、工程总承包单位应编制本单位的综合应急预案和相应的专项应急预案；施工单位、工程总承包单位的管理部门及其管理的工程分包单位，应针对管理部门、作业班组应对垮（坍）塌、火灾、爆炸、触电、中暑、机械设备、交通肇事、自然灾害等突发事件，编制本部门、作业班组的相应现场处置方案。 6.《电力建设工程施工安全管理导则》(NB/T 10096—2018)第19.3.4条规定：施工单位、工程总承包单位的综合应急预案、专项应急预案应发放到本单位的管理部门及其管理的工程分包单位。 7.《电力建设工程施工安全监督管理办法》(发展改革委令第28号)第三十二条规定：施工单位应当根据电力建设工程施工特点、范围，制定应急救援预案、现场处置方案，对施工现场易发生事故的部位、环节进行监控。实行施工总承包的，由施工总承包单位组织分包单位开展应急管理工作。 8.《生产安全事故应急预案管理办法》(国家安全生产监督管理总局令第88号)第二十四条规定：生产经营单位的应急预案经评审或者论证后，由本单位主要负责人签署，向本单位从业	1. 查阅应急预案或现场处置方案； 2. 查阅应急预案的培训和演练情况； 3. 查阅应急预案应急预案演练评估报告

续表

序号	检查内容	检查依据	检查要点
1.11.2	应急方案编制、培训和演练	人员公布，并及时发放到本单位有关部门、岗位和相关应急救援队伍。 9.《生产安全事故应急条例》（国务院令第 708 号）第十五条规定：生产经营单位应当对从业人员进行应急教育和培训，保证从业人员具备必要的应急知识，掌握风险防范技能和事故应急措施。 10.《生产安全事故应急预案管理办法》（国家安全生产监督管理总局令第 88 号）第三十一条规定：生产经营单位应当组织开展本单位的应急预案、应急知识、自救互救和避险逃生技能的培训活动，使有关人员了解应急预案内容，熟悉应急职责、应急处置程序和措施。 应急培训的时间、地点、内容、师资、参加人员和考核结果等情况应当如实记入本单位的安全生产教育和培训档案。 11.《生产安全事故应急预案管理办法》（国家安全生产监督管理总局令第 88 号）第三十三条规定：建筑施工单位应当制定本单位的应急预案演练计划，根据本单位的事故风险特点，应当至少每半年组织一次生产安全事故应急预案演练。 12.《电力建设工程施工安全管理导则》（NB/T 10096—2018）第 19.4.3 条规定：参建单位应采取多种形式开展应急预案的宣传教育、培训。 13.《电力建设工程施工安全管理导则》（NB/T 10096—2018）第 19.4.4 条规定：根据本项目综合、专项应急预案和现场处置方案，定期组织开展整体应急演练和单项（专业）应急演练。 14.《生产安全事故应急预案管理办法》（国家安全生产监督管理总局令第 88 号）第三十四条规定：应急预案演练结束后，应急预案演练组织单位应当对应急预案演练效果进行评估，撰写应急预案演练评估报告，分析存在的问题，并对应急预案提出修订意见	1. 查阅应急预案或现场处置方案； 2. 查阅应急预案的培训和演练情况； 3. 查阅应急预案应急预案演练评估报告

第二部分　专业管理方面检查依据及检查要点

2.1 作业安全

1. 项目部应编制相应的安全文明施工策划方案。

2. 项目部施工区域宜实行封闭管理。

3. 生活区与作业区应分开设置，并保持安全距离。不得在尚未竣工的建筑物内设置员工集体宿舍。

4. 现场主要进出口设有明显的安全文明施工要求。

5. 施工现场应划分文明施工责任区，责任区应标识各文明施工区域负责人及区域概况。

6. 现场道路、排水设施、设备和材料堆放区、办公及生活等临建设施应符合施工组织设计的要求。

7. 现场应设置吸烟室，严禁流动吸烟。

8. 气、水、电管线，通信设施，施工照明等布置合理。

9. 现场材料、设备应按施工总平面布置规定的地点定置堆放，标识清晰、稳固整齐，并符合搬运及消防的要求。

10. 作业场所应保持整洁、无积水；排水管、沟应保持畅通；施工作业面应做到工完场清，垃圾或废料应及时清除。

11. 施工现场应有卫生、急救、保健设施，满足现场需求，符合有关规定。

12. 项目部应监督、指导从业人员遵守安全生产和职业卫生规章制度、操作规程，杜绝违章指挥、违规作业和违反劳动纪律的“三违”行为。

13. 项目部必须为作业人员提供符合国家规定的劳动安全卫生条件和必要的劳动防护用品。

14. 作业人员进入施工生产区域应正确穿戴使用安全防护用品。

序号	检查内容	检查依据	检查要点
2.1.1	作业场地	1.《中华人民共和国建筑法》（主席令第二十九号）第三十九条规定：建筑施工企业应当在施工现场采取维护安全、防范危险、预防火灾等措施；有条件的，应当对施工现场实行封闭管理。 2.《中华人民共和国安全生产法》（主席令第八十八号）第四十二条规定：生产经营场所和员工宿舍应当设有符合紧急疏散要求、标志明显、保持畅通的出口、疏散通道。禁止占用、锁闭、封堵生产经营场所或者员工宿舍的出口、疏散通道。 3.《建设工程安全生产管理条例》（国务院令第393号）第二十九条规定：施工单位应当将施工现场的办公、生活区与作业区分开设置，并保持安全距离；办公、生活区的选址应当符合安全性要求。职工的膳食、饮水、休息场所等应当符合卫生标准。施工单位不得在尚未竣工的建筑物内设置员工集体宿舍。 4.《建筑工程安全生产环境与卫生标准》（JGJ 146—2013）第5.1.1条规定：尚未竣工的建筑物内严禁设置宿舍。 5.《建筑工程安全生产环境与卫生标准》（JGJ 146—2013）第3.0.7条规定：施工区、材料加工及存放区与办公区、生活区划分清楚，并采取相应的隔离措施。 6.《电力建设工程施工安全管理导则》（NB/T 10096—2018）第14.2.1条规定：施工现场应实行定置和封闭管理，确定各	1. 查验施工现场的办公、生活区与施工区设置的符合性； 2. 查验施工区、材料加工及存放区与办公区、生活区隔离设施设置的符合性； 3. 查验道路、排水的符合性

续表

序号	检查内容	检查依据	检查要点
2.1.1	作业场地	个施工区域责任单位，始终保持作业环境整洁有序。 7.《施工现场临时建筑物技术规范》(JGJ/T 188—2009) 第7.7.1条规定：围挡宜选用彩钢板、砌体等硬质材料搭设，并应保证施工作业人员和周边行人的安全。 8.《建筑工程安全生产环境与卫生标准》(JGJ 146—2013) 第4.2.1条规定：施工现场的主要道路要进行硬化处理。裸露的场地和堆放的土方应采取覆盖、固化或绿化等措施。 9.《电力建设安全工作规程 第3部分：变电站》(DL 5009.3—2013) 第3.2.2条规定：施工现场的排水设施应全面规划。 10.《建筑施工土石方工程安全技术规范》(JGJ 180—2009) 第6.3.3条规定：基坑边坡的顶部应设排水措施。基坑底四周宜设排水沟和集水井，并及时排除积水。基坑挖至坑底时应及时清理基底并浇筑垫层	1. 查验施工现场的办公、生活区与施工区设置的符合性； 2. 查验施工区、材料加工及存放区与办公区、生活区隔离设施设置的符合性； 3. 查验道路、排水的符合性
2.1.2	作业环境	1.《中华人民共和国安全生产法》(主席令第八十八号) 第四十八条规定：两个以上生产经营单位在同一作业区域内进行生产经营活动，可能危及对方生产安全的，应当签订安全生产管理协议，明确各自的安全生产管理职责和应当采取的安全措施，并指定专职安全生产管理人员进行安全检查与协调。 2.《电力建设工程施工安全管理导则》(NB/T 10096—2018) 第14.4.4条规定：两个以上作业队伍在同一作业区域内进行作业活动时，不同作业队伍相互之间应签订管理协议，明确各自的安全生产、职业卫生管理职责和采取的有效措施，并指定专人进行检查与协调。 3.《建筑机械使用安全技术规程》(JGJ 33—2012) 第2.0.10条规定：应为机械提供道路、水电、作业棚及停放场地等作业条件，并应消除各种安全隐患。夜间作业应提供充足的照明。 4.《施工现场机械设备检查技术规范》(JGJ 160—2016) 第3.0.8条规定：露天固定使用的中小型机械应设置作业棚，作业棚应具有防雨、防晒、防物体打击功能。 5.《建筑机械使用安全技术规程》(JGJ 33—2012) 第2.0.11条规定：机械设备的地基基础承载力应满足安全使用要求。机械安装、试机、拆卸应按使用说明书的要求进行。使用前应经专业技术人员验收合格。 6.《建筑机械使用安全技术规程》(JGJ 33—2012) 第2.0.14条规定：机械集中停放的场所、大型内燃机械，应有专人看管，并应按规定配备消防器材；机房及机械周边不得堆放易燃、易爆物品。 7.《建筑机械使用安全技术规程》(JGJ 33—2012) 第2.0.15条规定：变配电所、乙炔站、氧气站、空气压缩机房、发电机房、锅炉房等易燃易爆场所，挖掘机、起重机、打桩机等易发生安全事故的施工现场，应设置警戒区域，悬挂警示标志，非工作人员不得入内。	1. 查验两个以上单位在同一个施工区域安全管理的符合性； 2. 查验施工现场材料、设备存放的符合性； 3. 查验恶劣天气安全作业的符合性； 4. 查验安全、职业病防护用品，及防火设施与器材、应急照明、安全通道、应急药品和应急物资配备的符合性

续表

序号	检查内容	检查依据	检查要点
2.1.2	作业环境	8.《建筑机械使用安全技术规程》(JGJ 33—2012) 第2.0.16条规定：在机械产生对人体有害的气体、液体、尘埃、渣滓、放射性射线、振动、噪声等场所，应配置相应的安全保护设施、监测设备（仪器）、废品处理装置；在隧道、沉井、管道等狭小空间施工时，应采取措施，使有害物控制在规定的限度内。 9.《电力建设安全工作规程　第3部分：变电站》(DL 5009.3—2013) 第3.2.20条规定：材料、设备应按施工总平面布置规定的地点堆放整齐，并符合消防及搬运的要求。堆放场地应平坦、不积水，地基应坚实。现场拆除的模板、脚手杆以及其他剩余材料、设备应及时清理回收，集中堆放。 10.《电力建设工程施工安全管理导则》(NB/T 10096—2018) 第14.2.3条规定：应采取可靠的安全技术措施，对设备能力和危险有害物资进行屏蔽和隔离。 11.《建筑施工高处作业安全技术规范》(JGJ 80—2016) 第3.0.6条规定：对施工作业现场可能坠落的物料，应及时拆除或采取固定措施。高处作业所用的物料应堆放平稳，不得妨碍通行和装卸。 12.《建筑施工高处作业安全技术规范》(JGJ 80—2016) 第3.0.8条规定：在雨、霜、雾、雪等天气进行高处作业时，应采取防滑、防冻和防雷措施，并应及时清除作业面上的水、冰、雪、霜。当遇有6级及以上强风、浓雾、沙尘暴等恶劣气候，不得进行露天攀登与悬空高处作业。雨雪天气后，应对高处作业安全设施进行检查，当发现有松动、变形、损坏或脱落等现象时，应立即修理完善，维修合格后方可使用。 13.《建筑施工土石方工程安全技术规范》(JGJ 180—2009) 第4.2.6条规定：当现场堆积物高度超过1.8m时，应在四周设置警示标志或防护栏；清理时严禁掏挖。 14.《电力建设工程施工安全管理导则》(NB/T 10096—2018) 第14.2.2条规定：现场应配备相应的安全、职业病防护用品，及防火设施与器材、应急照明、安全通道、应急药品和应急物资	1. 查验两个以上单位在同一个施工区域安全管理的符合性； 2. 查验施工现场材料、设备存放的符合性； 3. 查验恶劣天气安全作业的符合性； 4. 查验安全、职业病防护用品，及防火设施与器材、应急照明、安全通道、应急药品和应急物资配备的符合性
2.1.3	作业行为	1.《中华人民共和国安全生产法》(主席令第八十八号) 第五十七条规定：从业人员在作业过程中，应当严格落实岗位安全责任，遵守本单位的安全生产规章制度和操作规程，服从管理，正确佩戴和使用劳动防护用品。 2.《中华人民共和国建筑法》(主席令第二十九号) 第四十七条规定：建筑施工企业和作业人员在施工过程中，应当遵守有关安全生产的法律、法规和建筑行业安全规章、规程，不得违章指挥或者违章作业。 3.《电力建设工程施工安全管理导则》(NB/T 10096—2018) 第14.4.1条规定：施工单位应依法合理进行生产作业组织和管理，加强对从业人员作业行为的安全管理，对设备设施、工艺技术以及从业人员作业行为等进行安全风险评估，采取相应	查验施工现场作业人员安全行为的符合性

续表

序号	检查内容	检查依据	检查要点
2.1.3	作业行为	的措施，控制作业行为安全风险。 4.《电力建设工程施工安全管理导则》（NB/T 10096—2018）第14.4.2条规定：施工单位应监督、指导从业人员遵守安全生产和职业卫生规章制度、操作规程，杜绝违章指挥、违规作业和违反劳动纪律的“三违”行为。 5.《建筑施工高处作业安全技术规范》（JGJ 80—2016）第3.0.6条规定：工具应随手放入工具袋；作业中的走道、通道板和登高用具，应随时清理干净；拆卸下的物料及余料和废料应及时清理运走，不得随意放置或向下丢弃。传递物料时不得抛掷。 6.《建筑施工高处作业安全技术规范》（JGJ 80—2016）第5.1.1条规定：登高作业应借助施工通道、梯子及其他攀登设施和用具。 7.《建筑施工高处作业安全技术规范》（JGJ 80—2016）第5.2.3条规定：严禁在未固定、无防护设施的构件及管道上进行作业或通行。 8.《建筑施工高处作业安全技术规范》（JGJ 80—2016）第5.2.6条规定：绑扎立柱和墙体钢筋，不得沿钢筋骨架攀登或站在骨架上作业。 9.《建筑施工高处作业安全技术规范》（JGJ 80—2016）第5.2.9条规定：外墙高处作业不得使用座板式单人吊具，不得使用自制吊篮	查验施工现场作业人员安全行为的符合性
2.1.4	劳动防护用品	1.《中华人民共和国安全生产法》（主席令第八十八号）第四十五条规定：生产经营单位必须为从业人员提供符合国家标准或者行业标准的劳动防护用品，并监督、教育从业人员按照使用规则佩戴、使用。 2.《中华人民共和国劳动法》（主席令第二十四号）第五十四条规定：用人单位必须为劳动者提供符合国家规定的劳动安全卫生条件和必要的劳动防护用品。 3.《建设工程安全生产管理条例》（国务院令第393号）第三十二条规定：施工单位应当向作业人员提供安全防护用具和安全防护服装，并书面告知危险岗位的操作规程和违章操作的危害。 4.《用人单位劳动防护用品管理规范》（安监总厅安健〔2015〕124号）第七条规定：用人单位应当为劳动者提供符合国家标准或者行业标准的劳动防护用品。使用进口的劳动防护用品，其防护性能不得低于我国相关标准。 5.《用人单位劳动防护用品管理规范》（安监总厅安健〔2015〕124号）第八条规定：劳动者在作业过程中，应当按照规章制度和劳动防护用品使用规则，正确佩戴和使用劳动防护用品。 6.《用人单位劳动防护用品管理规范》（安监总厅安健〔2015〕124号）第十六条规定：用人单位应当根据劳动防护用品配备标准制定采购计划，购买符合标准的合格产品。	1. 查验项目部为作业人员配备个体防护装备与用品的符合性； 2. 查验作业人员使用个体防护装备与用品的符合性

续表

序号	检查内容	检查依据	检查要点
2.1.4	劳动防护用品	7.《用人单位劳动防护用品管理规范》（安监总厅安健〔2015〕124号）第十七条规定：用人单位应当查验并保存劳动防护用品检验报告等质量证明文件的原件或复印件。 8.《用人单位劳动防护用品管理规范》（安监总厅安健〔2015〕124号）第二十五条规定：用人单位应当按照劳动防护用品发放周期定期发放，对工作过程中损坏的，用人单位应及时更换。 9.《电力建设工程施工安全管理导则》（NB/T 10096—2018）第14.4.3条规定：施工单位应为从业人员配备与岗位安全风险相适应的个体防护装备与用品，并监督、指导从业人员按照有关规定正确佩戴、使用、维护、保养和检查个体防护装备与用品。 10.《建筑施工高处作业安全技术规范》（JGJ 80—2016）第3.0.5条规定：高处作业人员应根据作业的实际情况配备相应的高处作业安全防护用品，并应按规定正确佩戴和使用相应的安全防护用品、用具。 11.《头部防护 安全帽选用规范》（GB/T 30041—2013）第4.1.2条规定：安全帽应在产品规定的年限内选用。 12.《头部防护 安全帽选用规范》（GB/T 30041—2013）第4.1.3条规定：安全帽各部件应完好、无异常。 13.《头部防护 安全帽选用规范》（GB/T 30041—2013）第5.1.4条规定：安全帽在使用时应戴正、戴牢，锁紧帽箍，配有下颚带的安全帽应系紧下颚带，确保在使用中不发生意外脱落。 14.《头部防护 安全帽选用规范》（GB/T 30041—2013）第5.1.8条规定：在安全帽内，使用方应确保永久标识齐全、清楚。 15.《头部防护 安全帽》（GB 2811—2019）第7.2条规定：安全帽的永久标识是指位于产品主体内侧，并在产品整个生命周期一直保持清晰可见的标识	1. 查验项目部为作业人员配备个体防护装备与用品的符合性； 2. 查验作业人员使用个体防护装备与用品的符合性

2.2 安全警示标志

1. 项目部应在危险场所、部位设置明显的符合国家标准的安全警示标志、标牌，进行危险提示、警示，告知危险的种类、后果及应急措施等，并明确应急设施位置和使用方法。

2. 现场危险场所夜间应按规定设置红灯示警。

3. 危险场所标志、标牌应规范、整齐并定期检查维护，确保完好。

4. 危险作业现场应设置警戒区域、安全隔离设施和醒目的警示标志，并安排专人现场监护。

序号	检查内容	检查依据	检查要点
2.2.1	总体要求	1.《中华人民共和国安全生产法》（主席令第八十八号）第三十五条规定：生产经营单位应当在有较大危险因素的生产经营场所和有关设施、设备上，设置明显的安全警示标志。 2.《建设工程安全生产管理条例》（国务院令第393号）第二十八条规定：施工单位应当在施工现场入口处、施工起重机械、临时用电设施、脚手架、出入通道口、楼梯口、电梯井口、孔洞口、桥梁口、隧道口、基坑边沿、爆破物及有害危险气体和液体	查验施工现场有较大危险因素的施工场所和有关设施、设备上安全标志设置的符合性

续表

序号	检查内容	检查依据	检查要点
2.2.1	总体要求	存放处等危险部位，设置明显的安全警示标志。安全警示标志必须符合国家标准。 3.《电力建设工程施工安全监督管理办法》（发展改革委令第28号）第二十七条规定：施工单位应当对因电力建设工程施工可能造成损害和影响的毗邻建筑物、构筑物、地下管线、架空线缆、设施及周边环境采取专项防护措施。对施工现场出入口、通道口、孔洞口、邻近带电区、易燃易爆及危险化学品存放处等危险区域和部位采取防护措施并设置明显的安全警示标志。 4.《电力建设工程施工安全管理导则》（NB/T 10096—2018）第14.2.5条规定：施工单位应在重大危险源、较大危险因素和严重职业病危害因素的工作场所，设置明显的符合有关规定要求的安全警示标志和职业病危害告示标识	查验施工现场有较大危险因素的施工场所和有关设施、设备上安全标志设置的符合性
2.2.2	布置标准	1.《建筑施工高处作业安全技术规范》（JGJ 80—2016）第3.0.4条规定：应根据要求将各类安全警示标志悬挂于施工现场各相应部位，夜间应设红灯警示。 2.《建筑施工土石方工程安全技术规范》（JGJ 180—2009）第4.1.2条规定：土石方施工区域应在行车行人可能经过的路线点处设置明显的警示标志。 3.《安全标志及其使用导则》（GB 2894—2008）第9.1条规定：标志牌应设在与安全有关的醒目地方，并使大家看见后，有足够的时间来注意它所表示的内容。环境信息标志宜设在有关场所的入口处和醒目处；局部信息标志应设在所涉及的相应危险地点或设备（部件）附近的醒目处。 4.《安全标志及其使用导则》（GB 2894—2008）第9.2条规定：标志牌不应设在门、窗、架等可移动的物体上，以免标志牌随母体物体相应移动，影响认读。标志牌前不得放置妨碍认读的障碍物。 5.《安全标志及其使用导则》（GB 2894—2008）第9.5条规定：多个标志牌在一起设置时，应按警告、禁止、指令、提示类型的顺序，先左后右、先上后下地排列	查验安全标志牌布置的符合性

2.3 安全设施

1. 项目部应建立安全设施管理台账。
2. 项目部应对现场安全设施的设置进行全面策划。作业前，安全设施设置应齐全、完善。
3. 现场临边、沟、坑、孔、洞、井道的围栏或盖板等安全设施应齐全，并加设明显警示标志。
4. 现场建（构）筑物、施工电梯出入口及物料提升机地面进料口，防护棚设置应稳固畅通。
5. 施工升降机、物料提升机各层间防护围栏及出入口门应符合规程要求。
6. 机械、传送装置等转动部位保护、防护设施应完善。
7. 危险作业场所应设置安全隔离、屏蔽设施和醒目的警告标志；安全通道设置应坚实、稳固、畅通，符合相关要求。
8. 高处作业应根据作业类型、环境，选用手扶水平安全绳、速差自控器、攀登自锁器、安全网（带）、工具防坠绳、工具袋等设施。现场设置的各种安全设施严禁随意挪动或移作他用。在暴雨、台风、暴风雪等极端天气前后组织有关人员对安全设施进行检查或重新验收。

续表

序号	检查内容	检查依据	检查要点
2.3.1	一般要求	1.《建筑施工高处作业安全技术规范》（JGJ 80—2016）第3.0.1条规定：建筑施工中凡涉及临边与洞口作业、攀登与悬空作业、操作平台、交叉作业及安全网搭设的，应在施工组织设计或施工方案中制定高处作业安全技术措施。 2.《电力建设安全工作规程　第3部分：变电站》（DL 5009.3—2013）第3.2.4条规定：施工现场及周围的悬崖、陡坎、深坑、高压带电区等危险场所均应设防护设施及安全标志；坑、沟、孔洞等均应铺设与地面平齐的盖板或设可靠的围栏、挡板及安全标志。危险场所夜间应设警示灯。 3.《建筑施工高处作业安全技术规范》（JGJ 80—2016）第4.2.1条规定：洞口作业时，应采取防坠落措施。 4.《建筑施工高处作业安全技术规范》（JGJ 80—2016）第5.2.1条规定：悬空作业的立足处的设置应牢固，并应配置登高和防坠落装置和设施。 5.《建筑施工土石方工程安全技术规范》（JGJ 180—2009）第6.2.2条规定：基坑内宜设置供施工人员上下的专用梯道。梯道应设扶手栏杆，梯道的宽度不应小于1m。 6.《烟囱施工与验收规范》（GB 50078—2008）第13.0.3条规定：烟囱周围应设立施工危险区，100m以下的烟囱距筒壁不宜少于10m，100m以上烟囱距筒壁不宜少于烟囱高度的1/10。施工危险区应设危险标志。在危险区内的通道应搭设保护棚。 7.《烟囱施工与验收规范》（GB 50078—2008）第13.0.5条规定：烟囱钢管竖井架人行出入口的四周应设置金属保护网。 8.《建筑施工高处作业安全技术规范》（JGJ 80—2016）第3.0.9条规定：对需临时拆除或变动的安全防护设施，应采取可靠措施，作业后应立即恢复。 9.《建筑施工高处作业安全技术规范》（JGJ 80—2016）第3.0.13条规定：安全防护设施宜采用定型化、工具化设施，防护栏应为黑黄或红白相间的条纹标示，盖件应为黄或红色标示	1. 查验有危险因素的施工场所设置安全设施的符合性； 2. 查验安全防护设施临时拆除或变动管理的符合性； 3. 查验安全防护设施制作的符合性
2.3.2	防护栏杆	1.《建筑施工高处作业安全技术规范》（JGJ 80—2016）第4.1.1条规定：坠落高度基准面2m及以上进行临边作业时，应在临空一侧设置防护栏杆，并应采用密目式安全立网或工具式栏板封闭。 2.《建筑施工高处作业安全技术规范》（JGJ 80—2016）第4.1.2条规定：施工的楼梯口、楼梯平台和梯段边，应安装防护栏杆；外设楼梯口、楼梯平台和梯段边还应采用密目式安全立网封闭。 3.《建筑施工高处作业安全技术规范》（JGJ 80—2016）第4.1.3条规定：建筑物外围边沿处，对没有设置外脚手架的工程，应设置防护栏杆；对有外脚手架的工程，应采用密目式安全立网全封闭。 4.《建筑施工高处作业安全技术规范》（JGJ 80—2016）第4.1.4条规定：施工升降机、龙门架和井架物料提升机等在建筑	1. 查验有危险因素的施工场所设置防护栏杆的符合性； 2. 查验防护栏杆制作、安装的符合性

续表

序号	检查内容	检查依据	检查要点
2.3.2	防护栏杆	物间设置的停层平台两侧边，应设置防护栏杆、挡脚板，并应采用密目式安全立网或工具式栏板封闭。 5.《建筑施工高处作业安全技术规范》（JGJ 80—2016）第4.1.5条规定：停层平台口应设置高度不低于1.80m的楼层防护门，并应设置防外开装置。 6.《建筑施工高处作业安全技术规范》（JGJ 80—2016）第4.2.1条规定：洞口作业时，应采取防坠落措施，并应符合下列规定： 1 洞口作业时，当垂直洞口短边边长大于或等于500mm时，应在临空一侧设置高度不小于1.2m的防护栏杆，并应采用密目式安全立网或工具式栏板封闭，设置挡脚板； 3 当非竖向洞口短边边长为500～1500mm时，应采用盖板覆盖或防护栏杆等措施，并应固定牢固； 4 当非竖向洞口短边边长大于或等于1500mm时，应在洞口作业侧设置高度不小于1.2m的防护栏杆，洞口应采用安全平网封闭。 7.《建筑施工高处作业安全技术规范》（JGJ 80—2016）第4.2.5条规定：墙面等处落地的竖向洞口、窗台高度低于800mm的竖向洞口及框架结构在浇筑完混凝土未砌筑墙体时的洞口，应按临边防护要求设置防护栏杆。 8.《建筑施工高处作业安全技术规范》（JGJ 80—2016）第5.2.2条规定：钢结构安装施工宜在施工层搭设水平通道，水平通道两侧应设置防护栏杆；当利用钢梁作为水平通道时，应在钢梁一侧设置连续的安全绳，安全绳宜采用钢丝绳。 9.《固定式钢梯及平台安全要求　第3部分：工业防护栏杆及钢平台》（GB 4053.3—2009）第4.1.1条规定：距下方相邻地板或地面1.2m及以上的平台、通道或工作面的所有敞开边缘应设置防护栏杆。 10.《固定式钢梯及平台安全要求　第3部分：工业防护栏杆及钢平台》（GB 4053.3—2009）第4.1.2条规定：在平台、通道或工作面上可能使用工具、机器部件或物品场合，应在所有敞开边缘设置带踢脚板的防护栏杆。 11.《建筑施工土石方工程安全技术规范》（JGJ 180—2009）第6.2.1条规定：开挖深度超过2m的基坑周边必须安装防护栏杆。 12.《建筑施工土石方工程安全技术规范》（JGJ 180—2009）第6.3.10条规定：采用井点降水时，井口应设置防护盖板或围栏，设置明显的警示标志。 13.《建筑施工高处作业安全技术规范》（JGJ 80—2016）第4.3.1条规定：临边作业的防护栏杆应由横杆（上杆距地面高度应为1.2m，下杆应在上杆和挡脚板中间设置）、立杆（间距不应大于2m）及挡脚板（高度不应小于180mm）组成。 14.《建筑施工高处作业安全技术规范》（JGJ 80—2016）第4.3.2条规定：防护栏杆立杆底端应固定牢固。	1. 查验有危险因素的施工场所设置防护栏杆的符合性； 2. 查验防护栏杆制作、安装的符合性

续表

序号	检查内容	检查依据	检查要点
2.3.2	防护栏杆	15.《建筑施工高处作业安全技术规范》（JGJ 80—2016）第4.3.3条规定：采用钢管作为防护栏杆杆件时，横杆及栏杆立杆应采用脚手钢管，并应采用扣件、焊接、定型套管等方式进行连接固定；采用其他材料作防护栏杆杆件时，应选用与钢管材质强度相当的材料，并应采用螺栓、销轴或焊接等方式进行连接固定。 16.《固定式钢梯及平台安全要求　第3部分：工业防护栏杆及钢平台》（GB 4053.3—2009）第4.5.1条规定：防护栏杆及钢平台应采用焊接连接，焊接要求应符合GB 50205的规定。 当不便焊接时，可用螺栓连接，但应保证设计的结构强度。安装后的防护栏杆及钢平台不应有歪斜、扭曲、变形及其他缺陷。 17.《固定式钢梯及平台安全要求　第3部分：工业防护栏杆及钢平台》（GB 4053.3—2009）第4.5.2条规定：防护栏杆制造安装工艺应确保梯子及其所有构件及其连接部分表面光滑，无锐边、尖角、毛刺或其他可能对人员造成伤害或妨碍其通过的外部缺陷	1. 查验有危险因素的施工场所设置防护栏杆的符合性； 2. 查验防护栏杆制作、安装的符合性
2.3.3	盖板	1.《建筑施工高处作业安全技术规范》（JGJ 80—2016）第4.2.1条规定：洞口作业时，应采取防坠落措施，并应符合下列规定： 1 当竖向洞口短边边长小于500mm时，应采取封堵措施； 2 当非竖向洞口短边边长为25mm～500mm时，应采用承载力满足使用要求的盖板覆盖，盖板四周搁置应均衡，且应防止盖板移位； 3 当非竖向洞口短边边长为500mm～1500mm时，应采用盖板覆盖或防护栏杆等措施，并应固定牢固。 2.《电力建设安全工作规程　第3部分：变电站》（DL 5009.3—2013）第3.2.4条规定：施工现场及周围的悬崖、陡坎、深坑、高压带电区等危险场所均应设防护设施及安全标志；坑、沟、孔洞等均应铺设与地面平齐的盖板或设可靠的围栏、挡板及安全标志。危险场所夜间应设警示灯。 3.《建筑施工高处作业安全技术规范》（JGJ 80—2016）第3.0.13条规定：安全防护设施宜采用定型化、工具化设施，盖件应为黄或红色标示	1. 查验盖板设置的符合性； 2. 查验盖板制作的符合性
2.3.4	安全网	1.《建筑施工高处作业安全技术规范》（JGJ 80—2016）第8.1.2条规定：采用平网防护时，严禁使用密目式安全立网代替平网使用。 2.《建筑施工高处作业安全技术规范》（JGJ 80—2016）第8.1.3条规定：密目式安全立网使用前，应检查产品分类标记、产品合格证、网目数及网体重量，确认合格方可使用。 3.《建筑施工高处作业安全技术规范》（JGJ 80—2016）第8.2.1条规定：安全网搭设应绑扎牢固、网间严密。安全网的支撑架应具有足够的强度和稳定性。	1. 查验安全网搭设的符合性； 2. 查验安全网质量的符合性

续表

序号	检查内容	检查依据	检查要点
2.3.4	安全网	4.《建筑施工高处作业安全技术规范》（JGJ 80—2016）第8.2.2条规定：密目式安全立网搭设时，每个开眼环扣应穿入系绳，系绳应绑扎在支撑架上，间距不得大于450mm。相邻密目网间应紧密结合或重叠。 5.《建筑施工高处作业安全技术规范》（JGJ 80—2016）第8.2.3条规定：当立网用于龙门架、物料提升架及井架的封闭防护时，四周边绳应与支撑架贴紧，边绳的断裂张力不得小于3kN，系绳应绑在支撑架上，间距不得大于750mm。 6.《建筑施工高处作业安全技术规范》（JGJ 80—2016）第8.2.4条规定：用于电梯井、钢结构和框架结构及构筑物封闭防护的平网每个系结点上的边绳应与支撑架靠紧，边绳的断裂张力不得小于7kN，系绳沿网边应均匀分布，间距不得大于750mm；电梯井内平网网体与井壁的空隙不得大于25mm，安全网拉结应牢固。 7.《安全网》（GB 5725—2009）第5.1.3条规定：平（立）网上所用的网绳、边绳、系绳、筋绳均应由不小于3股单绳制成。绳头部分应经过编花、燎烫等处理，不应散开。 8.《安全网》（GB 5725—2009）第5.1.4条规定：平（立）网上的所有节点应固定。 9.《安全网》（GB 5725—2009）第5.1.7条规定：平（立）网的系绳与网体应牢固连接，各系绳沿网边均匀分布，相邻两系绳间距不应大于75cm，系绳长度不小于80cm。当筋绳加长用作系绳时，其系绳部分必须加长，且与边绳系紧后，再折回边绳系紧，至少形成双根。 10.《安全网》（GB 5725—2009）第5.2.1.2条规定：每张密目网允许有一个缝接，缝接部位应端正牢固。 11.《安全网》（GB 5725—2009）第5.2.1.3条规定：网体上不应有断纱、破洞、变形及有碍使用的编织缺陷。 12.《安全网》（GB 5725—2009）第5.2.1.4条规定：密目网各边缘部位的开眼环扣应牢固可靠。 13.《安全网》（GB 5725—2009）第5.2.1.5条规定：密目网的宽度应介于1.2～2m。长度由合同双方协议条款指定，但最低不应小于2m。 14.《安全网》（GB 5725—2009）第5.2.1.7条规定：开眼环扣孔径不应小于8mm。 15.《安全网》（GB 5725—2009）第7.2节规定：生产企业应对所生产的安全网批次逐批进行出厂检验。 16.《安全网》（GB 5725—2009）第7.3.1条规定：有下列情况时需进行型式检验：新产品鉴定或老产品转厂生产的试制定型鉴定；正式生产后，当原材料、生产工艺、产品结构形式等发生较大变化，可能影响产品性能时；停产超过半年后恢复生产时；周期检查，每年一次；出厂检验结果与上次型式检验结果有较大差异时；国家有关主管部门提出型式检验要求时。	1. 查验安全网搭设的符合性； 2. 查验安全网质量的符合性

续表

序号	检查内容	检查依据	检查要点
2.3.4	安全网	17.《安全网》（GB 5725—2009）第 7.3.2 条规定：样本由提出检验的单位或委托第三方从企业出厂检验合格的产品中随机抽取，样品数量以满足全部测试项目要求为原则。 18.《安全网》（GB 5725—2009）第 8.1 节规定：平（立）网的标识由永久标识和产品说明书组成。 19.《安全网》（GB 5725—2009）第 8.2 节规定：密目网的标识由永久标识和产品说明书组成	1. 查验安全网搭设的符合性； 2. 查验安全网质量的符合性

2.4 施工临时用电

1. 施工用电应按规定编制专项施工方案或安全技术措施；临时用电设备在 5 台及以上或设备总容量在 50kW 及以上的，应编制临时用电组织设计并经有关部门审核、批准。

2. 项目部施工现场临时用电应设专人负责管理。

3. 施工现场临时用电工程、设施必须经编制、审核、批准部门和施工项目部共同验收，合格后方可投入使用。

4. 临时用电配电系统、配电箱、开关柜应按照相关规定设置。

5. 现场作业区照明应满足施工要求和规范的相关规定。

6. 施工现场的发电机、电动机、电焊机、配电盘、控制盘及变压器等电气设备的金属外壳及铆工、焊工的工作平台和铁制的集装箱式办公室、休息室、工具间等设施的金属外壳均应装设接地或接零保护。

7. 现场储存易燃易爆物品的场所，起重机、金属井字架、龙门架等机械设备，以及钢脚手架和正在施工的在建工程等的金属结构，当在相邻建筑物、构筑物等设施的防雷装置接闪器的保护范围以外时，应装防雷装置。

8. 用于加工、运输、储存易燃易爆物品的设备及乙炔、氧气、氢气管道应采取防静电接地措施和防雷措施。轨道式起重机应在轨道两端各设一组接地装置，轨道的接头处作电气连接，两条轨道端部做环形电气连接，较长轨道每隔 20m 设一组接地装置，接地电阻不大于 4Ω。应定期对施工现场临时用电、接地、防雷措施进行检查和测量，记录应齐全。

序号	检查内容	检查依据	检查要点
2.4.1	临时用电管理	1.《施工现场临时用电安全技术规范》（JGJ 46—2005）第 3.1.1 条规定：施工现场临时用电设备在 5 台及以上或设备总容量在 50kW 及以上者，应编制施工组织设计。 2.《施工现场临时用电安全技术规范》（JGJ 46—2005）第 3.1.5 条规定：临时用电工程必须经编制、审核、批准部门和使用单位共同验收，合格后方可投入使用。 3.《施工现场临时用电安全技术规范》（JGJ 46—2005）第 3.2.1 条规定：电工必须经过按国家行标准考核合格，持证上岗作业；其他用电人员必须通过相关安全教育培训和技术交底，考核合格后方可上岗工作。 4.《施工现场临时用电安全技术规范》（JGJ 46—2005）第 3.3.3 条规定：临时用电工程应定期检查。定期检查时，应复查接地电阻值和绝缘电阻值	1. 查阅施工组织设计中临时用电的符合性； 2. 查阅临时用电验收报告的符合性； 3. 查阅电工持证的符合性； 4. 查阅临时用电检查记录（电阻值测试表）的符合性
2.4.2	外电线路及电气设备防护	1.《施工现场临时用电安全技术规范》（JGJ 46—2005）第 4.1.1 条规定：在建工程不得在外电架空线路正下方施工，搭设作业棚、建造生活设施或堆放构件、架具、材料及其他杂物等。 2.《施工现场临时用电安全技术规范》（JGJ 46—2005）第 4.1.4 条规定：起重机严禁跨越无防护设施的外电架空线路作业。	1. 查验外电架空线路附近的不安全因素； 2. 查验电气设备设置场所的不安全因素

续表

序号	检查内容	检查依据	检查要点
2.4.2	外电线路及电气设备防护	3.《施工现场临时用电安全技术规范》（JGJ 46—2005）第4.1.5条规定：施工现场开挖沟槽边缘与外电埋地电缆沟槽边缘之间的距离不得小于0.5m。 4.《施工现场临时用电安全技术规范》（JGJ 46—2005）第4.2.1条规定：电气设备现场周围不得存放易燃易爆物、污源和腐蚀介质。否则应予清除或做防护处置，其防护等级必须与环境条件相适应。 5.《施工现场临时用电安全技术规范》（JGJ 46—2005）第4.2.2条规定：电气设备设置场所应能避免物体打击和机械损伤，否则应做防护处置	1. 查验外电架空线路附近的不安全因素； 2. 查验电气设备设置场所的不安全因素
2.4.3	接地与防雷	1.《施工现场临时用电安全技术规范》（JGJ 46—2005）第1.0.3条规定：建筑施工现场临时用电工程专用中性点直接接地220/380V三相四线制低压电力系统必须采用三级配电系统；TN-S接零保护系统；两级漏电保护系统。 2.《施工现场临时用电安全技术规范》（JGJ 46—2005）第5.1.1条规定：在施工现场专用变压器的供电的TN-S接零保护系统中，电气设备的金属外壳必须与保护零线连接。保护零线应由工作接地线、配电室（总配电箱）电源侧零线或总漏电保护器电源侧零线处引出。 3.《施工现场临时用电安全技术规范》（JGJ 46—2005）第5.1.2条规定：当施工现场与外电线路共用同一供电系统时，电气设备的接地、接零保护应与原系统保持一致。 采用TN系统做保护接零时，工作零线（N线）必须通过总漏电保护器，保护零线（PE线）必须由电源进线零线重复接地处或总漏电保护器电源侧零线处，引出形成局部TN-S接零保护系统。 4.《施工现场临时用电安全技术规范》（JGJ 46—2005）第5.1.3条规定：在TN接零保护系统中，通过总漏电保护器的工作零线与保护零线之间不得再做电气连接。 5.《施工现场临时用电安全技术规范》（JGJ 46—2005）第5.1.4条规定：在TN接零保护系统中，PE零线应单独敷设。重复接地线必须与PE线相连接，严禁与N线相连接。 6.《施工现场临时用电安全技术规范》（JGJ 46—2005）第5.1.6条规定：施工现场的临时用电电力系统严禁利用大地做相线或零线。 7.《施工现场临时用电安全技术规范》（JGJ 46—2005）第5.1.9条规定：保护零线必须采用绝缘导线。配电装置和电动机械相连接的PE线应为截面不小于2.5mm² 的绝缘多股铜线。手持式电动工具的PE线应为截面不小于1.5mm² 的绝缘多股铜线。 8.《施工现场临时用电安全技术规范》（JGJ 46—2005）第5.1.10条规定：PE线上严禁装设开关或熔断器，严禁通过工作电流，且严禁断线。	1. 查验TN-S接零保护系统的符合性； 2. 查验配电系统的中间处和末端处做重复接地的符合性； 3. 查验接地装置的符合性； 4. 查验避雷系统的符合性

续表

序号	检查内容	检查依据	检查要点
2.4.3	接地与防雷	9.《施工现场临时用电安全技术规范》（JGJ 46—2005）第5.1.11条规定：相线、N线、PE线的颜色标记必须符合以下规定：相线 L_1（A）、L_2（B）、L_3（C）相序的绝缘颜色依次为黄、绿、红色；N线的绝缘颜色为淡蓝色；PE线的绝缘颜色为绿/黄双色。任何情况下上述颜色标记严禁混用和互相代用。 10.《施工现场临时用电安全技术规范》（JGJ 46—2005）第5.2.1条规定：在TN统中下列电气设备不带电的外露可导电部分应做保护接零： 电机、变压器、电器、照明器具、手持式电动工具的金属外壳；电气设备传动装置的金属部件；配电柜与控制柜的金属框架；配电装置的金属箱体、框架及靠近带电部分的金属围栏和金属门；电力线路的金属保护管、敷线的钢索、起重机的底座和轨道、滑升模板金属操作平台等；安装在电力线路杆（塔）上的开关、电容器等电气装置的金属外壳及支架。 11.《施工现场临时用电安全技术规范》（JGJ 46—2005）第5.2.2条规定：城防、人防、隧道等潮湿或条件特别恶劣施工现场的电气设备必须采用保护接零。 12.《施工现场临时用电安全技术规范》（JGJ 46—2005）第5.3.2条规定：TN系统中的保护零线除必须在配电室或总配电箱处做重复接地外，还必须在配电系统的中间处和末端处做重复接地。 13.《施工现场临时用电安全技术规范》（JGJ 46—2005）第5.3.4条规定：每一接地装置的接地线应采用2根及以上导体，在不同点与接地体做电气连接。 不得采用铝导体做接地体或地下接地线。垂直接地体宜采用角钢、钢管或光面圆钢，不得采用螺纹钢。 14.《施工现场临时用电安全技术规范》（JGJ 46—2005）第5.3.5条规定：移动式发电机供电的用电设备，其金属外壳或底座应与发电机电源的接地装置有可靠电气链接。 15.《施工现场临时用电安全技术规范》（JGJ 46—2005）第5.4.2条规定：施工现场内的起重机、井字架、龙门架等机械设备，以及脚手架和正在施工的在建工程等金属结构，当相邻建筑物、构筑物等设施的防雷装置接闪器的保护范围以外时，应安装防雷装置。 16.《施工现场临时用电安全技术规范》（JGJ 46—2005）第5.4.3条规定：机械设备或设施的防雷引下线可利用该设备或设施的金属结构体，但应保证电气连接。 17.《烟囱施工与验收规范》（GB 50078—2008）第13.0.24条规定：烟囱施工时，应设置临时避雷接地装置，接地电阻不得大于10Ω	1. 查验TN-S接零保护系统的符合性； 2. 查验配电系统的中间处和末端处做重复接地的符合性； 3. 查验接地装置的符合性； 4. 查验避雷系统的符合性

续表

序号	检查内容	检查依据	检查要点
2.4.4	配电室及自备电源	1.《施工现场临时用电安全技术规范》（JGJ 46—2005）第6.1.1条规定：配电室应靠近电源，并应设在灰尘少、潮气少、振动小、无腐蚀介质、无易燃易爆物及道路畅通的地方。 2.《施工现场临时用电安全技术规范》（JGJ 46—2005）第6.1.2条规定：成列的配电柜和控制柜两端应与重复接地线及保护零线做电气连接。 3.《施工现场临时用电安全技术规范》（JGJ 46—2005）第6.1.6条规定：配电柜应装设电源隔离开关及短路、过载、漏电保护电器。电源隔离开关分断时应有明显可见分断点。 4.《施工现场临时用电安全技术规范》（JGJ 46—2005）第6.1.7条规定：配电柜应编号，并应有用途标记。 5.《施工现场临时用电安全技术规范》（JGJ 46—2005）第6.2.2条规定：发电机组的排烟管道必须伸出室外。发电机组及其控制、配电室内必须配置可用于扑灭电气火灾的灭火器，严禁存放贮油桶。 6.《施工现场临时用电安全技术规范》（JGJ 46—2005）第6.2.4条规定：发电机组应采用电源中性点直接接地的三相四线制供电系统和独立设置TN—S接零保护系统。 7.《施工现场临时用电安全技术规范》（JGJ 46—2005）第6.2.6条规定：发电机供电系统应设置电源隔离开关及短路、过载、漏电保护电器。电源隔离开关分断时应有明显可见分断点	1. 查验配电室、配电柜场所与安装的符合性； 2. 查验自备发电机组安装场所及系统符合性
2.4.5	配电线路	1.《施工现场临时用电安全技术规范》（JGJ 46—2005）第7.1.1条规定：架空线必须采用绝缘导线。 2.《施工现场临时用电安全技术规范》（JGJ 46—2005）第7.1.2条规定：架空线必须架设在专用电杆上，严禁架设在树木、脚手架及其他设施上。 3.《施工现场临时用电安全技术规范》（JGJ 46—2005）第7.2.1条规定：电缆中必须包含全部工作芯线和用作保护零线或保护线的芯线。需要三相四线制配电的电缆线路必须采用五芯电缆。 五芯电缆必须包含淡蓝、绿/黄二种颜色绝缘芯线。淡蓝色芯线必须用作N线；绿/黄双色芯线必须用作PE线，严禁混用。 4.《施工现场临时用电安全技术规范》（JGJ 46—2005）第7.2.3条规定：电缆线路应采用埋地或架空敷设，严禁沿地面明设，并应避免机械损伤和介质腐蚀。埋地电缆路径应设方位标志。 5.《施工现场临时用电安全技术规范》（JGJ 46—2005）第7.2.5条规定：电缆直接埋地敷设的深度不应小于0.7m，并应在电缆紧邻上、下、左、右侧均匀敷设不小于50mm厚的细砂，然后覆盖砖或混凝土板等硬质保护层。 6.《施工现场临时用电安全技术规范》（JGJ 46—2005）第7.2.6条规定：埋地电缆在穿越建筑物、构筑物、道路、易受	1. 查验架空线路材料、架设设备的符合性； 2. 查验电缆芯数、敷设环境、工艺的符合性

续表

序号	检查内容	检查依据	检查要点
2.4.5	配电线路	机械损伤、介质腐蚀场所及引出地面必须加设防护套管，防护套管内径不应小于电缆外径的1.5倍。 7.《施工现场临时用电安全技术规范》（JGJ 46—2005）第7.2.9条规定：架空电缆严禁沿脚手架、树木或其他设施敷设。 8.《施工现场临时用电安全技术规范》（JGJ 46—2005）第7.2.10条规定：在建工程内的电缆线路必须采用电缆埋地引入，严禁穿越脚手架引入。电缆垂直敷设应充分利用在建工程的竖井、垂直孔洞等，并宜靠近用电负荷中心，固定点每楼层不得少于一处。电缆水平敷设宜沿墙或门口刚性固定。 9.《施工现场临时用电安全技术规范》（JGJ 46—2005）第7.3.1条规定：室内配线必须采用绝缘导线或电缆。 10.《施工现场临时用电安全技术规范》（JGJ 46—2005）第7.3.2条规定：室内配线应根据配线类型采用瓷瓶、瓷（塑料）夹、嵌绝缘槽、穿管或钢索敷设。 潮湿场所或埋地非电缆配线必须穿管敷设，管口和管接头应密封；当采用金属管敷设时，金属管必须做等电位连接，且必须与PE线相连接。 11.《施工现场临时用电安全技术规范》（JGJ 46—2005）第7.3.3条规定：室内非埋地明敷主干线距地面高度不得小于2.5m。 12.《施工现场临时用电安全技术规范》（JGJ 46—2005）第7.3.4条规定：架空进户线的室外端应采用绝缘子固定，过墙处应穿管保护，距地面高度不得小于2.5m，并应采取防雨措施	1. 查验架空线路材料、架设设备的符合性； 2. 查验电缆芯数、敷设环境、工艺的符合性
2.4.6	配电箱及开关箱	1.《施工现场临时用电安全技术规范》（JGJ 46—2005）第8.1.1条规定：配电系统应设置配电柜或总配电箱、分配电箱、开关箱，实行三级配电。 2.《施工现场临时用电安全技术规范》（JGJ 46—2005）第8.1.2条规定：总配电箱应设在靠近电源的区域，分配电箱应设在用电设备或负荷相对集中的区域，分配电箱与开关箱的距离不得超过30m，开关箱与其控制的固定式用电设备的水平距离不宜超过3m。 3.《施工现场临时用电安全技术规范》（JGJ 46—2005）第8.1.3条规定：每台用电设备必须有各自专用的开关箱，严禁用同一个开关箱直接控制2台及2台以上用电设备（含插座）。 4.《施工现场临时用电安全技术规范》（JGJ 46—2005）第8.1.4条规定：动力配电箱与照明配电箱宜分别设置。当合并设置为同一配电箱时，动力和照明应分路配电；动力开关箱与照明开关箱必须分设。 5.《施工现场临时用电安全技术规范》（JGJ 46—2005）第8.1.5条规定：配电箱、开关箱应装设在干燥、通风及常温场所，不得装设在易受外来固体物撞击、强烈振动、液体浸溅及热源烘烤场所。	1. 查验配电系统的符合性； 2. 查验配电箱安装场所及工艺的符合性； 3. 查验配电箱中电气设备设置、安装的符合性； 4. 查验配电箱进出线敷设工艺的符合性

续表

序号	检查内容	检查依据	检查要点
2.4.6	配电箱及开关箱	6.《施工现场临时用电安全技术规范》（JGJ 46—2005）第8.1.6条规定：配电箱、开关箱周围不得堆放任何妨碍操作、维修的物品，不得有灌木、杂草。 7.《施工现场临时用电安全技术规范》（JGJ 46—2005）第8.1.8条规定：配电箱、开关箱应装设端正、牢固。 8.《施工现场临时用电安全技术规范》（JGJ 46—2005）第8.3.1条规定：配电箱、开关箱应有名称、用途、分路标记及系统接线图。 9.《施工现场临时用电安全技术规范》（JGJ 46—2005）第8.3.2条规定：配电箱、开关箱箱门应配锁，并应由专人负责。 10.《施工现场临时用电安全技术规范》（JGJ 46—2005）第8.1.11条规定：配电箱的电器安装板上必须分设N线端子板和PE线端子板。N线端子板必须与金属电器安装板绝缘；PE线端子板必须与金属电器安装板做电气连接。 11.《施工现场临时用电安全技术规范》（JGJ 46—2005）第8.1.12条规定：配电箱、开关箱内的连接线必须采用铜芯绝缘导线，导线分支接头不得采用螺栓压接，应采用焊接并做绝缘包扎、不得有外露带电部分。 12.《施工现场临时用电安全技术规范》（JGJ 46—2005）第8.1.13条规定：配电箱、开关箱的金属箱体、金属电器安装板以及电器正常不带电的金属底座、外壳等必须通过PE线端子板与PE线做电气连接，金属箱门与金属箱体必须通过采用编织软铜线做电气连接。 13.《施工现场临时用电安全技术规范》（JGJ 46—2005）第8.1.15条规定：配电箱、开关箱中导线的进线口和出线口应设在箱体的下底面。 14.《施工现场临时用电安全技术规范》（JGJ 46—2005）第8.1.16条规定：配电箱、开关箱的进、出线口应配置固定线卡，进出线应加绝缘护套并成束卡固在箱体上，不得与箱体直接接触。移动式配电箱、开关箱的进、出线应采用橡皮护套绝缘电缆，不得有接头。 15.《施工现场临时用电安全技术规范》（JGJ 46—2005）第8.1.17条规定：配电箱、开关箱外形结构应能防雨、防尘。 16.《施工现场临时用电安全技术规范》（JGJ 46—2005）第8.2.1条规定：配电箱、开关箱内的电器必须可靠、完好，严禁使用破损、不合格的电器。 17.《施工现场临时用电安全技术规范》（JGJ 46—2005）第8.2.8条规定：漏电保护器应装设在总配电箱、开关箱靠近负荷的一侧，且不得用于启动电气设备的操作。 18.《施工现场临时用电安全技术规范》（JGJ 46—2005）第8.2.12条规定：总配电箱和开关箱中漏电保护器的极数和线数必须与其负荷侧负荷的相数和线数一致。 19.《施工现场临时用电安全技术规范》（JGJ 46—2005）第	1. 查验配电系统的符合性； 2. 查验配电箱安装场所及工艺的符合性； 3. 查验配电箱中电气设备设置、安装的符合性； 4. 查验配电箱进出线敷设工艺的符合性

续表

序号	检查内容	检查依据	检查要点
2.4.6	配电箱及开关箱	8.2.15 条规定：配电箱、开关箱的电源进线端严禁采用插头和插座做活动连接。 20.《电力建设安全工作规程　第 3 部分：变电站》（DL 5009.3—2013）第 3.2.30 条规定：配电箱应坚固，金属外壳接地或接零良好，其结构应具备防火、防雨的功能，箱内的配线应采取相色配线且绝缘良好，导线进出配电柜或配电箱的线段应采取固定措施，导线端头制作规范，连接应牢固。操作部位不得有带电体裸露；电动机械或电动工具应做到“一机一开关一保护”	1. 查验配电系统的符合性； 2. 查验配电箱安装场所及工艺的符合性； 3. 查验配电箱中电气设备设置、安装的符合性； 4. 查验配电箱进出线敷设工艺的符合性

2.5 建筑施工扣件式钢管脚手架

1. 脚手架材料（含脚手杆、脚手板及扣件等）的选材和脚手架、跨越架搭拆应符合有关规范要求。
2. 从事脚手架、跨越架搭设和拆除的架子工，必须持有有效证件。
3. 脚手架、跨越架搭拆前，应编制施工作业指导书或专项施工方案，经审批后，对作业人员进行安全技术交底、签字确认后方可施工。
4. 超过一定规模的危险性较大的大型、特殊形式的脚手架和跨越架的搭拆方案，应经论证、审批；搭拆过程中应实施监督。
5. 脚手架、跨越架搭设应经验收合格，挂牌使用。
6. 施工脚手架不得附加设计以外的荷载和用途。
7. 在暴雨、台风、暴风雪等极端天气前后，项目部应组织有关人员对脚手架进行检查或重新验收。

序号	检查内容	检查依据	检查要点
2.5.1	总则	1.《建筑施工扣件式钢管脚手架安全技术规范》（JGJ 130—2011）第 1.0.3 条规定：扣件式钢管脚手架施工前，应按本规范的规定对其结构构件与立杆地基承载力进行设计计算，并应编制专项施工方案。 2.《建筑施工扣件式钢管脚手架安全技术规范》（JGJ 130—2011）第 7.1.1 条规定：脚手架搭设前，应按专项施工方案向施工人员进行交底。 3.《建筑施工扣件式钢管脚手架安全技术规范》（JGJ 130—2011）第 9.0.19 条规定：搭拆脚手架时，地面应设围栏和警戒标志，并应派专人看守，严禁非操作人员入内。 4.《电力建设安全工作规程　第 3 部分：变电站》（DL 5009.3—2013）第 3.2.22 条规定：各类脚手杆（管）、脚手板、紧固件以及防护用具等均应存放在干燥、通风处，并符合防腐、防火等要求	1. 查阅专项施工方案：开工前编审批、相关责任人已签字。 2. 查阅安全技术交底记录：施工前交底、内容与专项施工方案相符、交底人和被交底人已签字。 3. 查验脚手架安装环境的符合性
2.5.2	构配件	1.《建筑施工扣件式钢管脚手架安全技术规范》（JGJ 130—2011）第 3.1.2 条规定：脚手架钢管宜采用 $\phi 48.3\times 3.6$ 钢管。每根钢管的最大质量不应大于 25.8kg。 2.《建筑施工扣件式钢管脚手架安全技术规范》（JGJ 130—2011）第 3.2.2 条规定：扣件在螺栓拧紧扭力矩达到 65N·m 时，不得发生破坏。 3.《建筑施工扣件式钢管脚手架安全技术规范》（JGJ 130—2011）第 3.3.1 条规定：脚手板可采用钢、木、竹材料制作，单块脚手板的质量不宜大于 30kg。	查验构配件尺寸、材质、外形等的符合性

续表

序号	检查内容	检查依据	检查要点
2.5.2	构配件	4.《建筑施工扣件式钢管脚手架安全技术规范》(JGJ 130—2011)第3.3.2条规定：冲压钢脚手板的材质应符合现行国家标准《碳素结构钢》GB/T 700中Q235级钢的规定。 5.《建筑施工扣件式钢管脚手架安全技术规范》(JGJ 130—2011)第3.3.3条规定：木脚手板厚度不应小于50mm，两端宜各设置直径不小于4mm的镀锌钢丝箍两道。 6.《建筑施工扣件式钢管脚手架安全技术规范》(JGJ 130—2011)第3.3.4条规定：竹脚手板宜采用由毛竹或楠竹制作的竹串片板、竹笆板；竹串片脚手板应符合现行行业标准《建筑施工木脚手架安全技术规范》JGJ 164的相关规定。 7.《建筑施工扣件式钢管脚手架安全技术规范》(JGJ 130—2011)第3.4.2条规定：可调托撑的螺杆与支托板焊接应牢固，焊缝高度不得小于6mm；可调托撑螺杆与螺母旋合长度不得少于5扣，螺母厚度不得小于30mm	查验构配件尺寸、材质、外形等的符合性
2.5.3	构造要求	1.《建筑施工扣件式钢管脚手架安全技术规范》(JGJ 130—2011)第6.1.2条规定：单排脚手架搭设高度不应超过24m；双排脚手架搭设高度不宜超过50m，高度超过50m的双排脚手架，应采用分段搭设等措施。 2.《建筑施工扣件式钢管脚手架安全技术规范》(JGJ 130—2011)第6.2.1条规定：纵向水平杆的构造应符合下列规定： 1 纵向水平杆应设置在立杆内侧，单根杆长度不应小于3跨； 2 纵向水平杆接长应采用对接扣件连接或搭接。 3.《建筑施工扣件式钢管脚手架安全技术规范》(JGJ 130—2011)第6.2.2条规定：横向水平杆的构造应符合下列规定： 1 作业层上非主节点处的横向水平杆，宜根据支承脚手板的需要等间距设置，最大间距不应大于纵距的1/2； 2 当使用冲压钢脚手板、木脚手板、竹串片脚手板时，双排脚手架的横向水平杆两端均应采用直角扣件固定在纵向水平杆上；单排脚手架的横向水平杆的一端应用直角扣件固定在纵向水平杆上，另一端应插入墙内，插入长度不应小于180mm； 3 当使用竹笆脚手板时，双排脚手架的横向水平杆的两端，应用直角扣件固定在立杆上；单排脚手架的横向水平杆的一端，应用直角扣件固定在立杆上，另一端插入墙内，插入长度不应小于180mm。 4.《建筑施工扣件式钢管脚手架安全技术规范》(JGJ 130—2011)第6.2.3条规定：主节点处必须设置一根横向水平杆，用直角扣件扣接且严禁拆除。 5.《建筑施工扣件式钢管脚手架安全技术规范》(JGJ 130—2011)第6.2.4条规定：作业层脚手板应满铺、铺稳、铺实；冲压钢脚手板、木脚手板、竹串片脚手板等，应设置在三根水平杆上。当脚手板小于2m时，可采用两根横向水平杆支撑，但应将脚手板两端与横向水平杆可靠固定，防止倾翻。 6.《建筑施工扣件式钢管脚手架安全技术规范》(JGJ 130—2011)第6.3.1条规定：每根立杆底部应设置底座或垫板。	1. 查验脚手架搭设高度的符合性； 2 查验立杆搭设的符合性； 3. 查验纵向水平杆、横向水平杆、脚手板搭设的符合性； 4. 查验连墙件搭设的符合性； 5. 查验剪刀撑与横向斜撑搭设的符合性； 6. 查验斜道搭设的符合性； 7. 查验满堂脚手架搭设的符合性

续表

序号	检查内容	检查依据	检查要点
2.5.3	构造要求	7.《建筑施工扣件式钢管脚手架安全技术规范》（JGJ 130—2011）第7.3.3条规定：底座、垫板应采用长度不少于2跨、厚度不小于50mm、宽度不小200mm的木垫板。 8.《建筑施工扣件式钢管脚手架安全技术规范》（JGJ 130—2011）第6.3.2条规定：脚手架必须设置纵、横向扫地杆。纵向扫地杆应采用直角扣件固定在距钢管底端不大于200mm处的立杆上。横向扫地杆应采用直角扣件固定在紧靠纵向扫地杆下方的立杆上。 9.《建筑施工扣件式钢管脚手架安全技术规范》（JGJ 130—2011）第6.3.3条规定：脚手架立杆基础不在同一高度上时，必须将高处的纵向扫地杆向低处延长两跨与立杆固定，高低差不应大于1m。 10.《建筑施工扣件式钢管脚手架安全技术规范》（JGJ 130—2011）第6.3.4条规定：单、双排脚手架底层步距均不应大于2m。 11.《建筑施工扣件式钢管脚手架安全技术规范》（JGJ 130—2011）第6.3.5条规定：单排、双排与满堂脚手架立杆接长除顶层顶步外，其余各层各步接头必须采用对接扣件连接。 12.《建筑施工扣件式钢管脚手架安全技术规范》（JGJ 130—2011）第6.4.3条规定：连墙件应靠近主节点设置，偏离主节点的距离不应大于300mm；应从底层第一步纵向水平杆处开始设置。 13.《建筑施工扣件式钢管脚手架安全技术规范》（JGJ 130—2011）第6.4.4条规定：开口型脚手架的两端必须设置连墙件，连墙件的垂直间距不应大于建筑物的层高，并且不应大于4m。 14.《建筑施工扣件式钢管脚手架安全技术规范》（JGJ 130—2011）第6.4.6条规定：对高度24m以上的双排脚手架，应采用刚性连墙件与建筑物连接。 15.《建筑施工扣件式钢管脚手架安全技术规范》（JGJ 130—2011）第6.6.1条规定：双排脚手架应设置剪刀撑和斜撑，单排脚手架应设置剪刀撑。 16.《建筑施工扣件式钢管脚手架安全技术规范》（JGJ 130—2011）第6.6.3条规定：高度超过24m及以上的双排脚手架应在外侧全立面连续设置剪刀撑；高度24m以下的单、双排脚手架，均必须在外侧两端、转角及中间间隔不超过15m立面上，各设置一道剪刀撑，并应由底至顶连续设置。 17.《建筑施工扣件式钢管脚手架安全技术规范》（JGJ 130—2011）第6.7.2条规定：斜道应附着外脚手架或建筑物设置；运料斜道宽度不应小于1.5m，坡度不应大于1∶6；人行斜道宽度不应小于1m，坡度不应大于1∶3；拐弯处应设置平台，其宽度不应小于斜道宽度；斜道两侧及平台外围均应设置栏杆及挡脚板。 18.《建筑施工扣件式钢管脚手架安全技术规范》（JGJ 130—2011）第6.7.3条规定：人行斜道和运料斜道的脚手板上应每	1. 查验脚手架搭设高度的符合性； 2查验立杆搭设的符合性； 3. 查验纵向水平杆、横向水平杆、脚手板搭设的符合性； 4. 查验连墙件搭设的符合性； 5. 查验剪刀撑与横向斜撑搭设的符合性； 6. 查验斜道搭设的符合性； 7. 查验满堂脚手架搭设的符合性

续表

序号	检查内容	检查依据	检查要点
2.5.3	构造要求	隔 250mm～300mm 设置一根防滑木条，木条厚度应为 20mm～30mm。 19.《建筑施工扣件式钢管脚手架安全技术规范》（JGJ 130—2011）第 6.8.2 条规定：满堂脚手架搭设高度不宜超过 36m；满堂脚手架施工层不得超过 1 层。 20.《建筑施工扣件式钢管脚手架安全技术规范》（JGJ 130—2011）第 6.8.4 条规定：满堂脚手架应在架体外侧四周及内部纵、横向每 6m 至 8m 由底至顶设置连续竖向剪刀撑。 21.《建筑施工扣件式钢管脚手架安全技术规范》（JGJ 130—2011）第 6.8.9 条规定：满堂脚手架应设爬梯，爬梯踏步间隔不得大于 300mm。 22.《建筑施工扣件式钢管脚手架安全技术规范》（JGJ 130—2011）第 6.9.3 条规定：满堂支撑架应根据架体的类型设置剪刀撑。 23.《建筑施工扣件式钢管脚手架安全技术规范》（JGJ 130—2011）第 6.9.6 条规定：满堂支撑架的可调底座、可调托撑螺杆伸出长度不宜超过 300mm，插入立杆内的长度不得小于 150mm。 24.《建筑施工扣件式钢管脚手架安全技术规范》（JGJ 130—2011）第 6.10.1 条规定：一次悬挑脚手架高度不宜超过 20m	1. 查验脚手架搭设高度的符合性； 2 查验立杆搭设的符合性； 3. 查验纵向水平杆、横向水平杆、脚手板搭设的符合性； 4. 查验连墙件搭设的符合性； 5. 查验剪刀撑与横向斜撑搭设的符合性； 6. 查验斜道搭设的符合性； 7. 查验满堂脚手架搭设的符合性
2.5.4	施工	1.《建筑施工扣件式钢管脚手架安全技术规范》（JGJ 130—2011）第 7.1.3 条规定：经检验合格的构配件应按品种、规格分类，堆放整齐、平稳，堆放场地不得有积水。 2.《建筑施工扣件式钢管脚手架安全技术规范》（JGJ 130—2011）第 7.1.4 条规定：应清除搭设场地杂物，平整搭设场地，并应使排水畅通。 3.《建筑施工扣件式钢管脚手架安全技术规范》（JGJ 130—2011）第 7.3.9 条规定：脚手架剪刀撑与双排脚手架横向斜撑应随立杆、纵向和横向水平杆等同步搭设，不得滞后安装。 4.《建筑施工扣件式钢管脚手架安全技术规范》（JGJ 130—2011）第 7.3.11 条规定：扣件螺栓拧紧扭力矩不应小于 40N·m，且不应大于 65N·m。 5.《建筑施工扣件式钢管脚手架安全技术规范》（JGJ 130—2011）第 7.3.12 条规定：作业层、斜道的栏杆和挡脚板的搭设应符合下列规定： 1 栏杆和挡脚板均应搭设在外立杆的内侧； 2 上栏杆上皮高度应为 1.2m； 3 挡脚板高度不应小于 180mm； 4 中栏杆应居中设置。 6.《建筑施工扣件式钢管脚手架安全技术规范》（JGJ 130—2011）第 7.3.13 条规定：脚手板的铺设应符合下列规定： 1 脚手板应铺满、铺稳，离墙面的距离不应大于 150mm；	1. 查验构配件存放环境的符合性； 2. 查验扣件螺栓拧紧力矩的符合性； 3. 查验作业层、斜道的栏杆和挡脚板搭设的符合性

续表

序号	检查内容	检查依据	检查要点
2.5.4	施工	2 脚手板探头应用直径 3.2mm 的镀锌钢丝固定在支承杆件上； 3 在拐角、斜道平台口处的脚手板，应用镀锌钢丝固定在横向水平杆上，防止滑动	1. 查验构配件存放环境的符合性； 2. 查验扣件螺栓拧紧力矩的符合性； 3. 查验作业层、斜道的栏杆和挡脚板搭设的符合性
2.5.5	检查与验收	1.《建筑施工扣件式钢管脚手架安全技术规范》（JGJ 130—2011）第 7.1.2 条规定：对钢管、扣件、脚手板、可调托撑等进行检查验收，不合格产品不得使用。 2.《建筑施工扣件式钢管脚手架安全技术规范》（JGJ 130—2011）第 8.1.1 条规定：钢管外径 48.3mm、壁厚 3.6mm。 3.《建筑施工扣件式钢管脚手架安全技术规范》（JGJ 130—2011）第 8.1.4 条规定：扣件进入施工现场应检查产品合格证，并应进行抽样复试；扣件在使用前应逐个挑选，有裂缝、变形、螺栓出现滑丝的严禁使用。 4.《建筑施工扣件式钢管脚手架安全技术规范》（JGJ 130—2011）第 8.2.5 条规定：安装后的扣件螺栓拧紧扭力矩应采用扭力扳手检查，抽样方法应按随机分布原则进行。 5.《建筑施工扣件式钢管脚手架安全技术规范》（JGJ 130—2011）第 9.0.5 条规定：作业层上的施工荷载应符合设计要求，不得超载。不得将模板支架、缆风绳、泵送混凝土和砂浆的输送管等固定在架体上；严禁悬挂起重设备，严禁拆除或移动架体上安全防护设施	1. 查阅构配件检查验收记录； 2. 查阅脚手架搭设检查验收记录

2.6 梯子

1. 梯子材料（含金属梯、木梯及制作附件等）的选材应符合有关规范要求。
2. 梯子的使用应符合有关规范要求。

序号	检查内容	检查依据	检查要点
2.6.1	制作	1.《便携式木折梯安全要求》(GB 7059—2007) 第 4.3.6 条规定：梯子使用时承受弯曲或扭转载荷的构件不应使用应压木。 2.《便携式木折梯安全要求》(GB 7059—2007) 第 4.4.1 条规定：选用的木材应加工平整，去棱角和毛刺，所有的棱边均应磨成圆角。 3.《便携式金属梯安全要求》(GB 12142—2007) 第 4.3 款规定：梯子暴露的金属表面应避免有锐边、毛刺及其他结构缺陷。 4.《便携式木折梯安全要求》(GB 7059—2007) 第 4.5 款规定、《便携式金属梯安全要求》(GB 12142—2007) 第 4.1 款规定：便携式木梯（便携式金属梯）的额定载荷应不小于 90kg，并按额定载荷进行标识。按承载能力，梯子的额定载荷可分为 90kg、100kg、110kg、135kg 四个级别。 5.《便携式木折梯安全要求》(GB 7059—2007) 第 4.8.2 条规定：紧固用的铆钉应钉入或置入金属配件或垫圈上。垫圈应为标准的铆钉垫圈。 6.《便携式木折梯安全要求》(GB 7059—2007) 第 4.8.3 款	查验梯子制作的符合性

续表

序号	检查内容	检查依据	检查要点
2.6.1	制作	规定：紧固用的钉子应为钢制，或采用经试验证明具有同等强度的材料制作的紧固件。 7.《便携式木折梯安全要求》（GB 7059—2007）第4.9.1款规定、《便携式金属梯安全要求》（GB 12142—2007）第4.7.1条规定：相邻踏板（或踏棍）的中心间距不应大于350mm。 8.《便携式木折梯安全要求》（GB 7059—2007）第4.9.2款规定：对于折梯，当采用限制无意踏入开口措施时或顶部踏板踩踏表面向内延伸，并与顶帽的前下边缘垂线相交时，顶部踏板可位于顶帽之下450mm。 9.《固定式钢梯及平台安全要求　第2部分：钢斜梯》GB 4053.2—2009）第4.4.2条规定：制造安装工艺应确保梯子及其所有构件的表面光滑、无锐边、尖角、毛刺或其他可能对梯子使用者造成伤害或妨碍其通过的外部缺陷。 10.《固定式钢梯及平台安全要求　第1部分：钢直梯》（GB 4053.1—2009）第4.4.1条规定：钢直梯应采用焊接连接，用其他方式连接时，连接强度应不低于焊接。安装后的梯子不应有歪斜、扭曲、变形及其他缺陷。 11.《固定式钢梯及平台安全要求　第1部分：钢直梯》（GB 4053.1—2009）第5.3.1条规定：单段梯高宜不大于10m，攀登高度大于10m时宜采用多段梯，梯段水平交错布置，并设梯间平台，平台垂直间距离宜为6m。单段梯及多段梯的梯高均应不大于15m。 12.《固定式钢梯及平台安全要求　第1部分：钢直梯》（GB 4053.1—2009）第5.3.2条规定：梯段高度大于3m时宜设置安全护笼。单梯段高度不大于7m，应设置安全护笼。当攀登高度小于7m，但梯子顶部在地面、地板或屋顶之上高度大于7m时，也应设安全护笼。 13.《固定式钢梯及平台安全要求　第2部分：钢斜梯》（GB 4053.2—2009）第4.4.3条规定：钢斜梯与附在设备上的平台梁相连接时，连接处宜采用开长圆孔的螺栓连接。 14.《固定式钢梯及平台安全要求　第2部分：钢斜梯》（GB 4053.2—2009）第5.1.1条规定：梯高宜不大于5m，大于5m时宜设梯间平台（休息平台），分段设梯。 15.《固定式钢梯及平台安全要求　第2部分：钢斜梯》（GB 4053.2—2009）第5.1.2条规定：单梯段的梯高应不大于6m，梯级数宜不大于16。 16.《固定式钢梯及平台安全要求　第2部分：钢斜梯》（GB 4053.2—2009）第5.6.1条规定：梯宽不大于1100mm两侧封闭的斜梯，应至少一侧有扶手，宜设在下梯方向的右侧。 17.《固定式钢梯及平台安全要求　第2部分：钢斜梯》（GB 4053.2—2009）第5.6.2条规定：梯宽不大于1100mm一侧敞开的斜梯，应至少在敞开一侧装有梯子扶手。 18.《固定式钢梯及平台安全要求　第2部分：钢斜梯》（GB 4053.2—2009）第5.6.3条规定：梯宽不大于1100mm两边敞开的斜梯，应在两侧均安装梯子扶手。	查验梯子制作的符合性

续表

序号	检查内容	检查依据	检查要点
2.6.1	制作	19.《固定式钢梯及平台安全要求　第2部分：钢斜梯》（GB 4053.2—2009）第5.6.4条规定：梯宽大于1100mm但不大于2200mm的斜梯，无论是否封闭，均应在两侧安装扶手。 20.《固定式钢梯及平台安全要求　第2部分：钢斜梯》（GB 4053.2—2009）第5.6.5条规定：梯宽大于2200mm的斜梯，除在两侧安装扶手外，在梯子宽度的中线处应设置中间栏杆	查验梯子制作的符合性
2.6.2	使用	1.《建筑施工高处作业安全技术规范》（JGJ 80—2016）第5.1.1条规定：登高作业应借助施工通道、梯子及其他攀登设施和用具。 2.《便携式木折梯安全要求》（GB 7059—2007）第7.1.3条规定：在工作现场对梯子的工作长度产生限制，若单梯较长不能在倾角75°架设时，为了防止梯子底部的滑移，应选择较短的梯子。 3.《便携式金属梯安全要求》（GB 12142—2007）第8.1.3条规定：在工作现场对梯子的工作长度产生限制，若延伸梯或单梯较长不能在倾角75°架设时，为了防止梯子底部的滑移，应选择较短的梯子。 4.《便携式木折梯安全要求》（GB 7059—2007）第7.1.1条规定：单梯及单面折梯只允许单人单侧使用。双面折梯允许单人每侧（前后面）分别使用。 5.《便携式金属梯安全要求》（GB 12142—2007）第8.1.1条规定：延伸梯、单梯及踏板折梯只允许单人单侧使用。支架梯、双面梯允许单人双侧（前后面）分别使用。 6.《便携式木折梯安全要求》（GB 7059—2007）第7.1.2条规定：应根据预定使用中的最大工作载荷选择适当额定载荷的梯子，并确保梯子在使用中不会过载。 7.《便携式金属梯安全要求》（GB 12142—2007）第8.1.4条规定：应根据预定使用中的最大高度选择适当尺寸的折梯，最大工作高度为最高站立平面高与使用者的身高之和。 8.《便携式木折梯安全要求》（GB 7059—2007）第7.2.1.2条规定、《便携式金属梯安全要求》（GB 12142—2007）第8.2.1.2条规定：除非专门设计成多人使用，便携式梯子不应同时由一人以上攀登。 9.《便携式木折梯安全要求》（GB 7059—2007）第7.2.1.3条规定、《便携式金属梯安全要求》（GB 12142—2007）第8.2.1.3条规定：折梯不应作为单梯（直梯）使用或在合拢状态使用。 10.《便携式木折梯安全要求》（GB 7059—2007）第7.2.7.1条规定、《便携式金属梯安全要求》（GB 12142—2007）第8.2.7.1条规定：当上下梯子时，使用者应面向梯子并始终保持与梯子三点接触（双手和双脚四点中的三点）状态。使用者不应从侧面攀上梯子，不应从一部梯子攀到另一部梯子，不应从晃动平面攀上梯子。	查验梯子使用的符合性

续表

序号	检查内容	检查依据	检查要点
2.6.2	使用	11.《建筑施工高处作业安全技术规范》（JGJ 80—2016）第5.1.5条规定：使用单梯时梯面应与水平面成75°夹角，踏步不得缺失，梯格间距宜为300mm，不得垫高使用。 12.《便携式木折梯安全要求》（GB 7059—2007）第7.2.4条规定、《便携式金属梯安全要求》（GB 12142—2007）第8.2.4条规定：梯子底部应放置在牢固的水平支撑表面上，在没有适当的措施防止滑移时，梯子不应用在冰、雪或光滑的表面上使用。在使用没有安全靴、马刺、道钉状或类似防滑装置的梯子时，梯子不应放置在不稳定的基础上以获得附加高度。 13.《建筑施工高处作业安全技术规范》（JGJ 80—2016）第5.1.3条规定：脚手架操作层上严禁架设梯子作业。 14.《便携式木折梯安全要求》（GB 7059—2007）第7.2.9条规定、《便携式金属梯安全要求》（GB 12142—2007）第8.2.9条规定：梯子不应被用作支撑物，滑道、杠杆、拉杆或中央立杆、跳板、平台、脚手架板、材料起吊器或其他非预定的用途。梯子不应架设在脚手架之上以获得附加的高度。 15.《便携式木折梯安全要求》（GB 7059—2007）第7.2.7.2条规定、《便携式金属梯安全要求》（GB 12142—2007）第8.2.7.2条规定：当梯子长度不够时，使用者应下到地面重新调整梯子。使用者在梯子上时，不应有推、拉梯子的动作	查验梯子使用的符合性

2.7 操作平台

1. 操作平台采用钢管、型钢及其他等效性能材料，应符合有关规范要求。

2. 操作平台搭拆前，应编制施工作业指导书或专项施工方案，经审批后，对作业人员进行安全技术交底、签字确认后方可施工。

3. 操作平台搭设应经验收合格，挂牌使用。

4. 操作平台不得附加设计以外的荷载和用途。

5. 操作平台使用中应由专人进行日常维护工作，及时消除安全隐患。

序号	检查内容	检查依据	检查要点
2.7.1	一般规定	1.《建筑施工高处作业安全技术规范》（JGJ 80—2016）第6.1.1条规定：操作平台应通过设计计算，并应编制专项方案，架体构造与材质应满足国家现行相关标准的规定。 2.《建筑施工高处作业安全技术规范》（JGJ 80—2016）第6.1.2条规定：操作平台的架体结构应采用钢管、型钢及其他等效性能材料组装，并应符合现行国家标准《钢结构设计规范》GB 50017及国家现行有关脚手架标准的规定。平台面铺设的钢、木或竹胶合板等材质的脚手板，应符合材质和承载力要求，并应平整满铺及可靠固定。 3.《建筑施工高处作业安全技术规范》（JGJ 80—2016）第6.1.3条规定：操作平台的临边应设置防护栏杆，单独设置的操作平台应设置供人上下、踏步间距不大于400mm的扶梯。 4.《建筑施工高处作业安全技术规范》（JGJ 80—2016）第6.1.4条规定：应在操作平台明显位置设置标明允许负载值的限载牌及限定允许的作业人数，物料应及时转运，不得超重、超高堆放。	1. 查验操作平台搭设专项方案的符合性。 2. 查验操作平台搭设材料的符合性。 3. 查验单独设置的操作平台应设置供人上下扶梯的符合性

续表

序号	检查内容	检查依据	检查要点
2.7.1	一般规定	5.《建筑施工高处作业安全技术规范》（JGJ 80—2016）第6.1.5条规定：操作平台使用中应每月不少于1次定期检查，应由专人进行日常维护工作，及时消除安全隐患	1. 查验操作平台搭设专项方案的符合性。 2. 查验操作平台搭设材料的符合性。 3. 查验单独设置的操作平台应设置供人上下扶梯的符合性
2.7.2	移动式操作平台	1.《建筑施工高处作业安全技术规范》（JGJ 80—2016）第6.2.1条规定：移动式操作平台面积不宜大于10m^2，高度不宜大于5m，高宽比不应大于2∶1，施工荷载不应大于1.5kN/m^2。 2.《建筑施工高处作业安全技术规范》（JGJ 80—2016）第6.2.2条规定：移动式操作平台的轮子与平台架体连接应牢固，立柱底端离地面不得大于80mm，行走轮和导向轮应配有制动器或刹车闸等制动措施。 3.《建筑施工高处作业安全技术规范》（JGJ 80—2016）第6.2.3条规定：移动式行走轮承载力不应小于5kN，制动力矩不应小于2.5N·m，移动式操作平台架体应保持垂直，不得弯曲变形，制动器除在移动情况外，均应保持制动状态。 4.《建筑施工高处作业安全技术规范》（JGJ 80—2016）第6.2.4条规定：移动式操作平台移动时，操作平台上不得站人	查验移动式操作平台搭设的符合性
2.7.3	落地式操作平台	1.《建筑施工高处作业安全技术规范》（JGJ 80—2016）第6.3.1条规定：落地式操作平台架体构造应符合下列规定： 1）操作平台高度不应大于15m，高宽比不应大于3∶1； 2）施工平台的施工荷载不应大于2.0kN/m^2；当接料平台的施工荷载大于2.0kN/m^2时，应进行专项设计； 3）操作平台应与建筑物进行刚性连接或加设防倾措施，不得与脚手架连接； 4）用脚手架搭设操作平台时，其立杆间距和步距等结构要求应符合国家现行相关脚手架规范的规定；应在立杆下部设置底座或垫板、纵向与横向扫地杆，并应在外立面设置剪刀撑或斜撑； 5）操作平台应从底层第一步水平杆起逐层设置连墙件，且连墙件间隔不应大于4m，并应设置水平剪刀撑。连墙件应为可承受拉力和压力的构件，并应与建筑结构可靠连接。 2.《建筑施工高处作业安全技术规范》（JGJ 80—2016）第6.3.3条规定：落地式操作平台应按国家现行相关脚手架标准的规定计算受弯构件强度、连接扣件抗滑承载力、立杆稳定性、连墙杆件强度与稳定性及连接强度、立杆地基承载力等。 3.《建筑施工高处作业安全技术规范》（JGJ 80—2016）第6.3.4条规定：落地式操作平台一次搭设高度不应超过相邻连墙件以上两步。 4.《建筑施工高处作业安全技术规范》（JGJ 80—2016）第6.3.5条规定：落地式操作平台拆除应由上而下逐层进行，严禁上下同时作业，连墙件应随施工进度逐层拆除。 5.《建筑施工高处作业安全技术规范》（JGJ 80—2016）第6.3.6条规定：落地式操作平台检查验收应符合下列规定：	查验落地式操作平台搭设的符合性

续表

序号	检查内容	检查依据	检查要点
2.7.3	落地式操作平台	1）操作平台的钢管和扣件应有产品合格证； 2）搭设前应对基础进行检查验收，搭设中应随施工进度按结构层对操作平台进行检查验收； 3）遇6级以上大风、雷雨、大雪等恶劣天气及停用超过1个月，恢复使用前，应进行检查	查验落地式操作平台搭设的符合性
2.7.4	悬挑式操作平台	1.《建筑施工高处作业安全技术规范》（JGJ 80—2016）第6.4.1条规定：悬挑式操作平台设置应符合下列规定： 1）操作平台的搁置点、拉结点、支撑点应设置在稳定的主体结构上，且应可靠连接； 2）严禁将操作平台设置在临时设施上； 3）操作平台的结构应稳定可靠，承载力应符合设计要求。 2.《建筑施工高处作业安全技术规范》（JGJ 80—2016）第6.4.2条规定：悬挑式操作平台的悬挑长度不宜大于5m，均布荷载不应大于5.5kN/m^2，集中荷载不应大于15kN，悬挑梁应锚固固定。 3.《建筑施工高处作业安全技术规范》（JGJ 80—2016）第6.4.3条规定：采用斜拉方式的悬挑式操作平台，平台两侧的连接吊环应与前后两道斜拉钢丝绳连接，每一道钢丝绳应能承载该侧所有荷载。 4.《建筑施工高处作业安全技术规范》（JGJ 80—2016）第6.4.4条规定：采用支承方式的悬挑式操作平台，应在钢平台下方设置不少于两道斜撑，斜撑的一端应支承在钢平台主结构钢梁下，另一端应支承在建筑物主体结构。 5.《建筑施工高处作业安全技术规范》（JGJ 80—2016）第6.4.5条规定：采用悬臂梁式的操作平台，应采用型钢制作悬挑梁或悬挑桁架，不得使用钢管，其节点应采用螺栓或焊接的刚性节点。当平台板上的主梁采用与主体结构预埋件焊接时，预埋件、焊缝均应经设计计算，建筑主体结构应同时满足强度要求。 6.《建筑施工高处作业安全技术规范》（JGJ 80—2016）第6.4.6条规定：悬挑式操作平台应设置4个吊环，吊运时应使用卡环，不得使吊钩直接钩挂吊环。吊环应按通用吊环或起重吊环设计，并应满足强度要求。 7.《建筑施工高处作业安全技术规范》（JGJ 80—2016）第6.4.7条规定：悬挑式操作平台安装时，钢丝绳应采用专用的钢丝绳夹连接，钢丝绳夹数量应与钢丝绳直径相匹配，且不得少于4个。建筑物锐角、利口周围系钢丝绳处应加衬软垫物。 8.《建筑施工高处作业安全技术规范》（JGJ 80—2016）第6.4.8条规定：悬挑式操作平台的外侧应略高于内侧；外侧应安装防护栏杆并应设置防护挡板全封闭。 9.《建筑施工高处作业安全技术规范》（JGJ 80—2016）第6.4.9条规定：人员不得在悬挑式操作平台吊运、安装时上下	查验悬挑式操作平台搭设的符合性

续表

2.8 施工机械、设备

1. 项目部应按国家有关档案规范及相关要求，及时收集、整理、归档施工设备相关资料。
2. 项目部应建立施工设备管理台账（必要的设备资料）及管理记录，设备管理台账应齐全、完整，管理记录应完整、清晰、准确。
3. 项目部应根据工程项目的自然环境、地理位置、气候状况和设备及人员的配置等，进一步识别大型施工设备安装、使用、维修、拆除的危险源（点），并制定相应的安全措施严格实施。
4. 项目部应按相关权限编制施工机械设备危险作业专项方案，并经过审批后实施。
5. 施工设备的金属结构、运行机构、电气控制系统无缺陷；安全保护装置应齐全、可靠、灵敏。施工设备的防护罩、盖板、梯子护栏等安全防护设施应完备可靠。起重设备的灯光、音响、信号应齐全可靠，指示仪表应准确、灵敏；风力监测装置装设位置符合要求。施工设备应干净整洁，悬挂标识牌、检验合格证，明示安全操作规程。
6. 设备基础应进行验收，质量应符合相关技术要求，并定期检查。施工机械设备运行范围内无障碍物，满足安全运行要求。
7. 施工现场两台及以上机械设备在使用过程中可能发生碰撞时，应制定相应的防碰撞措施。牵张设备的电气接地装置符合规程要求；过载保护装置可靠、灵敏。项目部应针对工程地处的地理位置、自然环境、地质和气候状况，制定施工设备在极端天气作业环境的防护措施。
8. 项目部应对施工设备进行日常维护保养，维护保养作业时应悬挂明显的警示标识。施工设备维修结束后项目部应按规定组织验收，合格后方可投入使用。
9. 项目部应对施工设备日常维护保养情况定期进行检查，并做好记录。牵张设备应定人定机，操作人员必须熟悉牵张设备的机构、工作原理、操作规程及维护保养知识。

序号	检查内容	检查依据	检查要点
2.8.1	一般规定	1.《建设工程安全生产管理条例》（国务院令第393号）第三十四条规定：施工单位采购、租赁的安全防护用具、机械设备、施工机具及配件，应当具有生产（制造）许可证、产品合格证，并在进入施工现场前进行查验。 2.《电力建设工程施工安全管理导则》（NB/T 10096—2018）第13.2.1.4条规定：租赁的机械设备进场时，由施工单位对设备技术、安全状况以及出厂合格证，相应的安全使用证、技术资料、设备操作人员的作业资格证书等进行检查验收，对于国家强制要求需定期进行检验的特种设备，需出租方提供有效的检测报告和证明，符合要求才能准予进场。 3.《电力建设工程施工安全监督管理办法》（发展改革委令第28号）第二十九条规定：施工单位应当按照国家有关规定采购、租赁、验收、检测、发放、使用、维护和管理施工机械、特种设备，建立施工设备安全管理制度、安全操作规程及相应的管理台账和维保记录档案。 4.《电力建设工程施工安全管理导则》（NB/T 10096—2018）第13.1.1条规定：c）施工单位应根据其承建工程规模和施工现场使用施工机械设备数量，明确机械管理部门或配备符合任职条件的施工机械设备专（兼）职管理人员，并建立施工机械设备安全管理体系。实行工程总承包的，工程总承包单位应设置或明确施工机械设备管理的责任部门或责任人，并组织建立建设工程施工机械设备安全管理网络。	1. 查验施工机械设备（租赁）入场质量的符合性； 2. 查阅施工项目部机械管理部门或配备专（兼）职管理人员文件； 3. 查阅机械设备管理台账。台账与施工现场相符； 4. 查验机械设备操作人员行为的符合性； 5. 查验机械设备安全装置的符合性

续表

序号	检查内容	检查依据	检查要点
2.8.1	一般规定	1）火电、水电、风电建设工程，凡工程施工吊装中使用起重机械5台及以上的或工程合同价达到5千万元及以上的应设置机械管理部门，使用起重机械5台以下的或工程合同价未达到5千万元的应设置专职管理人员。 2）输变电项目施工单位应根据施工机械的数量配备专（兼）职管理人员。 5.《电力建设工程施工安全管理导则》（NB/T 10096—2018）第13.1.2.1条规定：施工单位应根据施工机械设备有关法律法规、标准规范的要求，建立施工机械设备安全管理制度。 6.《电力建设工程施工安全管理导则》（NB/T 10096—2018）第13.1.2.2条规定：施工单位应根据施工机械设备的特点和作业过程中存在的安全风险等，制定、发布安全操作规程。安全操作规程至少应包括设备参数、操作程序和方法、维护保养要求、安全注意事项、巡回检查和异常情况处置规定。 7.《电力建设工程施工安全管理导则》（NB/T 10096—2018）第13.1.2.3条规定：施工单位应建立完善的施工机械设备管理台账和管理档案。 8.《建筑机械使用安全技术规程》（JGJ 33—2012）第2.0.1条规定：特种设备操作人员应经过专业培训、考核合格取得建设行政主管部门颁发的操作证，并应经过安全技术交底后持证上岗。 9.《建筑机械使用安全技术规程》（JGJ 33—2012）第2.0.5条规定：在工作中，应按规定使用劳动保护用品。高处作业时应系安全带。 10.《建筑机械使用安全技术规程》（JGJ 33—2012）第2.0.7条规定：操作人员在作业过程中，应集中精力，正确操作，并应检查机械工况，不得擅自离开工作岗位或将机械交给其他无证人员操作。无关人员不得进入作业区或操作室内。 11.《施工现场机械设备检查技术规范》（JGJ 160—2016）第3.0.8条规定：露天固定使用的中小型机械应设置作业棚，作业棚应具有防雨、防晒、防物体打击功能。 12.《建筑机械使用安全技术规程》（JGJ 33—2012）第2.0.2条规定：机械必须按出厂使用说明书规定的技术性能、承载能力和使用条件，正确操作，合理使用，严禁超载、超速作业或任意扩大使用范围。 13.《建筑机械使用安全技术规程》（JGJ 33—2012）第2.0.3条规定：机械上的各种安全防护及保险装置和各种安全信息装置必须齐全有效。 14.《施工现场机械设备检查技术规范》（JGJ 160—2016）第3.0.5条规定：机械设备各安全装置齐全有效。 15.《建筑机械使用安全技术规程》（JGJ 33—2012）第13.1.2条规定：中小型机械上的外露传动部分和旋转部分应设有防护罩。室外使用的机械应搭设机械防护棚或采取其他防护措施。	1. 查验施工机械设备（租赁）入场质量的符合性； 2. 查阅施工项目部机械管理部门或配备专（兼）职管理人员文件； 3. 查阅机械设备管理台账；台账与施工现场相符； 4. 查验机械设备操作人员行为的符合性； 5. 查验机械设备安全装置的符合性

续表

序号	检查内容	检查依据	检查要点
2.8.1	一般规定	16.《建筑机械使用安全技术规程》（JGJ 33—2012）第3.1.3条规定：电气设备的金属外壳应进行保护接地或保护接零，并应符合现行行业标准《施工现场临时用电安全技术规范》（JGJ 46—2005）的规定。 17.《施工现场临时用电安全技术规范》（JGJ 46—2005）第9.1.1条规定：运行时产生振动的设备的金属基座、外壳与PE线的连接点不少于2处。 18.《建筑机械使用安全技术规程》（JGJ 33—2012）第3.3.11条规定：移动式发电机使用前应将底架停放在平稳的基础上，不得在运转时移动发电机	1. 查验施工机械设备（租赁）入场质量的符合性； 2. 查阅施工项目部机械管理部门或配备专（兼）职管理人员文件； 3. 查阅机械设备管理台账；台账与施工现场相符； 4. 查验机械设备操作人员行为的符合性； 5. 查验机械设备安全装置的符合性
2.8.2	桩工机械	1.《施工现场机械设备检查技术规范》（JGJ 160—2016）第6.1.5条规定：施工现场的地基承载力应满足桩工机械安全座椅的要求；打桩作业时应与基坑、基槽保持安全距离。 2.《施工现场机械设备检查技术规范》（JGJ 160—2016）第6.1.7条规定：桩工机械整机应符合下列规定： 1）打桩机结构件、附属部件应齐全，主要受力构件不应有失稳及明显变形； 2）金属结构焊缝不应有开焊和焊接缺陷； 3）金属结构锈蚀（或腐蚀）的深度不应超过厚度的10%； 4）金属结构杆件螺栓连接或铆接不应松动，不应有缺损。 3.《建筑机械使用安全技术规程》（JGJ 33—2012）第7.1.10条规定：桩机吊桩、吊锤、回转、行走等动作不应同时进行。吊桩时，应在桩上拴好拉绳，避免桩与桩锤或机架碰撞。桩机吊锤（桩）时，锤（桩）的最高点离立柱顶部的最小距离应确保安全。轨道式桩机吊桩时应夹紧夹轨器。桩机在吊有桩和锤的情况下，操作人员不得离开岗位。 4.《施工现场机械设备检查技术规范》（JGJ 160—2016）第6.1.8条4款规定：传动机构的防护罩、盖板、防护栏杆应齐全，不应有变形、破损。 5.《建筑机械使用安全技术规程》（JGJ 33—2012）第7.3.5条规定：悬挂振动桩锤的起重机吊钩应有防松脱的保护装置。振动桩锤悬挂钢架的耳环应加装保险钢丝绳。 6.《建筑机械使用安全技术规程》（JGJ 33—2012）第7.1.6条规定：作业前，应由项目负责人向作业人员作详细的安全技术交底。桩机的安装、试机、拆除应严格按设备使用说明书的要求进行。 7.《建筑机械使用安全技术规程》（JGJ 33—2012）第7.1.4条规定：桩机作业区内应无妨碍作业的高压线路、地下管道和埋设电缆。作业区应有明显标志或围栏，非工作人员不得进入。 8.《建筑机械使用安全技术规程》（JGJ 33—2012）第7.1.15条规定：桩锤在施打过程中，监视人员应在距离桩锤中心5m以外。	1. 查验桩机机械安装场地的符合性； 2. 查验桩机机械安全装置的符合性； 3. 查验桩机机械人员操作行为的符合性

续表

序号	检查内容	检查依据	检查要点
2.8.2	桩工机械	9.《建筑机械使用安全技术规程》（JGJ 33—2012）第7.4.7条规定：压桩时，非工作人员应离机10m。起重机的起重臂及桩机配重下方严禁站人。 10.《建筑机械使用安全技术规程》（JGJ 33—2012）第7.4.8条规定：压桩时，操作人员的身体不得进入压桩台与机身的间隙之中。 11.《建筑机械使用安全技术规程》（JGJ 33—2012）第7.6.13条规定：螺旋钻孔机钻孔时，不得用手清除螺旋片中的泥土。 12.《建筑机械使用安全技术规程》（JGJ 33—2012）第7.8.10条规定：旋挖钻机作业中，钻机作业范围内不得有非工作人员进入。 13.《建筑机械使用安全技术规程》（JGJ 33—2012）第7.11.8条规定：停止作业时，冲锤应提出孔外，不得埋锤，并应及时切断电源；重锤落地前，司机不得离岗	1. 查验桩机机械安装场地的符合性； 2. 查验桩机机械安全装置的符合性； 3. 查验桩机机械人员操作行为的符合性
2.8.3	混凝土机械	1.《施工现场机械设备检查技术规范》（JGJ 160—2016）第9.1.1条规定：混凝土机械应安装在平坦坚实的地坪上，地基承载力应能承受工作荷载和震动荷载，场地周边应有良好的排水、供水、供电条件，道路应畅通。 2.《施工现场机械设备检查技术规范》（JGJ 160—2016）第9.1.3条规定：混凝土整机应符合下列规定： 1）主要工作性能应达到使用说明书规定的额定指标； 2）金属结构不应有开焊、裂纹、变形、严重锈蚀，各连接螺栓应紧固； 3）工作装置性能应可靠，附件应齐全完整； 4）整机应清洁，应无漏油、漏气、漏水等现象。 3.《建筑机械使用安全技术规程》（JGJ 33—2012）第8.1.3条规定：混凝土机械的工作机构、制动器、离合器、各种仪表及安全装置应齐全完好。 4.《建筑机械使用安全技术规程》（JGJ 33—2012）第8.1.5条规定：冬期施工，机械设备的管道、水泵及水冷却装置应采取防冻保温措施。 5.《建筑机械使用安全技术规程》（JGJ 33—2012）第8.2.1条规定：搅拌机作业区应排水通畅，并应设置沉淀池及防尘设施。 6.《建筑机械使用安全技术规程》（JGJ 33—2012）第8.3.7条规定：混凝土搅拌运输车出料作业时，应将搅拌运输车停靠在地势平坦处，应与基坑及输电线路保持安全距离，并应锁定制动系统。 7.《建筑机械使用安全技术规程》（JGJ 33—2012）第8.4.1条规定：混凝土泵应安放在平整、坚实的地面上，周围不得有障碍物，支腿应支设牢靠，机身应保持水平和稳定，轮胎应楔紧。 8.《建筑机械使用安全技术规程》（JGJ 33—2012）第8.5.2	1. 查验混凝土机械安装场地的符合性； 2. 查验混凝土机械安全装置的符合性； 3. 查验混凝土机械人员操作行为的符合性

续表

序号	检查内容	检查依据	检查要点
2.8.3	混凝土机械	条规定：混凝土泵车作业前，应将支腿打开，并应采用垫木垫平，车身的倾斜度不应大于3°。 9.《建筑机械使用安全技术规程》（JGJ 33—2012）第8.6.3条规定：插入式振捣器电缆线应采用耐候型橡皮护套铜芯软电缆，并不得有接头。 10.《建筑机械使用安全技术规程》（JGJ 33—2012）第8.6.4条规定：插入式振捣器电缆线长度不应大于30m。不得缠绕、扭结和挤压，并不得承受任何外力。 11.《建筑机械使用安全技术规程》（JGJ 33—2012）第8.7.3条规定：平板式振捣器应采用耐气候型橡皮护套铜芯软电缆，并不得有接头和承受任何外力，其长度不应超过30m。 12.《建筑机械使用安全技术规程》（JGJ 33—2012）第8.7.4条规定：附着式、平板式振捣器的轴承不应承受轴向力，使用时应保持电动机轴线在水平状态。 13.《建筑机械使用安全技术规程》（JGJ 33—2012）第8.8.2条规定：振动台应设有可靠的锁紧夹，振动时应将混凝土槽锁紧，混凝土模板在振动台上不得无约束振动。 14.《建筑机械使用安全技术规程》（JGJ 33—2012）第8.9.1条规定：混凝土喷射机风源、电源、水源、加料设备等应配套齐全。 15.《建筑机械使用安全技术规程》（JGJ 33—2012）第8.9.9条规定：混凝土喷射机作业时，输送软管不得随地拖拉和折弯。 16.《建筑机械使用安全技术规程》（JGJ 33—2012）第8.2.2条规定：操作人员视线应良好。操作台应铺设绝缘垫板。 17.《建筑机械使用安全技术规程》（JGJ 33—2012）第8.2.7条规定：搅拌机料斗提升时，人员严禁在料斗下停留或通过；当需在料斗下方进行清理或检修时，应将料斗提升至上止点，并必须用保险销锁牢或用保险链挂牢。 18.《建筑机械使用安全技术规程》（JGJ 33—2012）第8.2.9条规定：搅拌机运转时，不得进行维修、清理工作。当作业人员需进入搅拌筒内作业时，应先切断电源，锁好开关箱，悬挂“禁止合闸”的警示牌，并应派专人监护。 19.《建筑机械使用安全技术规程》（JGJ 33—2012）第8.3.8条规定：混凝土搅拌运输车进入搅拌筒维修、清理混凝土前，应将发动机熄火，操作杆置于空挡，将发动机钥匙取出，并应设专人监护，悬挂安全警示牌。 20.《建筑机械使用安全技术规程》（JGJ 33—2012）第8.4.6条规定：混凝土泵在开始或停止泵送混凝土前，作业人员应与出料软管保持安全距离，作业人员不得在出料口下方停留。出料软管不得埋在混凝土中。 21.《建筑机械使用安全技术规程》（JGJ 33—2012）第8.4.6条规定：混凝土泵工作时，不得进行维修作业。 22.《建筑机械使用安全技术规程》（JGJ 33—2012）第8.6.2条规定：插入式振捣器操作人员作业时应穿戴符合要求的绝缘鞋和绝缘手套。	1. 查验混凝土机械安装场地的符合性； 2. 查验混凝土机械安全装置的符合性； 3. 查验混凝土机械人员操作行为的符合性

续表

序号	检查内容	检查依据	检查要点
2.8.3	混凝土机械	23.《建筑机械使用安全技术规程》(JGJ 33—2012)第8.6.6条规定：插入式振捣器不得在初凝的混凝土、脚手板和干硬的地面上进行试振。在检修或作业间断时，应切断电源。 24.《建筑机械使用安全技术规程》(JGJ 33—2012)第8.7.2条规定：平板式振捣器操作人员作业时应穿戴符合要求的绝缘鞋和绝缘手套。 25.《建筑机械使用安全技术规程》(JGJ 33—2012)第8.9.6条规定：混凝土喷射机机械操作人员和喷射作业人员应有信号联系，送风、加料、停料、停风及发生堵塞时，应联系畅通，密切配合。 26.《建筑机械使用安全技术规程》(JGJ 33—2012)第8.9.7条规定：混凝土喷射机喷嘴前方不得有人员。 27.《建筑机械使用安全技术规程》(JGJ 33—2012)第8.9.8条规定：混凝土喷射机发生堵管时，应先停止喂料，敲击堵塞部位，使物料松散，然后用压缩空气吹通。操作人员作业时，应紧握喷嘴，不得甩动管道	1. 查验混凝土机械安装场地的符合性； 2. 查验混凝土机械安全装置的符合性； 3. 查验混凝土机械人员操作行为的符合性
2.8.4	钢筋加工机械	1.《建筑机械使用安全技术规程》(JGJ 33—2012)第9.1.1条规定：机械的安装应坚实稳固。固定式机械应有可靠的基础；移动式机械作业时应楔紧行走轮。 2.《施工现场机械设备检查技术规范》(JGJ 160—2016)第11.1.2条规定：安全防护应符合下列规定： 1)安全防护装置应齐全可靠，防护罩或防护板安装应牢固，不应破损； 2)接地应符合用电规定； 3)漏电保护器参数应匹配，安装应正确、动作应灵敏可靠；电气保护装置应齐全有效； 4)机械齿轮、皮带轮等高速运转部分，必须安装防护罩或防护板。 3.《建筑机械使用安全技术规程》(JGJ 33—2012)第9.3.2条规定：钢筋切断机启动前，应检查并确认切刀不得有裂纹，刀架螺栓应紧固，防护罩应牢靠。应用手转动皮带轮，检查齿轮啮合间隙，并及时调整。 4.《建筑机械使用安全技术规程》(JGJ 33—2012)第9.1.2条规定：手持式钢筋加工机械作业时，应佩戴绝缘手套等防护用品。 5.《建筑机械使用安全技术规程》(JGJ 33—2012)第9.1.3条规定：加工较长的钢筋时，应有专人帮扶。帮扶人员应听从机械操作人员指挥，不得任意推拉。 6.《建筑机械使用安全技术规程》(JGJ 33—2012)第9.2.4条规定：钢筋调直切断机在调直块未固定或防护罩未盖好前，不得送料。作业中，不得打开防护罩。 7.《建筑机械使用安全技术规程》(JGJ 33—2012)第9.2.6条规定：当钢筋送入后，手应与曳轮保持安全距离。	1. 查验钢筋加工机械场地设置的符合性； 2. 查验钢筋加工机械安全装置的符合性； 3. 查验钢筋加工机械操作人员行为的符合性

续表

序号	检查内容	检查依据	检查要点
2.8.4	钢筋加工机械	8.《建筑机械使用安全技术规程》(JGJ 33—2012) 第9.3.8条规定：钢筋切断机运转中，不得用手直接清除切刀附近的断头和杂物。在钢筋摆动范围和机械周围，非操作人员不得停留。 9.《建筑机械使用安全技术规程》(JGJ 33—2012) 第9.4.6条规定：弯曲作业时，不得更换轴芯、销子和变换角度以及调速，不得进行清扫和加油。 10.《建筑机械使用安全技术规程》(JGJ 33—2012) 第9.4.9条规定：钢筋弯曲机在弯曲钢筋的作业时，操作人员应站在机身设有固定销的一侧。成品钢筋应堆放整齐，弯钩不得朝上。 11.《建筑机械使用安全技术规程》(JGJ 33—2012) 第9.5.2条规定：钢筋冷拉机冷拉场地应设置警戒区，并应安装防护栏及警告标志。非操作人员不得进入警戒区。作业时，操作人员与受拉钢筋的距离应大于2m。 12.《建筑机械使用安全技术规程》(JGJ 33—2012) 第9.5.3条规定：采用配重控制的冷拉机应有指示起落的记号或专人指挥。冷拉机的滑轮、钢丝绳应相匹配。配重提起时，配重离地高度应小于300mm。配重架四周应设置防护栏杆及警告标志。 13.《建筑机械使用安全技术规程》(JGJ 33—2012) 第9.5.6条规定：钢筋冷拉机冷拉场地照明设施宜设置在张拉警戒区外。当需设置在警戒区内时，照明设施安装高度应大于5m，并应有防护罩。 14.《建筑机械使用安全技术规程》(JGJ 33—2012) 第9.6.4条规定：钢筋冷拔机作业时，操作人员的手与轧辊应保持300～500mm的距离。不得用手直接接触钢筋和滚筒。 15.《建筑机械使用安全技术规程》(JGJ 33—2012) 第9.7.5条规定：钢筋螺纹成型机机械在运转过程中，不得清扫刀片上面的积屑杂物和进行检修。 16.《建筑机械使用安全技术规程》(JGJ 33—2012) 第9.8.2条规定：钢筋除锈机操作人员应束紧袖口，并应佩戴防尘口罩、手套和防护眼镜。 17.《建筑机械使用安全技术规程》(JGJ 33—2012) 第9.8.3条规定：带弯钩的钢筋不得上机除锈。弯度较大的钢筋宜在调直后除锈。 18.《建筑机械使用安全技术规程》(JGJ 33—2012) 第9.8.4条规定：钢筋除锈机操作时，应将钢筋放平，并侧身送料。不得在除锈机正面站人。较长钢筋除锈时，应有2人配合操作	1. 查验钢筋加工机械场地设置的符合性； 2. 查验钢筋加工机械安全装置的符合性； 3. 查验钢筋加工机械操作人员行为的符合性
2.8.5	木工机械	1.《建筑机械使用安全技术规程》(JGJ 33—2012) 第10.1.4条规定：木工机械作业场所应配备齐全可靠的消防器材。在工作场所，不得吸烟和动火，并不得混放其他易燃易爆物品。 2.《建筑机械使用安全技术规程》(JGJ 33—2012) 第10.1.5条规定：木工工作场所的木料应堆放整齐，道路应畅通。 3.《施工现场机械设备检查技术规范》(JGJ 160—2016) 第12.1.2条规定安全防护装置应符合下列规定：	1. 查验木料场地设置的符合性； 2. 查验木工机械安全装置的符合性； 3. 查验木料场地消防设施的符合性； 4. 查验木工机械操作人员行为的符合性

续表

序号	检查内容	检查依据	检查要点
2.8.5	木工机械	1）接零保护设置应正确，接地电阻应符合用电规定； 2）短路保护、过载保护、失压保护装置动作应灵敏有效； 3）漏电保护器参数应匹配，安装应正确，动作灵敏可靠； 4）外露传动部分防护罩壳应齐全完整，安装应牢靠； 5）防护压板、护罩等安全防护装置应齐全、可靠、有效，指示标志应醒目。 4.《建筑机械使用安全技术规程》（JGJ 33—2012）第10.3.1条规定：木工圆锯机上的旋转锯片必须设置防护罩。 5.《建筑机械使用安全技术规程》（JGJ 33—2012）第10.1.3条规定：木工机械安全装置应齐全有效，传动部位应安装防护罩，各部件应连接紧固。 6.《建筑机械使用安全技术规程》（JGJ 33—2012）第10.1.1条规定：木工机械操作人员应穿紧口衣裤，并束紧长发，不得系领带和戴手套。 7.《建筑机械使用安全技术规程》（JGJ 33—2012）第10.2.2条规定：带锯机作业中，操作人员应站在带锯机的两侧，跑车开动后，行程范围内的轨道周围不应站人，不应在运行中跑车。 8.《建筑机械使用安全技术规程》（JGJ 33—2012）第10.3.7条规定：圆盘锯作业时，操作人员应戴防护眼镜，手臂不得跨越锯片，人员不得站在锯片的旋转方向。 9.《建筑机械使用安全技术规程》（JGJ 33—2012）第10.4.5条规定：平面刨（手压刨）机械运转时，不得将手伸进安全挡板里侧去移动挡板或拆除安全挡板。 10.《建筑机械使用安全技术规程》（JGJ 33—2012）第10.5.2条规定：压刨床（单面和多面）作业时，操作者应站在进料的一侧。送料时应先进大头。接料人员应在被刨料离开料辊后接料。 11.《建筑机械使用安全技术规程》（JGJ 33—2012）第10.6.2条规定：木工车床车削过程中，不得用手摸的方法检查工件的光滑程度。当采用砂纸打磨时，应先将刀架移开。车床转动时，不得用手来制动。 12.《建筑机械使用安全技术规程》（JGJ 33—2012）第10.8.2条规定：开榫机作业时，应侧身操作，不得面对刀具。 13.《建筑机械使用安全技术规程》（JGJ 33—2012）第10.10.3条规定：锉锯机作业时，操作人员不得站在砂轮旋转时离心力方向一侧。 14.《建筑机械使用安全技术规程》（JGJ 33—2012）第10.11.2条规定：磨光机磨削小面积工件时，宜尽量在台面整个宽度内排满工件，磨削时，应渐次连续进给。 15.《建筑机械使用安全技术规程》（JGJ 33—2012）第10.11.3条规定：带式磨光机作业时，压垫的压力应均匀。砂带纵向移动时，砂带应和工作台横向移动互相配合。 16.《建筑机械使用安全技术规程》（JGJ 33—2012）第10.11.4条规定：盘式磨光机作业时，工件应放在向下旋转的半面进行磨光，手不得靠近磨盘	1. 查验木料场地设置的符合性； 2. 查验木工机械安全装置的符合性； 3. 查验木料场地消防设施的符合性； 4. 查验木工机械操作人员行为的符合性

续表

序号	检查内容	检查依据	检查要点
2.8.6	焊接机械和用具	1.《施工现场机械设备检查技术规范》(JGJ 160—2016) 第10.1.1条规定：现场使用的电焊机，应设有防雨、防潮、防晒、防砸的机棚，并应装设相应的消防器材。 2.《建筑机械使用安全技术规程》(JGJ 33—2012) 第12.1.3条规定：现场使用的电焊机应设有防雨、防潮、防晒、防砸的措施。 3.《建筑机械使用安全技术规程》(JGJ 33—2012) 第12.1.2条规定：焊接设备应有完整的防护外壳，一、二次接线柱处应有保护罩。 4.《建筑机械使用安全技术规程》(JGJ 33—2012) 第12.1.17条规定：交流电焊机应安装防二次侧触电保护装置。 5.《建筑机械使用安全技术规程》(JGJ 33—2012) 第12.3.7条规定：氩弧焊机附近不宜有振动。焊机上及周围不得放置易燃、易爆或导电物品。 6.《建筑机械使用安全技术规程》(JGJ 33—2012) 第12.3.8条规定：氮气瓶和氩气瓶与焊接地点应相距3m以上，并应直立固定放置。 7.《建筑机械使用安全技术规程》(JGJ 33—2012) 第12.6.5条规定：埋弧焊机作业时，应及时排走焊接中产生的有害气体，在通风不良的室内或容器内作业时，应安装通风设备。 8.《建筑机械使用安全技术规程》(JGJ 33—2012) 第12.7.1条规定：对焊机应安置在室内或防雨的工棚内，并应有可靠的接地或接零。当多台对焊机并列安装时，相互间距不得小于3m，并应分别接在不同相位的电网上，分别设置各自的断路器。 9.《建筑机械使用安全技术规程》(JGJ 33—2012) 第12.8.1条规定：竖向钢筋电渣压力焊机应根据施焊钢筋直径选择具有足够输出电流的电焊机。电源电缆和控制电缆连接应正确、牢固。焊机及控制箱的外壳应接地或接零。 10.《建筑机械使用安全技术规程》(JGJ 33—2012) 第12.9.1条规定：气瓶每三年应检验一次，使用期不应超过20年。气瓶压力表应灵敏正常。 11.《建筑机械使用安全技术规程》(JGJ 33—2012) 第12.9.3条规定：现场使用的不同种类气瓶应装有不同的减压器，未安装减压器的氧气瓶不得使用。 12.《建筑机械使用安全技术规程》(JGJ 33—2012) 第12.9.4条规定：氧气瓶、压力表及其焊割机具上不得粘染油脂。氧气瓶安装减压器时，应先检查阀门接头，并略开氧气瓶阀门吹除污垢，然后安装减压器。 13.《建筑机械使用安全技术规程》(JGJ 33—2012) 第12.9.5条规定：开启氧气瓶阀门时，应采用专用工具，动作应缓慢。	1. 查验焊接设备场地设置的符合性； 2. 查验焊接设备及二次线配置的符合性； 3. 查验焊接设备安全装置的符合性； 4. 查验乙炔瓶与氧气瓶存放、安全装置的符合性； 5. 查验电焊操作人员行为的符合性

续表

序号	检查内容	检查依据	检查要点
2.8.6	焊接机械和用具	氧气瓶中的氧气不得全部用尽，应留 49kPa 以上的剩余压力。关闭氧气瓶阀门时，应先松开减压器的活门螺栓。 14.《建筑机械使用安全技术规程》(JGJ 33—2012) 第 12.9.6 条规定：乙炔钢瓶使用时，应设有防止回火的安全装置；同时使用两种气体作业时，不同气瓶都应安装单向阀，防止气体相互倒灌。 15.《建筑机械使用安全技术规程》(JGJ 33—2012) 第 12.9.7 条规定：作业时，乙炔瓶与氧气瓶之间的距离不得少于 5m，气瓶与明火之间的距离不得少于 10m。 16.《建筑机械使用安全技术规程》(JGJ 33—2012) 第 12.9.8 条规定：乙炔软管、氧气软管不得错装。乙炔气胶管、防止回火装置及气瓶冻结时，应用 40℃以下热水加热解冻，不得用火烤。 17.《建筑机械使用安全技术规程》(JGJ 33—2012) 第 12.9.9 条规定：点火时，焊枪口不得对人。正在燃烧的焊枪不得放在工件或地面上。焊枪带有乙炔和氧气时，不得放在金属容器内，以防止气体逸出，发生爆燃事故。 18.《建筑机械使用安全技术规程》(JGJ 33—2012) 第 12.9.10 条规定：点燃焊（割）炬时，应先开乙炔阀点火，再开氧气阀调整火。关闭时，应先关闭乙炔阀，再关闭氧气阀。 氢氧并用时，应先开乙炔气，再开氢气，最后开氧气，再点燃。灭火时，应先关氧气，再关氢气，最后关乙炔气。 19.《建筑机械使用安全技术规程》(JGJ 33—2012) 第 12.9.11 条规定：操作时，氢气瓶、乙炔瓶应直立放置，且应安放稳固。 20.《建筑机械使用安全技术规程》(JGJ 33—2012) 第 12.9.13 条规定：作业中，当氧气软管着火时，不得折弯软管断气，应迅速关闭氧气阀门，停止供氧。当乙炔软管着火时，应先关熄炬火，可弯折前面一段软管将火熄灭。 21.《建筑机械使用安全技术规程》(JGJ 33—2012) 第 12.9.14 条规定：工作完毕，应将氧气瓶、乙炔瓶气阀关好，拧上安全罩，检查操作场地，确认无着火危险，方准离开。 22.《建筑机械使用安全技术规程》(JGJ 33—2012) 第 12.9.15 条规定：氧气瓶应与其他气瓶、油脂等易燃、易爆物品分开存放，且不得同车运输。氧气瓶不得散装吊运。运输时，氧气瓶应装有防振圈和安全帽。 23.《建筑机械使用安全技术规程》(JGJ 33—2012) 第 12.10.7 条规定：等离子切割机切割时，当空载电压过高时，应检查电器接地或接零、割炬把手绝缘情况。 24.《建筑机械使用安全技术规程》(JGJ 33—2012) 第 12.1.4 条规定：焊割现场及高空焊割作业下方，严禁堆放油类、木材、氧气瓶、乙炔瓶、保温材料等易燃、易爆物品。	1. 查验焊接设备场地设置的符合性； 2. 查验焊接设备及二次线配置的符合性； 3. 查验焊接设备安全装置的符合性； 4. 查验乙炔瓶与氧气瓶存放、安全装置的符合性； 5. 查验电焊操作人员行为的符合性

续表

序号	检查内容	检查依据	检查要点
2.8.6	焊接机械和用具	25.《建筑机械使用安全技术规程》（JGJ 33—2012）第12.1.5条规定：电焊机绝缘电阻不得小于0.5MΩ，电焊机导线绝缘电阻不得小于1MΩ，电焊机接地电阻不得大于4Ω。 26.《建筑机械使用安全技术规程》（JGJ 33—2012）第12.1.6条规定：电焊机导线和接地线不得搭在易燃、易爆、带有热源或有油的物品上；不得利用建（构）筑物的金属结构、管道、轨道或其他金属物体，搭接起来，形成焊接回路，并不得将电焊机和工件双重接地；严禁使用氧气、天然气等易燃易爆气体管道作为接地装置。 27.《建筑机械使用安全技术规程》（JGJ 33—2012）第12.1.7条规定：电焊机的一次侧电源线长度不应大于5m，二次线应采用防水橡皮护套铜芯软电缆，电缆长度不应大于30m，接头不得超过3个，并应双线到位。当需要加长导线时，应相应增加导线的截面积。当导线通过道路时，应架高，或穿入防护管内埋设在地下；当通过轨道时，应从轨道下面通过。当导线绝缘受损或断股时，应立即更换。 28.《施工现场临时用电安全技术规范》（JGJ 46—2005）第9.5.4条规定：电焊机械的二次线应采用防水橡皮护套铜芯软电缆，电缆长度不应大于30m，不得采用金属构件或结构钢筋代替二次线的地线。 29.《建筑机械使用安全技术规程》（JGJ 33—2012）第12.1.9条规定：对承压状态的压力容器和装有剧毒、易燃、易爆物品的容器，严禁进行焊接或切割作业。 30.《建筑机械使用安全技术规程》（JGJ 33—2012）第12.1.10条规定：当需焊割受压容器、密闭容器、粘有可燃气体和溶液的工件时，应先消除容器及管道内压力，清除可燃气体和溶液，并冲洗有毒、有害、易燃物质；对存有残余油脂的容器，宜用蒸汽、碱水冲洗，打开盖口，并确认容器清洗干净后，应灌满清水后进行焊割。 31.《建筑机械使用安全技术规程》（JGJ 33—2012）第12.1.11条规定：在容器内和管道内焊割时，应采取防止触电、中毒和窒息的措施。焊、割密闭容器时，应留出气孔，必要时应在进、出气口处装设通风设备；容器内照明电压不得超过12V；容器外应有专人监护。 32.《建筑机械使用安全技术规程》（JGJ 33—2012）第12.1.12条规定：雨雪天不得在露天电焊。在潮湿地带作业时，应铺设绝缘物品，操作人员应穿绝缘鞋。 33.《施工现场临时用电安全技术规范》（JGJ 46—2005）第9.5.5条规定：使用电焊机械焊接时必须穿戴防护用品。严禁露天冒雨从事电焊作业。 34.《建筑机械使用安全技术规程》（JGJ 33—2012）第12.1.15条规定：电焊机应按额定焊接电流和暂载率操作，并应控制电焊机的温升。	1. 查验焊接设备场地设置的符合性； 2. 查验焊接设备及二次线配置的符合性； 3. 查验焊接设备安全装置的符合性； 4. 查验乙炔瓶与氧气瓶存放、安全装置的符合性； 5. 查验电焊操作人员行为的符合性

续表

序号	检查内容	检查依据	检查要点
2.8.6	焊接机械和用具	35.《建筑机械使用安全技术规程》（JGJ 33—2012）第12.1.16条规定：当清除焊渣时，应戴防护眼镜，头部应避开焊渣飞溅方向。 36.《建筑机械使用安全技术规程》（JGJ 33—2012）第12.3.6条规定：使用氩弧焊时，操作人员应戴防毒面罩。应根据焊接厚度确定钨极粗细，更换钨极时，必须切断电源。磨削钨极端头时，应设有通风装置，操作人员应佩戴手套和口罩，磨削下来的粉尘，应及时清除。钍、铈、钨极不得随身携带，应贮存在铅盒内。 37.《建筑机械使用安全技术规程》（JGJ 33—2012）第12.6.4条规定：埋弧焊机在焊机工作时，手不得触及送丝机构的滚轮。 38.《建筑机械使用安全技术规程》（JGJ 33—2012）第12.7.6条规定：闪光区应设挡板，与焊接无关的人员不得入内。 39.《建筑机械使用安全技术规程》（JGJ 33—2012）第12.9.2条规定：操作者不得正对气瓶阀门出气口，不得用明火检验是否漏气。 40.《建筑机械使用安全技术规程》（JGJ 33—2012）第12.10.5条规定：等离子切割机操作人员应戴好防护面罩、电焊手套、帽子、滤膜防尘口罩和隔声耳罩	1. 查验焊接设备场地设置的符合性； 2. 查验焊接设备及二次线配置的符合性； 3. 查验焊接设备安全装置的符合性； 4. 查验乙炔瓶与氧气瓶存放、安全装置的符合性； 5. 查验电焊操作人员行为的符合性
2.8.7	起重机械	一、总体要求 1.《中华人民共和国特种设备安全法》（主席令第四号）第三十四条规定：特种设备使用单位应当建立岗位责任、隐患治理、应急救援等安全管理制度，制定操作规程，保证特种设备安全运行。 2.《特种设备安全监察条例》（国务院令第549号）第五条规定：特种设备生产、使用单位应当建立健全特种设备安全、节能管理制度和岗位安全、节能责任制度。 3.《建筑机械使用安全技术规程》（JGJ 33—2012）第4.1.1条规定：建筑起重机械进入施工现场应具备特种设备制造许可证、产品合格证、特种设备制造监督检验证明、备案证明、安装使用说明书和自检合格证明。 4.《建筑机械使用安全技术规程》（JGJ 33—2012）第4.1.2条规定：建筑起重机械有下列情形之一时，不得出租和使用： 1 属国家明令淘汰或禁止使用的品种、型号； 2 超过安全技术标准或制造厂规定的使用年限； 3 经检验达不到安全技术标准规定； 4 没有完整安全技术档案； 5 没有齐全有效的安全保护装置。 5.《电力建设工程施工安全管理导则》（NB/T 10096—2018）第13.2.3.3条规定：大型起重机械应定人定机，运行必须严格执行交接班制度，填好交接班记录并签字。	1. 查阅起重机械管理制度的符合性； 2. 查阅起重机械管理台账的符合性

续表

序号	检查内容	检查依据	检查要点
2.8.7	起重机械	6.《中华人民共和国特种设备安全法》（主席令第四号）第三十五条规定：特种设备使用单位应当建立特种设备安全技术档案。 7.《特种设备安全监察条例》（国务院令第549号）第二十六条规定：特种设备使用单位应当建立特种设备安全技术档案	1. 查阅起重机械管理制度的符合性； 2. 查阅起重机械管理台账的符合性
		二、登记 1.《中华人民共和国特种设备安全法》（主席令第四号）第三十三条规定：特种设备使用单位应当在特种设备投入使用前或者投入使用后三十日内，向负责特种设备安全监督管理的部门办理使用登记，取得使用登记证书。登记标志应当置于该特种设备的显著位置。 2.《特种设备安全监察条例》（国务院令第549号）第二十五条规定：特种设备在投入使用前或者投入使用后30日内，特种设备使用单位应当向直辖市或者设区的市的特种设备安全监督管理部门登记。登记标志应当置于或者附着于该特种设备的显著位置。 3.《电力建设工程施工安全管理导则》（NB/T 10096—2018）第13.2.7.1条规定：特种设备使用单位应当在特种设备投入使用前或者投入使用后30日内，向负责特种设备安全监督管理的部门办理使用登记，取得使用登记证书。登记标志应当置于该特种设备的显著位置。 4.《电力建设工程施工安全监督管理办法》（发展改革委令第28号）第二十九条规定：特种设备的登记标志、检测合格标志应当置于该特种设备的显著位置。 5.《履带起重机安全操作规程》（DL/T 5248—2010）第4.1.2条规定：安装单位应在安装前按规定向特种设备安全监督管理部门书面报告	1. 查阅特种设备办理使用登记材料； 2. 查验登记标志的符合性
		三、安装与拆除 1.《建设工程安全生产管理条例》（国务院令第393号）第十七条规定：在施工现场安装、拆卸施工起重机械和整体提升脚手架、模板等自升式架设设施，必须由具有相应资质的单位承担。 2.《电力建设工程施工安全管理导则》（NB/T 10096—2018）第13.2.2.2条规定：特种设备的安装、拆除单位应具有相应的资质；安装、拆除作业人员应具备相应的能力和资格。 3.《电力建设工程施工安全监督管理办法》（发展改革委令第28号）第二十九条规定：安装、改造、修理特种设备的单位，应当具有国家规定的相应资质，在施工前按规定履行告知手续。 4.《建筑机械使用安全技术规程》（JGJ 33—2012）第4.1.5条规定：建筑起重机械的装拆应由具有起重设备安装工程承包资质的单位施工，操作和维修人员应持证上岗。	1. 查阅安装、拆卸企业资质证书。政府主管部门发证、当前有效、业务范围涵盖合同约定的业务； 2. 查阅安装与拆卸台账。包括姓名、工种类别、证书编号、发证单位、有效期等，证书作业期间有效； 3. 查验安装与拆卸条件的符合性

续表

序号	检查内容	检查依据	检查要点
2.8.7	起重机械	5.《履带起重机安全操作规程》（DL/T 5248—2010）第4.1.3条规定：从事安装与拆卸工作的作业人员应齐全并持证上岗。 6.《电力建设工程施工安全管理导则》（NB/T 10096—2018）第13.2.2.14条规定：施工机械设备的拆除，由原安装单位或有资质的单位按机械设备拆除方案进行。 7.《建筑机械使用安全技术规程》（JGJ 33—2012）第4.1.4条规定：建筑起重机械装拆方案的编制、审批和建筑起重机械首次使用、升节、附墙等验收应按现行有关规定执行。 8.《电力建设工程施工安全管理导则》（NB/T 10096—2018）第13.2.2.3条规定：对外委托安装、拆除施工机械设备，设备使用单位应和安装单位签订施工合同和安全协议，明确双方的安全责任。 9.《电力建设工程施工安全管理导则》（NB/T 10096—2018）第13.2.2.6条规定：大型起重机械安装前，应对道轨或基础（路基）进行检查验收，合格后方可安装。 10.《建筑机械使用安全技术规程》（JGJ 33—2012）第4.4.4条规定：塔式起重机应在其基础验收合格后进行安装。 11.《建筑机械使用安全技术规程》（JGJ 33—2012）第4.4.4条规定：塔式起重机的基础应排水通畅，并应按专项方案与基坑保持安全距离。 12.《电力建设工程施工安全管理导则》（NB/T 10096—2018）第13.2.2.7条规定：安装、拆除现场危险区域要进行隔离，警示标志应清晰可见	1. 查阅安装、拆卸企业资质证书。政府主管部门发证、当前有效、业务范围涵盖合同约定的业务； 2. 查阅安装与拆卸台账。包括姓名、工种类别、证书编号、发证单位、有效期等，证书作业期间有效； 3. 查验安装与拆卸条件的符合性
		四、使用 1.《中华人民共和国特种设备安全法》（主席令第四号）第十四条规定：特种设备安全管理人员、检测人员和作业人员应当按照国家有关规定取得相应资格，方可从事相关工作。 2.《建筑机械使用安全技术规程》（JGJ 33—2012）第4.1.12条规定：建筑起重机械安装工、司机、信号司索工作业时应密切配合，按规定的指挥信号执行。当信号不清或错误时，操作人员应拒绝执行。 3.《建筑机械使用安全技术规程》（JGJ 33—2012）第4.1.13条规定：施工现场应采用旗语、口哨、对讲机等有效的联络措施确保通信畅通。 4.《汽车起重机安全操作规程》（DL/T 5250—2010）第4.1.7条规定：操作人员必须服从指挥人员的指挥，当指挥人员所发信号违反安全规定时，操作人员有权拒绝执行。 5.《起重机安全规程　第1部分：总则》（GB 6067.1—2010）第12.5.1条规定：指挥人员应负有将信号从吊装工传递给司机的责任，指挥人员可以代替吊装工指挥起重机，但在任何时候只能由一人负责。	1. 查验起重机操作人员的符合性； 2. 查验起重机吊索具的符合性； 3. 查验汽车、轮胎式起重机作业环境的符合性； 4. 查验被吊物绑扎的符合性； 5. 查验操作人员行为的符合性

续表

序号	检查内容	检查依据	检查要点
2.8.7	起重机械	6.《起重机安全规程　第1部分：总则》（GB 6067.1—2010）第12.3.1条规定：司机除接到停止信号之外，在任何时候只应服从吊装工或指挥人员发出的可明显识别的信号。 7.《起重机安全规程　第1部分：总则》（GB 6067.1—2010）第17.1条规定：在离开无人看管的起重机之前，司机应做到：1）被吊载荷应下放到地面，不得悬吊；使运行机构制动器上闸或设置其他的保险装置；把吊具起升到规定位置；固定住起重机械防止发生意外的移动等。 8.《电力建设工程施工安全管理导则》（NB/T 10096—2018）第13.2.3.14条规定：两台及以上机械在同一区域使用，可能发生碰撞时，应制定相应安全措施，并对相关人员进行交底。 9.《建筑机械使用安全技术规程》（JGJ 33—2012）第4.1.17条规定：建筑起重机械作业时，应在臂长的水平投影覆盖范围外设置警戒区域，并应有监护措施；起重臂和重物下方不得有人停留、工作或通过。不得用吊车、物料提升机载运人员。 10.《建筑机械使用安全技术规程》（JGJ 33—2012）第4.3.1条规定：汽车、轮胎式起重机工作的场地应保持平坦坚实，符合起重时的受力要求；起重机械应与沟渠、基坑保持安全距离。 11.《建筑机械使用安全技术规程》（JGJ 33—2012）第4.4.1条规定：行走式塔式起重机的轨道基础应符合下列要求： 1 路基承载能力应满足塔式起重机使用说明书要求； 2 每间隔6m应设轨距拉杆一个，轨距允许偏差应为公称值的1/1000，且不得超过±3mm； 3 在纵横方向上，钢轨顶面的倾斜度不得大于1/1000；塔机安装后，轨道顶面纵、横方向上的倾斜度，对上回转塔机不应大于3/1000；对下回转塔机不应大于5/1000。在轨道全程中，轨道顶面任意两点的高差应小于100mm； 4 钢轨接头间隙不得大于4mm，与另一侧轨道接头的错开距离不得小于1.5m，接头处应架在轨枕上，接头两端高度差不得大于2mm； 5 距轨道终端1m处应设置缓冲止挡器，其高度不应小于行走轮的半径。在轨道上应安装限位开关碰块，安装位置应保证塔机在与缓冲止挡器或与同一轨道上其他塔机相距大于1m处能完全停住，此时电缆线应有足够的富余长度； 6 鱼尾板连接螺栓应紧固，垫板应固定牢靠。 12.《建筑机械使用安全技术规程》（JGJ 33—2012）第4.1.18条规定：不得使用建筑起重机械进行斜拉、斜吊和起吊埋设在地下或凝固在地面上的重物以及其他不明重量的物体。 13.《建筑机械使用安全技术规程》（JGJ 33—2012）第4.1.19条规定：起吊重物应绑扎平稳、牢固，不得在重物上再堆放或悬挂零星物件。易散落物件应使用吊笼吊运。标有绑扎位置的物件，应按标记绑扎后吊运。吊索的水平夹角宜为45°～60°，不得小于30°，吊索与物件棱角之间应加保护垫料。	1. 查验起重机操作人员的符合性； 2. 查验起重机吊索具的符合性； 3. 查验汽车、轮胎式起重机作业环境的符合性； 4. 查验被吊物绑扎的符合性； 5. 查验操作人员行为的符合性

续表

序号	检查内容	检查依据	检查要点
2.8.7	起重机械	14.《建筑机械使用安全技术规程》（JGJ 33—2012）第4.1.22条规定：建筑起重机械作业时，在遇突发故障或突然停电时，应立即把所有控制器拨到零位，并及时关闭发动机或断开电源总开关，然后进行检修。起吊物不得长时间悬挂在空中，应采取措施将重物降落到安全位置。 15.《建筑机械使用安全技术规程》（JGJ 33—2012）第4.3.9条规定：汽车式起重机起吊作业时，汽车驾驶室内不得有人，重物不得超越汽车驾驶室上方，且不得在车的前方起吊。 16.《建筑机械使用安全技术规程》（JGJ 33—2012）第4.3.12条规定：汽车、轮胎式起重机作业时，当重物在空中需停留较长时间时，应将起升卷筒制动锁住，操作人员不得离开操作室。 17.《建筑机械使用安全技术规程》（JGJ 33—2012）第4.4.39条规定：塔式起重机在非工作状态时，应松开回转制动器，回转部分应能自由旋转；行走式塔式起重机应停放在轨道中间位置，小车及平衡重应置于非工作状态，吊钩组顶部宜上升到距起重臂底面2～3m处。 18.《建筑机械使用安全技术规程》（JGJ 33—2012）第4.4.40条规定：塔式起重机停机时，应将每个控制器拨回零位，依次断开各开关，关闭操作室门窗；下机后，应锁紧夹轨器，断开电源总开关，打开高空障碍灯。 19.《建筑机械使用安全技术规程》（JGJ 33—2012）第4.4.43条规定：动臂式和未附着塔式起重机及附着以上塔式起重机桁架上不得悬挂标语牌。 20.《建筑机械使用安全技术规程》（JGJ 33—2012）第4.6.16条规定：作业后，门式起重机应停放在停机线上，用夹轨器锁紧；桥式起重机应将小车停放在两条轨道中间，吊钩提升到上部位置。吊钩上不得悬挂重物。 21.《汽车起重机安全操作规程》（DL/T 5250—2010）第4.4.15条规定、《履带起重机安全操作规程》（DL/T 5248—2010）第5.3.13条规定：严禁用起重机吊运人员。 22.《建筑机械使用安全技术规程》（JGJ 33—2012）第4.3.19条规定：汽车、轮胎式起重机行驶时，底盘走台上不得有人员站立或蹲坐，不得堆放物件。 23.《汽车起重机安全操作规程》（DL/T 5250—2010）第4.1.14条规定：汽车式起重机应按规定配备消防器材。 24.《汽车起重机安全操作规程》（DL/T 5250—2010）第4.3.2条规定：汽车式起重机应按顺序定位伸展支腿，在支腿座下铺垫垫块，调节支腿使起重机呈水平状态，并使轮胎脱离地面。 25.《建筑机械使用安全技术规程》（JGJ 33—2012）第4.3.16条规定：汽车、轮胎式起重机作业后，应先将起重臂	1. 查验起重机操作人员的符合性； 2. 查验起重机吊索具的符合性； 3. 查验汽车、轮胎式起重机作业环境的符合性； 4. 查验被吊物绑扎的符合性； 5. 查验操作人员行为的符合性

续表

序号	检查内容	检查依据	检查要点
2.8.7	起重机械	全部缩回放在支架上，再收回支腿；吊钩应使用钢丝绳挂牢；车架尾部两撑杆应分别撑在尾部下方的支座内，并应采用螺母固定；阻止机身旋转的销式制动器应插入销孔，并应将取力器操纵手柄放在脱开位置，最后应锁住起重操作室门。 26.《建筑机械使用安全技术规程》（JGJ 33—2012）第4.2.9条规定：履带式起重机采用双机抬吊作业时，应选用起重性能相似的起重机进行。抬吊时应统一指挥，动作应配合协调，载荷应分配合理，起吊重量不得超过两台起重机在该工况下允许起重量总和的75%，单机的起吊载荷不得超过允许载荷的80%。在吊装过程中，两台起重机的吊钩滑轮组应保持垂直状态。 27.《起重机安全规程　第1部分：总则》（GB 6067.1—2010）第17.2.5条规定：移动荷载应采取合适的吊索具。 28.《起重机械安全规程　第1部分：总则》（GB 6067.1—2010）第4.2.1.5条规定：钢丝绳用编结连接时，编结长度不应小于铜丝绳直径的15倍，并且不小于300mm。连接强度不应小于钢丝绳最小破断拉力的75%。 29.《建筑机械使用安全技术规程》（JGJ 33—2012）第4.1.26条规定：钢丝绳采用编结固接时，编结部分的长度不得小于钢丝绳直径的20倍，并不应小于300mm，其编结部分应用细钢丝捆扎。当采用绳卡固接时，与钢丝绳直径匹配的绳卡数量应符合本规程表4.1.26的规定，绳卡间距应是6倍～7倍钢丝绳直径，最后一个绳卡距绳头的长度不得小于140mm。绳卡滑鞍（夹板）应在钢丝绳承载时受力的一侧，U形螺栓应在钢丝绳的尾端，不得正反交错。绳卡初次固定后，应待钢丝绳受力后再次紧固，并宜拧紧到使尾端钢丝绳受压处直径高度压扁1/3。作业中应经常检查紧固情况。 30.《钢丝绳吊索 插编索扣》（GB/T 16271—2009）第5.2.4条规定：在单根吊索中，两端绳扣的插编部位末端的最小距离一般不小于钢丝绳公称直径的15倍。 31.《钢丝绳吊索 插编索扣》（GB/T 16271—2009）第5.3.1条规定：对于折回式手工插编，每一股应至少插五次，并且五次中至少三次用整股穿插；机械插编由三股穿插四次，另外三股穿插五次而成（共穿插27次）	1. 查验起重机操作人员的符合性； 2. 查验起重机吊索具的符合性； 3. 查验汽车、轮胎式起重机作业环境的符合性； 4. 查验被吊物绑扎的符合性； 5. 查验操作人员行为的符合性
		五、安全装置与安全设施 1.《中华人民共和国特种设备安全法》（主席令第四号）第三十九条规定：特种设备使用单位应当对其使用的特种设备的安全附件、安全保护装置进行定期校验、检修，并作出记录。 2.《建筑机械使用安全技术规程》（JGJ 33—2012）第4.1.11条规定：建筑起重机械的变幅限位器、力矩限制器、起重量限制器、防坠安全器、钢丝绳防脱装置、防脱钩装置以及各种行程限位开关等安全保护装置，必须齐全有效，严禁随意调整或拆除。严禁利用限制器和限位装置代替操纵机构。	1. 查验起重机操作人员的符合性； 2. 查验起重机吊索具的符合性； 3. 查验汽车、轮胎式起重机作业环境的符合性； 4. 查验被吊物绑扎的符合性； 5. 查验操作人员行为的符合性

续表

序号	检查内容	检查依据	检查要点
2.8.7	起重机械	3.《建筑机械使用安全技术规程》（JGJ 33—2012）第4.4.1条第5款规定：行走式塔式起重机距轨道终端1m处应设置缓冲止挡器，其高度不应小于行走轮的半径。在轨道上应安装限位开关碰块，安装位置应保证塔机在与缓冲止挡器或与同一轨道上其他塔机相距大于1m处能完全停住，此时电缆线应有足够的富余长度。 4.《建筑机械使用安全技术规程》（JGJ 33—2012）第4.4.5条规定：塔式起重机的金属结构、轨道应有可靠的接地装置，接地电阻不得大于4Ω。高位塔式起重机应设置防雷装置。 5.《施工现场临时用电安全技术规范》（JGJ 46—2005）第9.2.2条规定：轨道式塔式起重机轨道两端各设一组接地装置；轨道的接头处作电气连接，两条轨道端部做环形电气连接；较长轨道每隔不大于30m加一组接地装置。 6.《电力建设工程施工安全管理导则》（NB/T 10096—2018）第13.2.3.8条规定：施工机械设备的防护罩、盖板、梯子护栏等安全防护设施应完备可靠。 7.《起重机械安全规程　第1部分：总则》（GB 6067.1—2010）第3.7.2.3条规定：吊车上高度2m以上的直梯应有护圈，护圈从2m高度起开始安装，护圈之间应由三或五根间隔布置的纵向板条连接起来。 8.《起重机械安全规程　第1部分：总则》（GB 6067.1—2010）第4.1.2条规定：露天工作的轨道运行式起重机应设有可靠的防风装置。 9.《起重机安全规程　第1部分：总则》（GB 6067.1—2010）第9.2.1条规定：提升机构均应装设起升高度限位器。 10.《起重机安全规程　第1部分：总则》（GB 6067.1—2010）第9.2.2条规定：起重机和起重小车，应在每个运行方向装设运行行程限位器。 11.《起重机安全规程　第1部分：总则》（GB 6067.1—2010）第9.2.8条规定：工作时利用垂直支腿支撑作业的流动式起重机，垂直支腿伸出定位应由液压系统实行：且应装设支腿回缩锁定装置。 12.《起重机安全规程　第1部分：总则》（GB 6067.1—2010）第9.2.9条规定：当两台或两台以上的起重机械或起重小车运行在同一轨道上时，应装设防碰撞装置。 13.《起重机安全规程　第1部分：总则》（GB 6067.1—2010）第9.2.10条规定：在轨道上运行的起重机的运行机构、起重小车的运行机构及起重机械的变幅机构等均应装设缓冲器或缓冲装置。缓冲器或缓冲装置可以安装在起重机上或轨道端部止挡装置上。 14.《起重机安全规程　第1部分：总则》（GB 6067.1—2010）第9.6.1.1条规定：对于室外作业的高大起重机应安装风速仪，风速仪应安装在起重机上部迎风处。	查验起重机械安全装置、安全设施的符合性

续表

序号	检查内容	检查依据	检查要点
2.8.7	起重机械	15.《汽车起重机安全操作规程》（DL/T 5250—2010）第4.1.10条规定：对安全保护装置做定期检查、维护保养、起重机上配备的安全限位、保护装置，应齐全、灵活、可靠，严禁擅自调整、拆修。严禁操作缺少安全装置或安全装置失灵的起重机械。 16.《履带起重机安全操作规程》（DL/T 5248—2010）第5.1.9条规定：对安全保护装置做定期检查、维护保养、起重机上配备的安全限位、保护装置，应齐全、灵活、可靠，严禁擅自调整、拆修。严禁操作缺少安全装置或安全装置失灵的起重机械	查验起重机械安全装置、安全设施的符合性
		六、维护与保养 1.《中华人民共和国特种设备安全法》（主席令第四号）第三十九条规定：特种设备使用单位应当对其使用的特种设备进行经常性维护保养和定期自行检查，并作出记录。 2.《特种设备安全监察条例》（国务院令第549号）第二十七条规定：特种设备使用单位应当对在用特种设备进行经常性日常维护保养，并定期自行检查。 3.《电力建设工程施工安全管理导则》（NB/T 10096—2018）第13.2.4.1条规定：施工单位应编制施工机械设备的维修保养计划，完善机械设备维修保养办法，明确日常检测、保养、检查、维修作业程序，并严格实施。 4.《起重机安全规程　第1部分：总则》（GB 6067.1—2010）第18.1.2条规定：在每次换班或每个工作日开始，对在用起重机械应按其类型针对性地进行日常检查	查阅日常检测、保养、检查、维修记录的符合性
2.8.8	垂直运输机械	一、施工升降机 1.《建设工程安全生产管理条例》（国务院令第393号）第十七条规定：在施工现场安装、拆卸施工起重机械和整体提升脚手架、模板等自升式架设设施，必须由具有相应资质的单位承担。 2.《建筑施工升降机安装、使用、拆卸安全技术规程》（JGJ 215—2010）第3.0.1条规定：施工升降机安装单位应具备建设行政主管部门颁发的起重设备安装工程专业承包资质和建筑施工企业安全生产许可证。 3.《建筑施工升降机安装、使用、拆卸安全技术规程》（JGJ 215—2010）第3.0.2条规定：施工升降机安装、拆卸项目应配备与承担项目相适应的专业安装作业人员以及专业安装技术人员。施工升降机的安装拆卸工、电工、司机等应具有建筑施工特种作业操作资格证书。 4.《建筑施工升降机安装、使用、拆卸安全技术规程》（JGJ 215—2010）第3.0.5条规定：施工升降机安装作业前，安装单位应编制施工升降机安装、拆卸工程专项施工方案，	1. 查阅施工升降机安装、拆卸企业资质证书。政府主管部门发证、当前有效、业务范围涵盖合同约定的业务。 2. 查阅安装拆卸工、电工、司机等证书。内容包括姓名、工种类别、证书编号、发证单位、有效期等、作业期间有效。 3. 查阅施工升降机自检、监督检验记录及使用登记备案。 4. 查验施工升降机使用过程中的符合性。 5. 查验施工升降机安全装置的符合性

续表

序号	检查内容	检查依据	检查要点
2.8.8	垂直运输机械	由安装单位技术负责人批准后，报送施工总承包单位或使用单位、监理单位审核，并告知工程所在地县级以上建设行政主管部门。 5.《建筑施工升降机安装、使用、拆卸安全技术规程》(JGJ 215—2010) 第4.1.8条规定：施工升降机应安装超载保护装置。超载保护装置在载荷达到额定载重量的110%前应能中止吊笼启动，在齿条式载人施工升降机载荷达到额定载重量的90%时应能给出报警信号。 6.《建筑施工升降机安装、使用、拆卸安全技术规程》(JGJ 215—2010) 第4.2.8条规定：施工升降机金属结构和电气设备金属外壳均应接地，接地电阻不应大于4Ω。 7.《建筑施工升降机安装、使用、拆卸安全技术规程》(JGJ 215—2010) 第4.3.2条规定：施工升降机安装单位自检合格后，应经有相应资质的检验检测机构监督检验。 8.《建筑施工升降机安装、使用、拆卸安全技术规程》(JGJ 215—2010) 第4.3.4条规定：严禁使用未经验收或验收不合格的施工升降机。 9.《建筑施工升降机安装、使用、拆卸安全技术规程》(JGJ 215—2010) 第4.3.5条规定：施工升降机使用单位应自施工升降机安装验收合格之日起30日内，将施工升降机安装验收资料、施工升降机安全管理制度、特种作业人员名单等，向工程所在地县级以上建设行政主管部门办理使用登记备案。 10.《建筑施工升降机安装、使用、拆卸安全技术规程》(JGJ 215—2010) 第5.1.1条规定：施工升降机司机应持有建筑施工特种作业操作资格证书，不得无证操作。 11.《建筑施工升降机安装、使用、拆卸安全技术规程》(JGJ 215—2010) 第4.1.7条规定：施工升降机必须安装防坠安全器。防坠安全器应在一年有效标定期内使用。 12.《建筑机械使用安全技术规程》(JGJ 33—2012) 第4.9.8条规定：施工升降机的防坠安全器应在标定期限内使用，标定期限不应超过一年。使用中不得任意拆检调整防坠安全器。 13.《建筑机械使用安全技术规程》(JGJ 33—2012) 第4.9.9条规定：施工升降机使用前，应进行坠落试验。施工升降机在使用中每隔3个月，应进行一次额定载重量的坠落试验，试验程序应按使用说明书规定进行，吊笼坠落试验制动距离应符合现行行业标准《施工升降机齿轮锥鼓形渐进式防坠安全器》JG 121的规定。防坠安全器试验后及正常操作中，每发生一次防坠动作，应由专业人员进行复位。 14.《建筑施工升降机安装、使用、拆卸安全技术规程》(JGJ 215—2010) 第5.2.2条规定：严禁施工升降机使用超过有效标定期的防坠安全器。	1. 查阅施工升降机安装、拆卸企业资质证书。政府主管部门发证、当前有效、业务范围涵盖合同约定的业务。 2. 查阅安装拆卸工、电工、司机等证书。内容包括姓名、工种类别、证书编号、发证单位、有效期等、作业期间有效。 3. 查阅施工升降机自检、监督检验记录及使用登记备案。 4. 查验施工升降机使用过程中的符合性。 5. 查验施工升降机安全装置的符合性

续表

序号	检查内容	检查依据	检查要点
2.8.8	垂直运输机械	15.《施工现场临时用电安全技术规范》(JGJ 46—2005) 第9.2.8条规定：外用电梯梯笼内、外均应安装紧急停止开关。 16.《施工现场临时用电安全技术规范》(JGJ 46—2005) 第9.2.9条规定：外用电梯和物料提升机的上、下极限位置应设置限位开关。 17.《建筑施工升降机安装、使用、拆卸安全技术规程》(JGJ 215—2010) 第5.2.3条规定：施工升降机额定载重量、额定乘员数标牌应置于吊笼醒目位置。严禁在超过额定载重量或额定乘员数的情况下使用施工升降机。 18.《建筑施工升降机安装、使用、拆卸安全技术规程》(JGJ 215—2010) 第5.2.6条规定：当建筑物超过2层时，施工升降机地面通道上方应搭设防护棚。当建筑物高度超过24m时，应设置双层防护棚。 19.《建筑施工升降机安装、使用、拆卸安全技术规程》(JGJ 215—2010) 第5.2.12条规定：在施工升降机基础周边水平距离5m以内，不得开挖井沟，不得堆放易燃易爆物品及其他杂物。 20.《建筑施工升降机安装、使用、拆卸安全技术规程》(JGJ 215—2010) 第5.2.25条规定：层门门栓宜设置在靠施工升降机一侧，且层门应处于常闭状态。未经施工升降机司机许可，不得启闭层门。 21.《建筑机械使用安全技术规程》(JGJ 33—2012) 第4.9.6条规定：施工升降机周围应设置稳固的防护围栏。楼层平台通道应平整牢固，出入口应设防护门。全行程不得有危害安全运行的障碍物。 22.《建筑施工升降机安装、使用、拆卸安全技术规程》(JGJ 215—2010) 第5.2.27条规定：施工升降机使用过程中，运载物料的尺寸不应超过吊笼的界限。 23.《建筑机械使用安全技术规程》(JGJ 33—2012) 第4.9.13条规定：吊笼内乘人或载物时，应使载荷均匀分布，不得偏重，不得超载运行。 24.《建筑施工升降机安装、使用、拆卸安全技术规程》(JGJ 215—2010) 第5.3.4条规定：应按使用说明书的规定对施工升降机进行保养、维修。保养、维修的时间间隔应根据使用频率、操作环境和施工升降机状况等因素确定。使用单位应在施工升降机使用期间安排足够的设备保养、维修时间。 25.《建筑施工升降机安装、使用、拆卸安全技术规程》(JGJ 215—2010) 第5.2.22条规定：施工升降机每3个月应进行1次1.25倍额定载重量的超载试验，确保制动器性能安全可靠。 26.《建筑施工升降机安装、使用、拆卸安全技术规程》(JGJ 215—2010) 第5.2.32条规定：吊笼上的各类安全装置应保持完好有效。经过大雨、大雪、台风等恶劣天气后应对各安全装置进行全面检查，确认安全有效后方能使用	1. 查阅施工升降机安装、拆卸企业资质证书。政府主管部门发证、当前有效、业务范围涵盖合同约定的业务。 2. 查阅安装拆卸工、电工、司机等证书。内容包括姓名、工种类别、证书编号、发证单位、有效期等、作业期间有效。 3. 查阅施工升降机自检、监督检验记录及使用登记备案。 4. 查验施工升降机使用过程中的符合性。 5. 查验施工升降机安全装置的符合性

续表

序号	检查内容	检查依据	检查要点
2.8.8	垂直运输机械	二、井架、龙门架 1.《建筑机械使用安全技术规程》（JGJ 33—2012）第4.8.3条规定：基础应符合使用说明书要求。缆风绳不得使用钢筋、钢管。 2.《建筑机械使用安全技术规程》（JGJ 33—2012）第4.8.4条规定：井架、龙门架物料提升机的制动器应灵敏可靠。 3.《建筑机械使用安全技术规程》（JGJ 33—2012）第4.8.1条规定：进入施工现场的井架、龙门架必须具有下列安全装置： 1 上料口防护棚； 2 层楼安全门、吊篮安全门、首层防护门； 3 断绳保护装置或防坠装置； 4 安全停靠装置； 5 起重量限制器； 6 上、下限位器； 7 紧急断电开关、短路保护、过电流保护、漏电保护； 8 信号装置； 9 缓冲器。 4.《建筑机械使用安全技术规程》（JGJ 33—2012）第4.8.5条规定：运行中吊篮的四角与井架不得互相擦碰，吊篮各构件连接应牢固、可靠。 5.《建筑机械使用安全技术规程》（JGJ 33—2012）第4.8.6条规定：井架、龙门架物料提升机不得和脚手架连接。 6.《建筑机械使用安全技术规程》（JGJ 33—2012）第4.8.8条规定：不得使用吊篮载人，吊篮下方不得有人员停留或通过。 7.《建筑机械使用安全技术规程》（JGJ 33—2012）第4.8.9条规定：作业后，应检查钢丝绳、滑轮、滑轮轴和导轨等，发现异常磨损，应及时修理或更换。 8.《建筑机械使用安全技术规程》（JGJ 33—2012）第4.8.10条规定：下班前，应将吊篮降到最低位置，各控制开关置于零位，切断电源，锁好开关箱	1. 查验安装的符合性； 2. 查验安全装置的符合性； 3. 查验使用过程中的符合性
		三、卷扬机 1.《建筑机械使用安全技术规程》（JGJ 33—2012）第4.7.1条规定：卷扬机地基与基础应平整、坚实，场地应排水畅通，地锚应设置可靠。卷扬机应搭设防护棚。 2.《施工现场机械设备检查技术规范》（JGJ 160—2016）第7.8.1条规定：卷扬机安装地点应平整，与基础或底架的连接应牢固。	1. 查验卷扬机设置的符合性； 2. 查验卷扬机安全装置的符合性； 3. 查验卷扬机操作人员行为的符合性

续表

序号	检查内容	检查依据	检查要点
2.8.8	垂直运输机械	3.《建筑机械使用安全技术规程》（JGJ 33—2012）第4.7.3条规定：卷扬机卷筒中心线与导向滑轮的轴线应垂直，且导向滑轮的轴线应在卷筒中心位置，钢丝绳的出绳偏角应符合本规程表4.7.3的规定。 4.《施工现场机械设备检查技术规范》（JGJ 160—2016）第7.8.2条规定：卷扬机安装时，应与定滑轮中心相对，从卷筒中心到导向轮的距离不应小于卷筒长度的20倍。 5.《建筑机械使用安全技术规程》（JGJ 33—2012）第4.7.4条规定：作业前，应检查卷扬机与地面的固定、弹性联轴器的连接应牢固，并应检查安全装置、防护设施、电气线路、接零或接地装置、制动装置和钢丝绳等并确认全部合格后再使用。 6.《建筑机械使用安全技术规程》（JGJ 33—2012）第4.7.9条规定：钢丝绳不得与机架、地面摩擦，通过道路时，应设过路保护装置。 7.《建筑机械使用安全技术规程》（JGJ 33—2012）第4.7.5条规定：卷扬机至少应装有一个常闭式制动器。 8.《建筑机械使用安全技术规程》（JGJ 33—2012）第4.7.6条规定：卷扬机的传动部分及外露的运动件应设防护罩。 9.《施工现场机械设备检查技术规范》（JGJ 160—2016）第7.8.3条规定：外露传动部分防护罩应齐全、固定牢固、无影响运动的塑性变形。 10.《施工现场机械设备检查技术规范》（JGJ 160—2016）第7.8.12条规定：卷扬机用于起吊重物时，应安装上升行程限位开关，且应灵活可靠。 11.《烟囱施工与验收规范》（GB 50078—2008）第13.0.6条规定：烟囱施工中提升罐笼的卷扬机应设置防止冒顶和蹲罐的限位开关以及行程高度指示器。 12.《建筑机械使用安全技术规程》（JGJ 33—2012）第4.7.2条规定：操作人员的位置应在安全区域，视线应良好。 13.《建筑机械使用安全技术规程》（JGJ 33—2012）第4.7.12条规定：作业中，操作人员不得离开卷扬机，物件或吊笼下面不得有人员停留或通过。休息时，应将物件或吊笼降至地面。 14.《建筑机械使用安全技术规程》（JGJ 33—2012）第4.7.14条规定：作业中停电时，应将控制手柄或按钮置于零位，并应切断电源，将物件或吊笼降至地面。 15.《建筑机械使用安全技术规程》（JGJ 33—2012）第4.7.15条规定：作业完毕，应将物件或吊笼降至地面，并应切断电源，锁好开关箱	1. 查验卷扬机设置的符合性； 2. 查验卷扬机安全装置的符合性； 3. 查验卷扬机操作人员行为的符合性

续表

序号	检查内容	检查依据	检查要点
2.8.8	垂直运输机械	四、吊篮 1.《建筑施工工具式脚手架安全技术规范》（JGJ 202—2010）第5.2.11条规定：悬挂吊篮的支架支撑点处结构的承载能力，应大于所选择吊篮工况的荷载最大值。 2.《建筑施工工具式脚手架安全技术规范》（JGJ 202—2010）第5.4.1条规定：高处作业吊篮安装时应按专项施工方案，在专业人员的指导下实施。 3.《建筑施工工具式脚手架安全技术规范》（JGJ 202—2010）第5.4.2条规定：安装作业前，应划定安全区域，并应排除作业障碍。 4.《建筑施工工具式脚手架安全技术规范》（JGJ 202—2010）第5.4.6条规定：悬挂机构宜采用刚性联结方式进行拉结固定。 5.《建筑施工工具式脚手架安全技术规范》（JGJ 202—2010）第5.4.7条规定：悬挂机构前支架严禁支撑在女儿墙上、女儿墙外或建筑物挑檐边缘。 6.《建筑施工工具式脚手架安全技术规范》（JGJ 202—2010）第5.4.9条规定：悬挑横梁应前高后低，前后水平高差不应大于横梁长度的2%。 7.《建筑施工工具式脚手架安全技术规范》（JGJ 202—2010）第5.4.10条规定：配重件应稳定可靠地安放在配重架上，并应有防止随意移动的措施。严禁使用破损的配重件或其他替代物。配重件的重量应符合设计规定。 8.《建筑施工工具式脚手架安全技术规范》（JGJ 202—2010）第5.4.13条规定：悬挂机构前支架应与支撑面保持垂直，脚轮不得受力。 9.《建筑施工工具式脚手架安全技术规范》（JGJ 202—2010）第5.4.14条规定：安装任何形式的悬挑结构，其施加于建筑物或构筑物支承处的作用力，均应符合建筑结构的承载能力，不得对建筑物和其他设施造成破坏和不良影响。 10.《建筑施工工具式脚手架安全技术规范》（JGJ 202—2010）第5.5.1条规定：高处作业的吊篮应设置作业人员专用的挂设安全带的安全绳及安全锁扣。安全绳应固定在建筑物可靠位置上不得与吊篮的任何位置有联系，且安全绳直径与安全锁扣的规格相一致，安全锁不得有松散、断股、打结现象。 11.《施工现场机械设备检查技术规范》（JGJ 160—2016）第5.5.8条规定： 安全装置应符合下列规定： 1）安全锁或具有相同作用的独立安全装置，在锁绳状态下不应自动复位，且安全锁应在有效标定期内；	1. 查验吊篮设置的符合性； 2. 查验吊篮安全装置的符合性； 3. 查验吊篮中施工人员行为的符合性

续表

序号	检查内容	检查依据	检查要点
2.8.8	垂直运输机械	2）安全钢丝绳应独立于工作钢丝绳另行悬挂； 3）行程限位装置应灵敏可靠； 4）钢丝绳安全系数不应小于9，并应符合说明书规定； 5）应设置紧急状态下能切断主电源控制回路的急停按钮。 12.《建筑施工工具式脚手架安全技术规范》（JGJ 202—2010）第5.5.2条规定：吊篮宜安装防护棚，防止高处坠物造成作业人员伤害。 13.《建筑施工工具式脚手架安全技术规范》（JGJ 202—2010）第5.5.3条规定：吊篮应安装上限位装置，宜安装下限位装置。 14.《建筑施工工具式脚手架安全技术规范》（JGJ 202—2010）第5.5.4条规定：使用吊篮作业时，应排除影响吊篮正常运行的障碍。在吊篮下方可能造成坠落物伤害的范围，应设置安全隔离区和警告标志，人员或车辆不得停留、通行。 15.《建筑施工工具式脚手架安全技术规范》（JGJ 202—2010）第5.5.5条规定：在吊篮内从事安装、维修等作业时，操作人员应佩戴工具袋。 16.《建筑施工工具式脚手架安全技术规范》（JGJ 202—2010）第5.5.7条规定：不得将吊篮作为垂直运输设备，不得采用吊篮运送物料。 17.《建筑施工工具式脚手架安全技术规范》（JGJ 202—2010）第5.5.8条规定：吊篮内的作业人员不得超过2个。 18.《建筑施工工具式脚手架安全技术规范》（JGJ 202—2010）第5.5.9条规定：吊篮正常工作时，人员应从地面进入吊篮内，不得从建筑物顶部、窗口等处或其他孔洞处出入吊篮。 19.《建筑施工工具式脚手架安全技术规范》（JGJ 202—2010）第5.5.10条规定：在吊篮内的作业人员应佩戴安全帽，系安全带，并应将安全锁扣正确挂置在独立设置的安全绳上。 20.《建筑施工工具式脚手架安全技术规范》（JGJ 202—2010）第5.5.17条规定：在吊篮内进行电焊作业时，应对吊篮的设备、钢丝绳、电缆采取保护措施。不得将电焊机放在吊篮内；电焊线不得与吊篮任何部位接触；电焊钳不得搭挂在吊篮上。 21.《建筑施工工具式脚手架安全技术规范》（JGJ 202—2010）第5.5.19条规定：当吊篮施工遇有雨雪、大雾、风沙及5级以上大风等恶劣天气时，应停止作业，并应将吊篮平台停放至地面，应对钢丝绳、电缆进行绑扎固定	1. 查验吊篮设置的符合性； 2. 查验吊篮安全装置的符合性； 3. 查验吊篮中施工人员行为的符合性
2.8.9	其他中小型机械	1.《建筑机械使用安全技术规程》（JGJ 33—2012）第13.1.1条规定：中小型机械应安装稳固，用电应符合现行行业标准《施工现场临时用电安全技术规范》JGJ 46的有关规定。 2.《建筑机械使用安全技术规程》（JGJ 33—2012）第13.1.2条规定：中小型机械上的外露传动部分和旋转部分应设有防护罩。室外使用的机械应搭设机械防护棚或采取其他防护措施。	1. 查验中小型机械安全装置的符合性； 2. 查验中小型机械使用过程中的符合性

续表

序号	检查内容	检查依据	检查要点
2.8.9	其他中小型机械	3.《建筑机械使用安全技术规程》(JGJ 33—2012)第13.3.4条规定：剪板机限位装置应齐全有效。制动装置应根据磨损情况，及时调整。 4.《建筑机械使用安全技术规程》(JGJ 33—2012)第13.9.1条规定：弯管机作业场所应设置围栏。 5.《建筑机械使用安全技术规程》(JGJ 33—2012)第13.10.1条规定：多台钻床布置时，应保持合适安全距离。 6.《建筑机械使用安全技术规程》(JGJ 33—2012)第13.10.4条规定：小型台钻钻小件时，应用工具夹持；钻薄板时，应用虎钳夹紧，并应在工件下垫好木板。 7.《建筑机械使用安全技术规程》(JGJ 33—2012)第13.18.3条规定：潜水泵应装设保护接零和漏电保护装置，工作时，泵周围30m以内水面，不得有人、畜进入。 8.《建筑施工土石方工程安全技术规范》(JGJ 180—2009)第3.2.3条规定：拉铲或反铲作业时，挖掘机履带到工作面边缘的安全距离不应小于1.0m。 9.《建筑施工土石方工程安全技术规范》(JGJ 180—2009)第3.3.7条规定：夯实机的扶手和操作手柄必须加装绝缘材料，操作开关必须使用定向开关，进线口必须加胶圈。 10.《建筑施工土石方工程安全技术规范》(JGJ 180—2009)第3.3.8条规定：夯实机的电缆线不宜长于50m，不得扭结、缠绕或张拉过紧，应保持有至少3m～4m的余量。 11.《施工现场临时用电安全技术规范》(JGJ 46—2005)第9.4.4条规定：使用夯土机械必须按规定穿戴绝缘用品，使用过程应有专人调整电缆，电缆长度不应大于50m。电缆严禁缠绕、扭结和被夯土机械跨越。 12.《施工现场临时用电安全技术规范》(JGJ 46—2005)第9.4.2条规定：夯土机械PE线的连接点不得少于2处。 13.《施工现场临时用电安全技术规范》(JGJ 46—2005)第9.4.3条规定：夯土机械的负荷线应采用耐气候型橡皮护套铜芯软电缆。 14.《建筑机械使用安全技术规程》(JGJ 33—2012)第13.2.1条规定：咬口机作业中，不得用手触碰转动中的辊轮，工件送到末端时，手指应离开工件。 15.《建筑机械使用安全技术规程》(JGJ 33—2012)第13.5.1条规定：卷板机作业中，操作人员应站在工件的两侧，并应防止人手和衣服被卷入轧辊内。工件上不得站人。 16.《建筑机械使用安全技术规程》(JGJ 33—2012)第13.6.3条规定：坡口机作业中，不得俯身近视工件。不得用手摸坡口及擦拭铁屑。 17.《建筑机械使用安全技术规程》(JGJ 33—2012)第13.7.2条规定：当轧制的法兰不能进入第二道型辊时，不得用手直接推送，应使用专用工具送入。	1. 查验中小型机械安全装置的符合性； 2. 查验中小型机械使用过程中的符合性

续表

序号	检查内容	检查依据	检查要点
2.8.9	其他中小型机械	18.《建筑机械使用安全技术规程》（JGJ 33—2012）第13.7.4条规定：法兰卷圆机作业时，人员不得靠近法兰尾端。 19.《建筑机械使用安全技术规程》（JGJ 33—2012）第13.10.2条规定：小型台钻操作人员应按规定穿戴防护用品，并应扎紧袖口。不得围围巾及戴手套。 20.《建筑机械使用安全技术规程》（JGJ 33—2012）第13.10.7条规定：不得用手触摸旋转的刀具或将头部靠近机床旋转部分，不得在旋转着的刀具下翻转、卡压或测量工件。 21.《建筑机械使用安全技术规程》（JGJ 33—2012）第13.18.2条规定：潜水泵放入水中或提出水面时，不得拉拽电缆或出水管，并应切断电源。 22.《建筑施工土石方工程安全技术规范》（JGJ 180—2009）第3.2.5条规定：挖掘机行驶或作业中，不得用铲斗吊运物料，驾驶室外严禁站人。 23.《建筑施工土石方工程安全技术规范》（JGJ 180—2009）第3.2.15条规定：装载机作业时严禁铲斗载人。 24.《建筑施工土石方工程安全技术规范》（JGJ 180—2009）第3.3.6条规定：载重汽车卸料后，不得在未落车厢的情况下行驶。车厢内严禁载人。 25.《建筑施工土石方工程安全技术规范》（JGJ 180—2009）第3.3.9条规定：夯实机操作人员必须戴绝缘手套、穿绝缘鞋。必须采取一人操作、一人拉线作业	1. 查验中小型机械安全装置的符合性； 2. 查验中小型机械使用过程中的符合性

2.9 特殊作业

2.9.1 高处作业

1. 项目部应对高处作业人员进行安全技术培训、考核合格。
2. 高处作业人员须经体检合格后方可上岗；登高架设及搭设高处作业安全设施的作业人员须持证上岗。
3. 高处作业前，应检查作业场所安全措施和安全防护用品落实情况。
4. 施工作业场所有坠落可能的物件应固定牢固，无法固定的应放置安全处或先行清除；严禁高处抛掷物件。
5. 高处作业区域设置的警示标志、安全网及其他安全防护设施应规范。
6. 登高作业人员应正确佩戴和使用合格的安全防护用品。
7. 高处作业现场监护应符合相关规定。
8. 遇有六级及以上大风或恶劣气候时，应停止露天高处作业。
9. 雨天和雪天进行高处作业时，必须采取可靠的防滑、防寒和防冻措施。

序号	检查内容	检查依据	检查要点
2.9.1	高处作业	1.《建筑施工高处作业安全技术规范》（JGJ 80—2016）第3.0.2条规定：高处作业施工前，应按类别对安全防护设施进行检查、验收，验收合格后方可进行作业，并应做验收记录。	1. 查验高处作业安全设施设置的符合性； 2. 查验高处作业人员安全防护用品、用具配备的符合性； 3. 查验高处作业人员行为的符合性

续表

序号	检查内容	检查依据	检查要点
2.9.1	高处作业	2.《建筑施工高处作业安全技术规范》（JGJ 80—2016）第3.0.3条规定：高处作业施工前，应对作业人员进行安全技术交底，并应记录。应对初次作业人员进行培训。 3.《建筑施工高处作业安全技术规范》（JGJ 80—2016）第3.0.4条规定：应根据要求将各类安全警示标志悬挂于施工现场各相应部位，夜间应设红灯警示。高处作业施工前，应检查高处作业的安全标志、工具、仪表、电气设施和设备，确认其完好后，方可进行施工。 4.《建筑施工高处作业安全技术规范》（JGJ 80—2016）第3.0.5条规定：高处作业人员应根据作业的实际情况配备相应的高处作业安全防护用品，并应按规定正确佩戴和使用相应的安全防护用品、用具。 5.《建筑施工高处作业安全技术规范》（JGJ 80—2016）第3.0.6条规定：对施工作业现场可能坠落的物料，应及时拆除或采取固定措施。高处作业所用的物料应堆放平稳，不得妨碍通行和装卸。工具应随手放入工具袋；作业中的走道、通道板和登高用具，应随时清理干净；拆卸下的物料及余料和废料应及时清理运走，不得随意放置或向下丢弃。传递物料时不得抛掷。 6.《建筑施工高处作业安全技术规范》（JGJ 80—2016）第3.0.8条规定：在雨、霜、雾、雪等天气进行高处作业时，应采取防滑、防冻和防雷措施，并应及时清除作业面上的水、冰、雪、霜。 雨雪天气后，应对高处作业安全设施进行检查，当发现有松动、变形、损坏或脱落等现象时，应立即修理完善，维修合格后方可使用。 7.《建筑施工高处作业安全技术规范》（JGJ 80—2016）第5.1.1条规定：登高作业应借助施工通道、梯子及其他攀登设施和用具。 8.《电力建设安全工作规程　第3部分：变电站》（DL 5009.3—2013）第3.3.1条规定：高处作业的平台、走道、斜道等应装设不低于1.2m高的护栏（0.5～0.6m处设腰杆）和180mm高的挡脚板，或设防护立网；上下脚手架应走斜道或梯子，不得沿绳、脚手立杆或横杆等攀爬，也不得任意攀登高层建筑物；不得站在栏杆外工作或凭借栏杆起吊物件。 9.《建筑施工高处作业安全技术规范》（JGJ 80—2016）第5.1.11条规定：深基坑施工应设置扶梯、入坑踏步及专用载人设备或斜道等设施。采用斜道时，应加设间距不大于400mm的防滑条等防滑措施。作业人员严禁沿坑壁、支撑或乘运土工具上下。 10.《建筑施工高处作业安全技术规范》（JGJ 80—2016）第5.1.3条规定：同一梯子上不得两人同时作业。在通道处使用梯子作业时，应有专人监护或设置围栏。脚手架操作层上严禁	1. 查验高处作业安全设施设置的符合性； 2. 查验高处作业人员安全防护用品、用具配备的符合性； 3. 查验高处作业人员行为的符合性

续表

序号	检查内容	检查依据	检查要点
2.9.1	高处作业	架设梯子作业。 12.《建筑施工高处作业安全技术规范》（JGJ 80—2016）第5.1.9条规定：钢结构安装时，应使用梯子或其他登高设施攀登作业。坠落高度超过2m时，应设置操作平台。 13.《建筑施工高处作业安全技术规范》（JGJ 80—2016）第5.2.1条规定：悬空作业的立足处的设置应牢固，并应配置登高和防坠落装置和设施。 14.《建筑施工高处作业安全技术规范》（JGJ 80—2016）第5.2.2条规定：构件吊装和管道安装时的悬空作业应符合下列规定： 1）钢结构吊装，构件宜在地面组装，安全设施应一并设置； 2）吊装钢筋混凝土屋架、梁、柱等大型构件前，应在构件上预先设置登高通道、操作立足点等安全设施； 3）在高空安装大模板、吊装第一块预制构件或单独的大中型预制构件时，应站在作业平台上操作； 4）钢结构安装施工宜在施工层搭设水平通道，水平通道两侧应设置防护栏杆；当利用钢梁作为水平通道时，应在钢梁一侧设置连续的安全绳，安全绳宜采用钢丝绳； 5）钢结构、管道等安装施工的安全防护宜采用工具化、定型化设施。 15.《建筑施工高处作业安全技术规范》（JGJ 80—2016）第5.2.3条规定：严禁在未固定、无防护设施的构件及管道上进行作业或通行。 16.《建筑施工高处作业安全技术规范》（JGJ 80—2016）第5.2.4条规定：当利用吊车梁等构件作为水平通道时，临空面的一侧应设置连续的栏杆等防护措施。当安全绳为钢索时，钢索的一端应采用花篮螺栓收紧；当安全绳为钢丝绳时，钢丝绳的自然下垂度不应大于绳长的1/20，并不应大于100mm。 17.《建筑施工高处作业安全技术规范》（JGJ 80—2016）第5.2.5条规定：模板支撑体系搭设和拆卸的悬空作业，应符合下列规定： 1）模板支撑的搭设和拆卸应按规定程序进行，不得在上下同一垂直面上同时装拆模板； 2）在坠落基准面2m及以上高处搭设与拆除柱模板及悬挑结构的模板时，应设置操作平台； 3）在进行高处拆模作业时应配置登高用具或搭设支架。 18.《建筑施工高处作业安全技术规范》（JGJ 80—2016）第5.2.6条规定：绑扎钢筋和预应力张拉的悬空作业应符合下列规定： 1）绑扎立柱和墙体钢筋，不得沿钢筋骨架攀登或站在骨架上作业； 2）在坠落基准面2m及以上高处绑扎柱钢筋和进行预应力张拉时，应搭设操作平台。	1. 查验高处作业安全设施设置的符合性； 2. 查验高处作业人员安全防护用品、用具配备的符合性； 3. 查验高处作业人员行为的符合性

续表

序号	检查内容	检查依据	检查要点
2.9.1	高处作业	19.《建筑施工高处作业安全技术规范》（JGJ 80—2016）第5.2.7条规定：混凝土浇筑与结构施工的悬空作业应符合下列规定： 1 浇筑高度2m及以上的混凝土结构构件时，应设置脚手架或操作平台； 2 悬挑的混凝土梁和檐、外墙和边柱等结构施工时，应搭设脚手架或操作平台。 20.《建筑施工高处作业安全技术规范》（JGJ 80—2016）第5.2.8条规定：屋面作业时应符合下列规定： 1）在坡度大于25°的屋面上作业，当无外脚手架时，应在屋檐边设置不低于1.5m高的防护栏杆，并应采用密目式安全立网全封闭； 2）在轻质型材等屋面上作业，应搭设临时走道板，不得在轻质型材上行走；安装轻质型材板前，应采取在梁下支设安全平网或搭设脚手架等安全防护措施。 21.《建筑施工高处作业安全技术规范》（JGJ 80—2016）第5.2.9条规定：外墙作业时应符合下列规定： 1）门窗作业时，应有防坠落措施，操作人员在无安全防护措施时，不得站立在樘子、阳台栏板上作业； 2）高处作业不得使用座板式单人吊具，不得使用自制吊篮	1. 查验高处作业安全设施设置的符合性； 2. 查验高处作业人员安全防护用品、用具配备的符合性； 3. 查验高处作业人员行为的符合性

2.9.2 交叉作业

1. 项目部在交叉作业区域应安排专职安全生产管理人员进行安全检查与协调，并进行现场检查巡视。

2. 涉及交叉作业的施工项目，应制定交叉作业的安全技术措施，向参加施工的人员进行安全技术交底。

3. 两个及以上施工单位在同一作业区域内进行施工活动，构成交叉作业可能危及对方生产安全的，应当签订安全生产管理协议，明确各自的安全管理职责，并采取相应的安全措施。

4. 垂直交叉作业必须搭设严密、牢固的防护隔离设施。

5. 交叉作业时，工具、材料、边角余料等严禁上下投掷，应用工具袋、箩筐或吊笼等吊运。

6. 禁止在吊物下方接料或逗留。在与生产运行区进行交叉作业时，必须按规定执行工作票制度，制定安全施工措施，进行交底后严格执行，且应有运行单位专人监护。

序号	检查内容	检查依据	检查要点
2.9.2	交叉作业	1.《建筑施工高处作业安全技术规范》（JGJ 80—2016）第3.0.2条规定：高处作业施工前，应按类别对安全防护设施进行检查、验收，验收合格后方可进行作业，并应做验收记录。 2.《建筑施工高处作业安全技术规范》（JGJ 80—2016）第3.0.3条规定：高处作业施工前，应对作业人员进行安全技术交底，并应记录。应对初次作业人员进行培训。 3.《建筑施工高处作业安全技术规范》（JGJ 80—2016）第3.0.4条规定：应根据要求将各类安全警示标志悬挂于施工现场各相应部位，夜间应设红灯警示。高处作业施工前，应检查高处作业的安全标志、工具、仪表、电气设施和设备，确认其完好后，方可进行施工。	1. 查验交叉作业安全设施的符合性； 2. 查验交叉作业人员安全防护用品、用具配备的符合性； 3. 查验交叉作业人员行为的符合性

续表

序号	检查内容	检查依据	检查要点
2.9.2	交叉作业	4.《建筑施工高处作业安全技术规范》（JGJ 80—2016）第3.0.5条规定：高处作业人员应根据作业的实际情况配备相应的高处作业安全防护用品，并应按规定正确佩戴和使用相应的安全防护用品、用具。 5.《建筑施工高处作业安全技术规范》（JGJ 80—2016）第3.0.6条规定：对施工作业现场可能坠落的物料，应及时拆除或采取固定措施。高处作业所用的物料应堆放平稳，不得妨碍通行和装卸。工具应随手放入工具袋；作业中的走道、通道板和登高用具，应随时清理干净；拆卸下的物料及余料和废料应及时清理运走，不得随意放置或向下丢弃。传递物料时不得抛掷。 6.《建筑施工高处作业安全技术规范》（JGJ 80—2016）第7.1.1条规定：交叉作业时，下层作业位置应处于上层作业的坠落半径之外。安全防护棚和警戒隔离区范围的设置应视上层作业高度确定，并应大于坠落半径。 7.《建筑施工高处作业安全技术规范》（JGJ 80—2016）第7.1.2条规定：交叉作业时，坠落半径内应设置安全防护棚或安全防护网等安全隔离措施。当尚未设置安全隔离措施时，应设置警戒隔离区，人员严禁进入隔离区。 8.《建筑施工高处作业安全技术规范》（JGJ 80—2016）第7.1.3条规定：处于起重机臂架回转范围内的通道，应搭设安全防护棚。 9.《建筑施工高处作业安全技术规范》（JGJ 80—2016）第7.1.4条规定：施工现场人员进出的通道口，应搭设安全防护棚。 10.《建筑施工高处作业安全技术规范》（JGJ 80—2016）第7.1.7条规定：对不搭设脚手架和设置安全防护棚时的交叉作业，应设置安全防护网，当在多层、高层建筑外立面施工时，应在二层及每隔四层设一道固定的安全防护网，同时设一道随施工高度提升的安全防护网。 11.《建筑施工高处作业安全技术规范》（JGJ 80—2016）第7.2.1条规定：安全防护棚搭设应符合下列规定： 1）当安全防护棚为非机动车辆通行时，棚底至地面高度不应小于3m；当安全防护棚为机动车辆通行时，棚底至地面高度不应小于4m。 2）当建筑物高度大于24m并采用木质板搭设时，应搭设双层安全防护棚。两层防护的间距不应小于700mm，安全防护棚的高度不应小于4m。 3）当安全防护棚的顶棚采用竹笆或木质板搭设时，应采用双层搭设，间距不应小于700mm；当采用木质板或与其等强度的其他材料搭设时，可采用单层搭设，木板厚度不应小于50mm。防护棚的长度应根据建筑物高度与可能坠落半径确定。 12.《建筑施工高处作业安全技术规范》（JGJ 80—2016）第7.2.2条规定： 安全防护网搭设应符合下列规定：	1. 查验交叉作业安全设施的符合性； 2. 查验交叉作业人员安全防护用品、用具配备的符合性； 3. 查验交叉作业人员行为的符合性

续表

序号	检查内容	检查依据	检查要点
2.9.2	交叉作业	1）安全防护网搭设时，应每隔3m设一根支撑杆，支撑杆水平夹角不宜小于45°； 2）当在楼层设支撑杆时，应预埋钢筋环或在结构内外侧各设一道横杆； 3）安全防护网应外高里低，网与网之间应拼接严密	1. 查验交叉作业安全设施的符合性； 2. 查验交叉作业人员安全防护用品、用具配备的符合性； 3. 查验交叉作业人员行为的符合性

2.9.3 水上作业

1. 从事水上、水下作业，应根据相关规定办理《中华人民共和国水上水下活动许可证》。

2. 作业前应编制施工方案或专项安全技术措施，制定应急救援预案，对作业人员进行安全技术交底，作业时安排专人进行监护。

3. 水上作业期间应随时与当地气象、水文站等部门保持联系，及时收听、发布气象信息，并做好记录。

4. 水上作业应有稳固的施工平台（或浮吊）和梯道，临水、临边设置牢固可靠的栏杆和安全网；平台（或浮吊）不得超负荷使用，相关的设备和设施应固定牢固，作业用具随手放入工具袋；船只必须锚定，严禁超载。夜间施工必须配置充足的照明和夜间警示灯。

5. 作业平台（船只）上应配齐救生衣、救生圈、救生绳和通信器材。施工船只应配备救生员。

6. 作业人员应正确穿戴救生衣、安全帽、防滑鞋、安全带。

7. 水上作业人员应经培训考核合格后持证上岗，并定期进行身体检查。

8. 雨雪天气进行水上作业，应采取防滑、防寒、防冻措施，水、冰、霜、雪及时清除。遇到六级及以上强风等恶劣天气不得进行水上作业，暴风雪和强台风后应对施工设备、设施进行全面检查。

9. 严禁水上、水下交叉作业，严禁一人单独作业。

10. 水上、水下作业项目应配备专职安全管理人员，定期对作业活动进行检查、巡查。

序号	检查内容	检查依据	检查要点
2.9.3	水上作业	1.《水运工程施工安全防护技术规范》（JTS 205—1—2008）第3.5.2条规定：水运工程建设项目开工前，应按照有关管理部门的规定办理施工许可。 2.《水运工程施工安全防护技术规范》（JTS 205—1—2008）第3.5.2条规定：施工单位应为从业人员配备合格的劳动防护用品用具。 3.《水运工程施工安全防护技术规范》（JTS 205—1—2008）第5.1.5条规定：进入施工现场的人员必须戴好安全帽。作业时，必须正确配戴和使用劳动防护用品、用具。 4.《水运工程施工安全防护技术规范》（JTS 205—1—2008）第5.1.11条规定：进入水上场所，必须正确穿戴救生衣。 5.《水运工程施工安全防护技术规范》（JTS 205—1—2008）第5.8.11.2条规定：安全带的安全绳不得打结使用，亦不得将钩直接挂在安全绳上。 6.《水运工程施工安全防护技术规范》（JTS 205—1—2008）第5.8.11.3条规定：安全带的各部件不得随意更换或拆掉。需更换新安全绳时，其规格及力学性能必须符合规定，并应加设绳套。 7.《水运工程施工安全防护技术规范》（JTS 205—1—2008）第4.7.3条规定：陆用施工机械上驳船组合作业必须制定专项施工方案，并附具船舶稳性和结构强度验算结果。	1. 查验水上作业施工方案编制及安全技术交底的符合性； 2. 查验水上作业安全设施的符合性； 3. 查验水上作业人员持证的符合性； 4. 查验水上作业临时用电的符合性； 5. 查验水上作业人员行为的符合性

续表

序号	检查内容	检查依据	检查要点
2.9.3	水上作业	8.《水运工程施工安全防护技术规范》（JTS 205—1—2008）第4.8.1条规定：工程开工前，单位、分部和分项工程均必须编制“安全技术交底通知书”，向参加施工的人员进行安全技术交底，并履行签认手续。 9.《水运工程施工安全防护技术规范》（JTS 205—1—2008）第4.3.3.1条规定：水上工作平台应稳固。顶部应满铺面板，面板与下部结构连接应牢固，悬臂板应采取有效的加固措施。 10.《水运工程施工安全防护技术规范》（JTS 205—1—2008）第4.3.3.2条规定：水上工作平台顶面的四周，应设置高度不低于1.2m的安全护栏。上下人员的爬梯应牢固，梯阶间距宜为30cm。平台上作业场地的大小，应充分考虑施工人员的作业安全。 11.《水运工程施工安全防护技术规范》（JTS 205—1—2008）第4.3.3.3条规定：水上工作平台应设置安全警示标志和必要的救生器材。 12.《水运工程施工安全防护技术规范》（JTS 205—1—2008）第4.3.3.4条规定：在水上工作平台上作业的人员应配备必要的通信工具。 13.《水运工程施工安全防护技术规范》（JTS 205—1—2008）第4.3.5条规定：水上临时人行跳板，宽度不宜小于60cm，跳板的强度和刚度应满足使用要求。跳板应设置安全护栏或张挂安全网，跳板端部应固定或系挂，板面应设置防滑设施。 14.《水运工程施工安全防护技术规范》（JTS 205—1—2008）第4.3.6条规定：舢板、木筏、浮筒等水上临时工作设施，使用前，应经过24h重载漂浮试验。使用时，应限定作业人数，配齐救生设备。 15.《水运工程施工安全防护技术规范》（JTS 205—1—2008）第4.3.7条规定：水上拖带舢板、木筏、浮筒等，其上不得载人。 16.《水运工程施工安全防护技术规范》（JTS 205—1—2008）第4.4.3条规定：水上和潮湿地带的电缆线，必须绝缘良好并具有防水功能。电缆线的接头，必须进行防水处理。 17.《水运工程施工安全防护技术规范》（JTS 205—1—2008）第4.4.4条规定：水上施工使用岸电时，其配电线路和电气设备应符合三相五线制的规定，并应设置专用配电箱。 18.《水运工程施工安全防护技术规范》（JTS 205—1—2008）第10.1.20.5条规定：船舶上使用的移动灯具的电压不得大于50V，电路应设有过载和短路保护。 19.《水运工程施工安全防护技术规范》（JTS 205—1—2008）第10.1.20.6条规定：岸电和船电系统为中性点接地的三相交流系统时，船舶接岸电必须将岸电接地线与船体接地设施进行可靠连接。 20.《水运工程施工安全防护技术规范》（JTS 205—1—2008）	1. 查验水上作业施工方案编制及安全技术交底的符合性； 2. 查验水上作业安全设施的符合性； 3. 查验水上作业人员持证的符合性； 4. 查验水上作业临时用电的符合性； 5. 查验水上作业人员行为的符合性

续表

序号	检查内容	检查依据	检查要点
2.9.3	水上作业	第 4.4.6 条规定：船舶进出的航行通道、抛锚区和锚缆摆动区严禁架设或布设临时电缆线。 21.《水运工程施工安全防护技术规范》（JTS 205—1—2008）第 5.1.2 条规定：施工船舶必须具有相应的有效证书，船员必须持有与其岗位相适应的适任证书。 22.《水运工程施工安全防护技术规范》（JTS 205—1—2008）第 5.11.2 条规定：从事潜水作业的人员必须持有有效潜水员资格证书。 23.《水运工程施工安全防护技术规范》（JTS 205—1—2008）第 5.1.10 条规定：水上作业遇有超过船舶作业性能的工况条件或无法看清场地的能见度不良天气，应停止作业。水上作业的工况条件虽未超过施工船舶的作业性能，但难以保障作业人员的安全，亦应停止作业。 24.《水运工程施工安全防护技术规范》（JTS 205—1—2008）第 5.8.3 条规定：高处作业场所的临边应设置安全防护围栏和昼夜显示的警示标志。 25.《水运工程施工安全防护技术规范》（JTS 205—1—2008）第 5.8.7 条规定：高处作业应设置爬梯，作业人员不得沿立杆或栏杆攀登。 26.《水运工程施工安全防护技术规范》（JTS 205—1—2008）第 5.6.3 条规定：吊运氧气瓶或乙炔瓶必须使用装具。严禁使用钢绳、铁链直接捆绑或使用电磁吸盘等进行吊运。 27.《水运工程施工安全防护技术规范》（JTS 205—1—2008）第 5.6.5 条规定：电焊、气割等明火作业点 10m 范围内，严禁存放油类、木材、氧气瓶、乙炔瓶等易燃易爆物品或其他可燃危险物品。 28.《水运工程施工安全防护技术规范》（JTS 205—1—2008）第 5.6.12 条规定：容器内焊接作业必须设置通风、绝缘、照明装置，并设专人监护。金属容器内照明设备的电压不得超过 12V。 29.《水运工程施工安全防护技术规范》（JTS 205—1—2008）第 5.6.16 条规定：潮湿地带焊接作业，操作人员必须站在干燥的绝缘物体上。雨天必须停止露天电焊作业。 30.《水运工程施工安全防护技术规范》（JTS 205—1—2008）第 7.1.8 条规定：作业人员必须沿爬梯或乘坐电梯笼上下桩架。 31.《水运工程施工安全防护技术规范》（JTS 205—1—2008）第 10.1.5 条规定：施工船舶的梯口、应急场所等应设有醒目的安全警示标志或标识。楼梯、走廊、通道应保持畅通。 32.《水运工程施工安全防护技术规范》（JTS 205—1—2008）第 10.1.9 条规定：上下船舶应安设跳板，张挂安全网。使用软梯上下船舶应设专人监护，并备有带安全绳的救生圈	1. 查验水上作业施工方案编制及安全技术交底的符合性； 2. 查验水上作业安全设施的符合性； 3. 查验水上作业人员持证的符合性； 4. 查验水上作业临时用电的符合性； 5. 查验水上作业人员行为的符合性

续表

2.9.4 有限空间作业

1. 项目部应根据工程进展情况，辨识受限空间，制定控制措施，公示危害因素，明示警示标志，无关人员禁止入内。

2. 受限空间作业应办理安全施工作业票，作业票应严格履行审批手续。

3. 受限空间作业前，必须先检查其内部是否存有可燃、有毒有害或有可能引起窒息的气体，符合安全要求方可进入。

4. 受限空间内作业时，应设置满足施工人员安全需要的通风换气，防止火灾、塌方和人员逃生等设备设施及措施。

5. 在潮湿场所、金属容器及管道内使用的照明应符合安全电压要求，使用电动工器具应符合绝缘要求。

6. 金属容器内进行作业时，入口处应设专人监护，电源开关应放在监护人伸手可操作位置。

7. 在金属容器内不得同时进行电焊、气焊或气割工作。

序号	检查内容	检查依据	检查要点
2.9.4	有限空间作业	1.《电力建设工程施工安全管理导则》（NB/T 10096—2018）第14.3.1条规定：施工单位应对有限空间作业作业、洞屋作业等危险性较大的作业活动，实施作业许可管理，严将履行作业许可审批手续，实行闭环管理。 2.《电力建设安全工作规程　第3部分：变电站》（DL 5009.3—2013）第3.2.8条规定：在存在有害气体的室内或容器内工作均应设强制通风装置，采用可靠的防护用具，或配备气体检测装置，并在专人监护下进行工作。 3.《电力建设安全工作规程　第3部分：变电站》（DL 5009.3—2013）第3.2.9条规定：进入井、隧道、电缆夹层内工作前，应先检查其内是否积聚有可燃、有毒等气体，如有异常，应认真排除，在确认安全后方可进入工作。下坑井内工作的人员应系好救生绳和安全带，救生绳上端固定在坑井上部牢固部位，并设专人监护。 4.《水运工程施工安全防护技术规范》（JTS 205—1—2008）第5.6.12条规定：容器内焊接作业必须设置通风、绝缘、照明装置，并设专人监护。金属容器内照明设备的电压不得超过12V。 5.《水运工程施工安全防护技术规范》（JTS 205—1—2008）第10.1.21.1条规定：施工船舶均应制定进入封闭处所作业的安全规定。 6.《水运工程施工安全防护技术规范》（JTS 205—1—2008）第10.1.21.2条规定：施工船舶应配备必要的通风器材、防毒面具、急救医疗器材、氧气呼吸装置等应急防护设备或设施。 7.《水运工程施工安全防护技术规范》（JTS 205—1—2008）第10.1.21.3条规定：作业人员进入封闭处所前，封闭处所应进行通风，并测定空气质量。 8.《水运工程施工安全防护技术规范》（JTS 205—1—2008）第10.1.21.4条规定：作业人员进入封闭处所作业时，封闭处所外应有监护人员，并确保联系畅通。	1. 查验有限空间作业安全设施的符合性； 2. 查验有限空间作业人员个人防护用品使用的符合性； 3. 查验有限空间作业环境的符合性； 4. 查验有限空间作业监护人配备的符合性

续表

序号	检查内容	检查依据	检查要点
2.9.4	有限空间作业	9.《水运工程施工安全防护技术规范》（JTS 205—1—2008）第10.1.21.5条规定：在封闭处所内动火作业前，动火受到影响的舱室必须进行测氧、清舱、测爆。通风时，严禁输氧换气。作业时，必须将气瓶或电焊机放置在封闭处所外。 10.《水运工程施工安全防护技术规范》（JTS 205—1—2008）第10.1.21.6条规定：封闭处所内存在接触性有毒物质时，作业人员应穿戴相应的防护用品	1. 查验有限空间作业安全设施的符合性； 2. 查验有限空间作业人员个人防护用品使用的符合性； 3. 查验有限空间作业环境的符合性； 4. 查验有限空间作业监护人配备的符合性

2.10 消防安全

1. 项目部应建立健全消防安全组织机构和人员，制定消防安全管理制度，落实消防安全责任，开展消防知识培训和应急演练。

2. 项目部应建立消防设备设施台账。

3. 油库、木工间及易燃、易爆物品仓库等场所严禁烟火，并应设置明显标志、采取相应的防火措施。

4. 氧气、乙炔、液氨、汽油等危险品仓库应有避雷及防静电接地设施，屋面应采用轻型结构，并设置气窗及底窗，门、窗应向外开启；仓库应采用防爆型电器。

储装易燃易爆气体的压力容器、管道、气瓶的附件应合格、完好；距火源距离应符合规程要求，并应有避免高温和防止暴晒的措施。运输易燃、易爆等危险物品，应执行公安部门有关规定。施工现场的办公场所、员工集体宿舍与作业区应分开设置，并保持安全距离。

5. 项目部的临建设施之间的安全距离、消防通道等均应符合消防安全相关规定。

6. 现场仓库、宿舍、加工场地及重要设备旁应有相应的灭火器材，并挂牌明示本处可燃介质、适用消防器材、应设置量标准、实际设置量、下次更换日期、责任人。

消防设施应根据气候设置有防雨、防冻等措施，并定期进行检查、试验，确保设施完好。

7. 项目部重点防火部位或场所应建立动态管理的清单，并建立防火重点部位或场所的档案。档案内容包括地点、易燃介质、应配备灭火介质的数量、实际配备数量、区域管理责任人员、安全检查人员、定期检查计划、检查评估报告、隐患处理报告等。动火作业应按规定办理作业票。

序号	检查内容	检查依据	检查要点
2.10.1	施工现场总平面布置	1.《中华人民共和国消防法》（主席令第二十九号）第二十一条规定：禁止在具有火灾、爆炸危险的场所吸烟、使用明火。因施工等特殊情况需要使用明火作业的，应当按照规定事先办理审批手续，采取相应的消防安全措施；作业人员应当遵守消防安全规定。 进行电焊、气焊等具有火灾危险作业的人员和自动消防系统的操作人员，必须持证上岗，并遵守消防安全操作规程。 2.《建设工程安全生产管理条例》（国务院393号令）第三十一条规定：施工单位应当在施工现场建立消防安全责任制度，确定消防安全责任人，制定用火、用电、使用易燃易爆材料等各项消防安全管理制度和操作规程，设置消防通道、消防水源，配备消防设施和灭火器材，并在施工现场入口处设置明显标志。 3.《电力建设工程施工安全监督管理办法》（发展改革委令第28号）第二十八条规定：施工单位应当制定用火、用电、易燃易爆材料使用等消防安全管理制度，确定消防安全责任人，按规定设置消防通道、消防水源，配备消防设施和灭火器材。	1. 查验施工现场消防布置的符合性； 2. 查验易燃易爆危险品库房布置的符合性

续表

序号	检查内容	检查依据	检查要点
2.10.1	施工现场总平面布置	4.《建设工程施工现场消防安全技术规范》（GB 50720—2011）第3.1.1条规定：临时用房、临时设施的布置应满足现场防火、灭火及人员安全疏散的安全要求。 5.《建设工程施工现场消防安全技术规范》（GB 50720—2011）第3.1.6条规定：易燃易爆危险品库房应远离明火作业区、人员密集区和建筑物相对集中区。 6.《建设工程施工现场消防安全技术规范》（GB 50720—2011）第3.2.1条规定：易燃易爆危险品库房与在建工程的防火间距不应小于15m，可燃材料堆放场及其加工场、固定动火作业场与在建工程的防火间距不应小于15m，其他临时用房、临时设施与在建工程的防火间距不应小于6m。 7.《电力建设安全工作规程　第3部分：变电站》（DL 5009.3—2013）第3.2.25条规定：易燃、易爆及有毒物品等应分别存放在与普通仓库隔离的危险品仓库内，危险品仓库的库门应向外开，并按有关规定严格管理。汽油、酒精、油漆及稀释剂等挥发性易燃材料应密封存放，并配适宜的消防器材。 8.《电力建设安全工作规程　第3部分：变电站》（DL 5009.3—2013）第3.2.33条规定：在施工现场、仓库及重要机械设备、配电箱旁，应配置相应的消防器材。在需要动火的施工作业前，应增设相应类型及数量的消防器材；严禁在办公室、工具房、休息室、宿舍等房屋内存放易燃、易爆物品	1. 查验施工现场消防布置的符合性； 2. 查验易燃易爆危险品库房布置的符合性
2.10.2	建筑防火	1.《中华人民共和国消防法》（主席令第二十九号）第二十六条规定：建筑构件、建筑材料和室内装修、装饰材料的防火性能必须符合国家标准；没有国家标准的，必须符合行业标准。 人员密集场所室内装修、装饰，应当按照消防技术标准的要求，使用不燃、难燃材料。 2.《中华人民共和国消防法》（主席令第二十九号）第二十八条规定：人员密集场所的门窗不得设置影响逃生和灭火救援的障碍物。 3.《建设工程安全生产管理条例》（国务院393号令）第二十九条规定：施工现场临时搭建的建筑物应当符合安全使用要求。施工现场使用的装配式活动房屋应当具有产品合格证。 4.《建设工程施工现场消防安全技术规范》（GB 50720—2011）第4.1.1条规定：临时用房和在建工程应采取可靠的防火分离和安全疏散等防火技术措施。 5.《建设工程施工现场消防安全技术规范》（GB 50720—2011）第4.2.1条规定：宿舍、办公用房建筑构件的燃烧性能等级应为A级。当采用金属夹芯板材时，其芯材的燃烧性能等级应为A级。 6.《建设工程施工现场消防安全技术规范》（GB 50720—2011）第4.2.3条规定：宿舍、办公用房不应与厨房操作间、锅炉房、变配电房等组合建造。	1. 查验临时用房防火措施的符合性； 2. 查验临时用房建筑构件燃烧性能等级的符合性； 3. 查验施工现场安全疏散示意图布置的符合性； 4. 查验施工现场疏散指示标志的符合性

续表

序号	检查内容	检查依据	检查要点
2.10.2	建筑防火	7.《建设工程施工现场消防安全技术规范》（GB 50720—2011）第4.3.6条规定：作业场所应设置明显的疏散指示标志，其指示方向应指向最近的临时疏散通道入口。 8.《建设工程施工现场消防安全技术规范》（GB 50720—2011）第4.3.7条规定：作业层的醒目位置应设置安全疏散示意图	1. 查验临时用房防火措施的符合性； 2. 查验临时用房建筑构件燃烧性能等级的符合性； 3. 查验施工现场安全疏散示意图布置的符合性； 4. 查验施工现场疏散指示标志的符合性
2.10.3	临时消防设施	1.《建设工程安全生产管理条例》（国务院393号令）第三十一条规定：施工单位应设置消防通道、消防水源，配备消防设施和灭火器材，并在施工现场入口处设置明显标志。 2.《电力建设工程施工安全监督管理办法》（发展改革委令第28号）第二十八条规定：施工单位应当设置消防通道、消防水源，配备消防设施和灭火器材。 3.《建设工程施工现场消防安全技术规范》（GB 50720—2011）第5.3.1条规定：施工现场或其附近应设置稳定、可靠的水源，并应能满足施工现场临时消防用水的需要。 4.《建设工程施工现场消防安全技术规范》（GB 50720—2011）第5.1.1条规定：施工现场应配置灭火器、临时消防给水系统和应急照明等临时消防设施。 5.《建设工程施工现场消防安全技术规范》（GB 50720—2011）第5.2.1条规定：易燃易爆炸危险品存放及使用场所；动火作业场所；可燃材料存放、加工及使用场所；厨房操作间、锅炉房、办公室、宿舍等临时用房应配置灭火器。 6.《建筑机械使用安全技术规程》（JGJ 33—2012）第2.0.14条规定：机械集中停放的场所、大型内燃机械，应有专人看管，并应按规定配备消防器材；机房及机械周边不得堆放易燃、易爆物品。 7.《建筑灭火器配置验收及检查规范》（GB 50444—2008）第3.4.3条规定：设置在室外的灭火器应采取防潮、防寒、防晒等相应保护措施。 8.《建设工程施工现场消防安全技术规范》（GB 50720—2011）第5.2.2条规定：灭火器的类型应与配备场所可能发生火灾的类型相匹配。 9.《建筑灭火器配置验收及检查规范》（GB 50444—2008）第3.1.1条规定：灭火器安装设置应包括灭火器、灭火器箱、挂钩、托架和发光指示标志等的安装。 10.《建筑灭火器配置验收及检查规范》（GB 50444—2008）第3.1.3条规定：灭火器的安装设置应便于取用，且不得影响安全疏散。 11.《建筑灭火器配置验收及检查规范》（GB 50444—2008）第5.3.1条规定：存在机械损伤、明显腐蚀、灭火剂泄漏、被开启使用过或符合其他维修条件的灭火器应及时进行维修。 12.《建设工程施工现场消防安全技术规范》（GB 50720—	1. 查验施工现场消防设施配置的符合性； 2. 查验施工现场灭火器存放的符合性； 3. 查验施工现场灭火器安装的符合性

续表

序号	检查内容	检查依据	检查要点
2.10.3	临时消防设施	2011）第 5.1.1 条规定：地下工程的施工作业场所宜配备防毒面具。 13.《建设工程施工现场消防安全技术规范》（GB 50720—2011）第 6.2.2 条规定：易燃易爆危险品应分类专库存放，库房内应通风良好，并应设置严禁明火标志。 14.《电力建设安全工作规程　第 3 部分：变电站》（DL 5009.3—2013）第 3.2.25 条规定：易燃、易爆及有毒物品等应分别存放在与普通仓库隔离的危险品仓库内，危险品仓库的库门应向外开，并按有关规定严格管理。汽油、酒精、油漆及稀释剂等挥发性易燃材料应密封存放，并配适宜的消防器材。 15.《建设工程施工现场消防安全技术规范》（GB 50720—2011）第 6.2.3 条规定：室内使用油漆等易挥发产生易燃气体的物资作业时，应保持良好通风，作业场所严禁明火，并避免产生静电。 16.《建筑机械使用安全技术规程》（JGJ 33—2012）第 12.1.9 条规定：对承压状态的压力容器和装有剧毒、易燃、易爆物品的容器，严禁进行焊接或切割作业。 17.《烟囱施工与验收规范》（GB 50078—2008）第 13.0.27 条规定：烟囱施工时工作台和烟囱底部均应配置灭火器	1. 查验施工现场消防设施配置的符合性； 2. 查验施工现场灭火器存放的符合性； 3. 查验施工现场灭火器安装的符合性

第三部分　电力建设典型事故案例

案例一

沪东“7·17”起重机倒塌特大事故

2001年7月17日上午8时许，在沪东中华造船（集团）有限公司（简称沪东厂）船坞工地，由上海某建筑公司等单位承担安装的600t×170m龙门起重机主梁吊装的过程中发生倒塌事故，造成36人死亡，3人受伤，直接经济损失达8000万元。

一、600t×170m龙门起重机建设项目基本情况

600t×170m龙门起重机结构主要由主梁、刚性腿、柔性腿和行走机构等组成。该机的主要尺寸为轨距170m，主梁底面至轨面的高度为77m，主梁高度为10.5m。主梁总长度186m，含上、下小车重约3050t。

正在建造的600t×170m龙门起重机结构主梁分别利用由龙门起重机自身行走机构、刚性腿、主梁17号分段的总成（高87m，质量约900t，迎风面积1300m^2，由4根缆风绳固定，以下简称刚性腿）与自制塔架作为2个液压提升装置的承重支架，并采用同济大学的计算机控制液压千斤顶同步提升的工艺技术进行整体提升安装。

二、起重机吊装过程及事故发生经过

1. 起重机吊装过程

2001年4月19日，上海某建筑工程公司及大力神公司施工人员进入沪东厂开始进行龙门起重机结构吊装工程，至6月16日完成了刚性腿整体吊装竖立工作。

2001年7月12日，上海建设某工程技术研究中心进行主梁预提升，通过60%～100%负荷分步加载测试后，确认主梁质量良好，塔架应力小于允许应力。

2001年7月13日，上海建设某工程技术研究中心将主梁提升离开地面，然后分阶段逐步提升，至7月16日19时，主梁被提升至47.6m高度。因此时主梁上小车与刚性腿内侧缆风绳相碰，阻碍了提升。上海某建筑工程公司施工现场指挥张某某考虑天色已晚，决定停止作业，并给起重班长陈某某留下书面工作安排，明确17日早上放松刚性腿内侧缆风绳，为上海建设某工程技术研究中心早上8点正式提升主梁做好准备。

2. 事故发生经过

2001年7月17日早7时，施工人员按张某某的布置，通过陆侧（远离黄浦江一侧）和江侧（靠近黄浦江一侧）卷扬机先后调整刚性腿的两对内、外两侧缆风绳，现场测量员通过经纬仪监测刚性腿顶部的基准靶标志，并通过对讲机指挥两侧卷扬机操作工进行放缆作业（据陈述，调整时，控制靶位标志内外允许摆动20mm）。放缆时，先放松陆侧内缆风绳，当刚性腿出现外偏时，通过调松陆侧外缆风绳减小外侧拉力进行修偏，直至恢复至原状态。通过 10 余次放松及调整后，陆侧内缆风绳处于完全松弛状态。此后，又使用相同方法和相近的次数，将江侧内缆风绳放松调整为完全松弛状态，约 7 时 55 分，当地面人员正要通知上面工作人员推移江侧内缆风绳时，测量员发现基准标志逐渐外移，并逸出经纬仪观察范围，同时还有现场人员也发现刚性腿不断在向外侧倾斜，直到刚性腿倾覆，主梁被拉动横向平移并坠落，另一端的塔架也随之倾倒。

3. 人员伤亡和经济损失情况

事故造成 36 人死亡，2 人重伤，1 人轻伤。死亡人员中，上海某建筑工程公司 4 人，上海建设某工程技术研究中心 9 人（其中有副教授 1 人，博士后 2 人，在职博士 1 人），沪东厂 23 人。

事故造成经济损失约 1 亿元，其中直接经济损失 8000 多万元。

三、事故原因分析

1. 刚性腿在缆风绳调整过程中受力失衡是事故的直接原因

事故调查组在听取工程情况介绍、现场勘察、查阅有关各方提供的技术文件和图纸、收集有关物证和陈述笔录的基础上，对事故原因做了认真的排查和分析。在逐一排除了自制塔架首先失稳、支承刚性腿的轨道基础沉陷移位、刚性腿结构本体失稳破坏、刚性腿缆风绳超载断裂或地锚拔起、荷载状态下的提升承重装置突然破坏断裂及不可抗力（地震、台风等）的影响等可能引起事故的多种原因后，重点对刚性腿在缆风绳调整过程中受力失衡问题进行了深入分析，经过有关专家对于吊装主梁过程中刚性腿处的力学机理分析及受力计算，提出了《沪东“7·17”特大事故技术原因调查报告》，认定造成这起事故的直接原因是：在吊装主梁过程中，由于违规指挥、操作，在未采取任何安全保障措施情况下，放松了内侧缆风绳，致使刚性腿向外侧倾倒，并依次拉动主梁、塔架向同一侧倾坠、垮塌。

2. 施工作业中违规指挥是事故的主要原因

上海某建筑工程公司第三分公司施工现场指挥张某某在发生主梁上小车碰到缆风绳需要更改施工方案时，违反吊装工程方案中关于“在施工过程中，任何人不得随意改变施工方案的作业要求，如有特殊情况进行调整，必须通过一定的程序以保证整个施工过程安全”的规定，未按程序编制修改书面作业指令和逐级报批，在未采取任何安全保障措施的情况下，下令放松刚性腿内侧的两根缆风绳，导致事故发生。

3. 吊装工程方案不完善、审批把关不严是事故的重要原因

由上海某建筑工程公司第三分公司编制、上海某建筑工程公司批复的吊装工程方案中提供的施工阶段结构倾覆稳定验算资料不规范、不齐全；对沪东厂 600t 龙门起重机刚性腿的设计特点，特别是刚性腿顶部外倾 710mm 后的结构稳定性没有予以充分的重视；对主梁提升到 47.6m 时，主梁上小车碰到刚性腿内侧缆风绳这一可以预见的问题未予考虑，对此情况下如何保持刚性腿稳定的这一关键施工过程更无定量的控制要求和操作要领。

吊装工程方案及作业指导书编制后，虽经规定程序进行了审核和批准，但有关人员及单位均未发现存在的上述问题，使得吊装工程方案和作业指导书在重要环节上失去了指导作用。

4. 施工现场缺乏统一严格的管理，安全措施不落实是事故伤亡扩大的原因

(1) 施工现场组织协调不力。在吊装工程中，施工现场甲、乙、丙三方立体交叉作业，但没有及时形成统一、有效的组织协调机构对现场进行严格管理。在主梁提升前7月10日仓促成立的“600t龙门起重机提升组织体系”，由于机构职责不明、分工不清，并没有起到施工现场总体的调度及协调作用，致使施工各方不能相互有效沟通。乙方在决定更改施工方案，决定放松缆风绳后，未正式告知现场施工各方采取相应的安全措施；甲方也未明确将7月17日的作业具体情况告知乙方。导致沪东厂23名在刚性腿内作业的职工死亡。

(2) 安全措施不具体、不落实。6月28日由工程各方参加的“确保主梁、柔性腿吊装安全”专题安全工作会议，在制定有关安全措施时没有针对吊装施工的具体情况由各方进行充分研究并提出全面、系统的安全措施，有关安全要求中既没有对各单位在现场必要人员做出明确规定，也没有关于现场人员如何进行统一协调管理的条款。施工各方均未制定相应程序及指定具体人员对会上提出的有关规定进行具体落实。例如，为吊装工程制定的工作牌制度就基本没有落实。

案例二

某火电建设公司威信煤电一体化火电项目“6·8”脚手架坍塌事故

一、事故经过

云南威信煤电一体化火电项目2号冷却塔施工由某火电建设公司分包给某烟塔工程有限公司承建，该烟塔工程有限公司又将此项工作劳务分包给某建筑工程劳务有限公司施工。

2012年6月8日早晨，2号冷却塔施工电源出现故障停电，施工电梯不能运行。因脚手架拆除的正常程序是自上而下进行，若没有电梯，人员不能上去作业，拆下来的架管及扣件也无法运下来，故劳务分包单位管理人员未安排拆除脚手架工作，仅安排电工姜某对施工电梯电源线路进行维修。但带班人员袁某考虑到架管在施工期间黏附了不少混凝土，在拆除架管过程中需要敲除，于是在取得项目经理张某同意后，改变作业指导书的要求，带领7名施工人员从0m往上采用重锤敲除黏附在架管及扣件上的混凝土浆体。10：50左右，施工人员在离地面18层，高约20m的脚手架上用重锤敲除黏附在架管及扣件上的混凝土浆体时，整个施工电梯附着脚手架（还未拆除的，高约100m）突然整体呈S形扭曲向冷却塔中心线方向坍塌（即背向附墙壁方向），造成7人死亡、1人轻伤。

二、事故原因及性质

（一）直接原因

劳务分包单位项目经理张某、带班班长袁某违规指挥施工人员违章作业，从地面开始自下而上采用重锤敲除黏附在架管及扣件上的混凝土浆体，导致部分连接扣件松动，脚手架局部变形、架体失稳，发生坍塌。

（二）间接原因

1. 劳务分包单位安全生产管理机构不健全，管理人员和作业人员安全生产意识淡

薄，安全法律法规和操作技能存在不足，现场管理混乱。

2. 专业分包单位对劳务分包单位安全生产管理职责落实不到位，现场安全监管、监督检查不到位，未及时制止、纠正劳务分包单位擅改施工方案、违章作业等违法违规行为。

3. 项目部对分包单位安排未经安全教育考试合格、未接受安全技术措施交底、无登高架设作业资格证的人员上岗作业的违规行为监管、监控不到位。

案例三

某公司襄阳市南漳县建筑项目“11·20”施工坍塌事故

一、事故经过

2013 年 11 月 20 日，襄阳市南漳县某公司国际大酒店附属商业用房项目作业人员在天井顶层实施高支模混凝土浇筑。18：20 左右，作业人员在天井顶层作业面上用料斗配合泵车施工，当泥工段某站在 C 轴交 10 轴区间用双手抓住塔吊吊住的料斗由南向西北角实施浇筑时，忽然感觉双脚悬空，看见作业面 C 轴交 11 轴区间先塌陷下去，其他 12 人随整个作业面瞬间坠落，造成 7 人当场死亡，5 人受伤。

二、事故原因及性质

（一）直接原因

高支模的实际承载力无法达到施工总荷载的要求，施工过程中因过载而发生坍塌。

（二）间接原因

1. 建设单位在未办理《建筑工程施工许可证》、安全和质量监督手续的情况下，违法组织项目施工；私自对原规划设计进行变更，增加商业用房天井部分，变更设计均未经过图审等相关手续，直接交与施工方进行施工；在施工过程中，又擅自要求施工方将原设计标高 22.47m 的天井部分加高至 29.8m。

2. 施工承包单位施工管理混乱，违法出借资质，违法转包工程；安排不具备项目经理资格的非公司人员为项目负责人履行项目经理职责。

3. 施工承包单位施工现场没有建立安全生产规章制度，没有开展班组安全技术交底；项目部负责人、施工现场技术负责人、安全管理人员及特种作业人员均为无证上岗；未编制高支模安全专项施工方案，未落实安全施工措施，施工现场安全管理不到位。

4. 监理单位在工程内容发生重大变更时，未履行监理方的责任，没有补充签订协议或者重新签订监理合同，对项目监理工作失管；对危险性较大的分部分项工程施工方案没有提出编制审查要求，对不符合标准搭设的模板支撑系统，既不制止，也不报告；旁站监理不到位，现场施工监管失控。

案例四

某局刘奎斋中桥项目“8·23”坍塌事故

一、事故经过

刘奎斋中桥项目由于设计图纸变更等原因，2012 年 5 月 8 日停止施工，8 月 10 日设计变更后重新开工。按照项目整体的铺架计划，该中桥需在10月1日前完工，工期由原来的110天压缩到50天。该中桥2×12m底板钢筋绑扎工作开始于2012年8月22日。

8月23日19：00，施工队队长李某安排了53名工人加班，底板钢筋绑扎与边墙钢筋同时进行施工。当晚，施工班长徐某在基坑内共安排23名施工人员，分别负责绑扎底部钢筋和绑扎边墙钢筋，基坑外30名施工人员负责加工钢筋和运钢筋等。按照操作规程，绑扎边墙钢筋要有缆风绳，脚手架要有剪刀撑，但为便于钢筋的搬运，徐某安排人员拆除了已设置好的缆风绳。21：50许，现场作业人员发现南侧的边墙钢筋开始倾斜，施工人员边喊“钢筋要倒”边向外跑，随即边墙钢筋整体倾覆，并引起底板钢筋倾倒，部分未及时跑出来的施工人员被卡在倾倒变形的钢筋笼内。此时，在施工场地外面催促水泥罐车的队长李某听到场内喊声后，赶紧跑进场内，并及时给项目经理打电话。事故发生后，现场立即组织救援，8月24日2：30左右，现场救援基本结束，事故共造成4人死亡、2人重伤、10人轻伤。

二、事故原因及性质

（一）直接原因

该中桥现场施工队施工班长为赶进度，违章指挥，违章作业，在桥底部钢筋架还没绑扎牢固前，就进行边墙钢筋的绑扎，且支撑钢筋的脚手架搭设不规范，施工班长为便于抬运钢筋，指挥施工人员拆除原先设置好的缆风绳，引起脚手架失稳，导致边墙钢筋倾覆和底板钢筋倾倒坍塌。

（二）间接原因

1. 分包单位安全管理不规范，农民工使用随意性大，没有按照国家规定与施工人员签订劳务用工合同；现场负责人为赶工期、赶进度，违章指挥，使用无证人员从事钢筋工操作，没有严格按照工程技术交底的内容和操作规程对作业人员进行技术交底；对施工人员安全教育不全面，且教育培训流于形式，致使工人安全意识差，违章作业。

2. 项目部管理不规范，赶工期，赶进度，安全监管人员和技术人员责任心差，未能及时制止施工人员的违章行为；对分包单位管理不严，施工现场管理混乱，对分包单位使用的人员底数不清，未能监督分包单位与民工签订劳务用工合同以及对民工进行安全教育培训。

3. 建设单位对施工单位存在“以包代管”行为；对施工单位工程进度不清，监管不力，安全检查不到位，未能及时发现施工单位为赶工期、赶进度，作业人员违章指挥、违章作业的违法行为。

4. 工程监理单位未能认真履行监理职责，对工程安全生产监管不力，未能严格按照监理合同规定进行全程监理；现场监理人员未有效履行监理职责，对施工进度管控不严、监管不力，未能及时发现施工单位违章指挥、违章作业的行为。

案例五

某工程有限公司俄罗斯火电项目“11·22”高处坠落事故

一、事故经过

某工程有限公司在俄罗斯投资控股成立的某建设有限责任公司，注册地为俄罗斯雅罗斯拉夫尔市，该建设有限责任公司承担捷宁斯卡娅工程项目的建设任务，分包单位某建筑工程劳务有限公司负责具体施工。

2014 年 11 月 22 日凌晨，分包单位某建筑工程劳务有限公司张某施工小组根据施工计划，在主厂房钢结构区域进行吊装作业，作业项目为炉后 Г 排 35.17m 标高处 18 至 17 轴之间 Б2-2 顶梁的安装工作。

施工组长张某、吊装工李某两人分别从锅炉梯子和柱子爬梯爬到安装部位，吊装工李某在 18 轴柱侧等待对钩，安全带系挂在 18 至 19 轴上部钢梁上，施工组长张某骑跨在 17 轴与 B3 排 17 轴前后相连的 П2-29 水平梁上进行安装，安全带系挂在 ГС4-1В3 排 18 轴与 17 轴之间的水平斜梁上（根据施工作业指导书的要求，张某应将安全带的安全扣固定在安全绳上，或固定在符合设计要求的钢构上，而不能固定在螺栓紧固的钢梁）。施工组长张某发现 18 轴柱和 17 轴柱之间间隙过小，无法从两柱翼缘板里侧镶嵌处进入，便告知地面的安装工王某用 5t 手拉葫芦进行拉拽，迫使 17 轴柱向 16 轴处倾斜。11 月 22 日 2：04 左右，П2-29 梁和 ГС4-1 水平斜梁突然发生坠落，随后施工组长张某坠落至 0m。现场立即组织将张某送往医院抢救，后经抢救无效死亡。

二、事故原因及性质

（一）直接原因

施工人员调整 18 轴柱和 17 轴柱之间间隙时，未松开 17 轴柱梁节点处的定位螺栓，未对钢梁采取可靠的固定措施，致使钢梁因定位螺栓剪断而坠落，未按施工作业指导书要求的施工方法进行施工。

（二）间接原因

1. 施工人员安全意识淡薄，将安全带挂在未固定牢固的钢梁上，致使施工人员因钢梁坠落而发生高空坠落，未按施工作业指导书要求正确使用劳动防护用品。

2. 现场管理人员对分包项目监管力度不够，未能及时发现并制止施工人员违章作业。

3. 该工程有限公司对投资控股的子公司安全生产管理体系建设、教育培训、制度执行等监督管理不到位。

案例六

某火电建设有限公司温州电厂火电项目“4·2”高处坠落事故

一、事故经过

温州电厂火电项目湿式电除尘由 4 块侧板和 2 块框架组成，在 2015 年 4 月 1 日完成 1 轴—6 轴侧板的吊装作业。每一块侧板各有 2 根立柱，而且在就位后每一块侧板的左、右两侧各拉设 2 根缆风绳，在每根立柱的底部前、后、左、右四个方向各焊接一块挡块进行加固。

2015 年 4 月 2 日下午，某火电建设有限公司分包单位某建筑安装有限公司施工负责人鹿某带领 9 人，在 8 号锅炉脱硫净烟道框架 34.4m 层进行湿式电除尘靠近电除尘侧（1 轴—2 轴）绝缘子室的安装工作。其中刘某等 3 人在已就位的绝缘子室上部，黄某一人在 34m 层湿式电除尘区域通道上，等待吊机加油完成后吊装下一件绝缘子室。

15：40左右，此时该施工区域风力较大，突然6轴处的侧板朝电除尘方向倾倒，并将5轴—1轴的侧板逐个压翻倾斜在34.4m框架上，1轴处侧板坠落至尾部烟道上方，绝缘子室坠落至地面，刘某等2人随绝缘子室坠落至地面上，送医院经抢救无效死亡。

二、事故原因及性质

（一）直接原因

框架柱底板与埋件焊接不牢，缆风绳布置不合理导致框架稳定性差，抗外力冲击力差，绝缘子室侧板在突发性大风下发生倾覆，导致绝缘子室坠落。

（二）间接原因

1. 项目部制定的施工方案可操作性和指导性差，安全技术交底不到位。

2. 项目部技术员、施工员、专业工区管理层、项目安全部门、项目管理层的监督管理都不到位，对现场缺乏监督检查和管控，对锅炉脱硫净烟道框架柱底板与埋件焊接不牢、缆风绳布置不合理、作业人员违章作业等重大安全隐患未及时发现并整改。

3. 分包单位现场监管不足，施工作业、施工监督、施工管理不到位，安全风险识别能力差。

案例七

某工程局库尉输水工程项目“9·22”吊篮坠落事故

一、事故经过

库尉输水隧洞二标工程由某工程局二分公司承建，3号竖井锚喷作业由分包单位某建筑工程公司施工。2012年9月22日凌晨5：00左右，该建筑工程公司4名作业人员在3号竖井井下完成当日喷锚作业，乘载人升降机吊篮由井下升至地面时，因卷扬机操作人员谢某某操作失误，导致升降机吊篮冲顶钢丝绳断裂，吊篮内4人随吊篮一同坠落至113m深的井底，3人当场死亡、1人重伤。

二、事故原因及性质

（一）直接原因

人为操作失误导致载人升降机吊篮冲顶是造成事故的直接原因。

（二）间接原因

1. 项目部和分包单位设备维护保养及检查制度不健全，特种设备检查制度落实不到位，载人升降机吊篮设置有限位开关、防坠安全器等保险装置，吊篮限位开关电路系统设置了旁路系统，导致限位开关处于失效状态。

2. 项目部安全检查不彻底，隐患排查治理不到位，项目部按照安全检查制度每周进行了安全检查，但检查记录未曾记录升降机系统的限位开关及防坠安全装置存在“不可靠”“不灵活”“失效”等隐患描述。

3. 升降机为分包单位自有设备，安装、验收等资料不全，暴露了该工程局二分公司在特种设备、分包单位设备的管理上有盲点和死角。

4. 项目部施工现场指挥协调、施工组织、作业交底等环节存在漏洞，对员工培训不到位，员工安全意识淡漠，操作技能低下。

案例八

某工程公司伊拉克火电项目“6·10”起重伤害事故

一、事故经过

伊拉克萨拉哈丁燃油气电站工程项目由某建设集团股份有限公司施工总承包，某工程公司承担安装Ⅰ标段分包施工。

2014年6月10日5：00（当地时间，下同），该工程公司伊拉克燃油气电站工程1号炉开始进行前墙水冷壁中段管排组件（30.6t）吊装作业。由400t履带吊车和QTS-31500A塔吊配合起吊后，400t履带吊车单独将管排组件从0m吊到炉顶（81.5m），再从炉顶开口处吊入炉内B板梁下方，挂到B板梁缓钩吊绳上。

6月10日8：45，管排组件吊运至B板梁下方，4名操作人员（右侧赵某、任某，左侧卢某、杨某）安全带系挂在从B板梁悬下的安全绳上，经B板梁侧面搭设的临时脚手架到达管排组件上部的接钩架子，将B板梁上的缓钩吊绳拴到管排组件上。

6月10日8：50，缓钩吊绳拴好后，任某指挥400t履带吊车开始回钩，B板梁上的缓钩吊绳开始受力，站在右侧架子上的操作人员赵某、任某准备从管排组件上摘掉400吨履带吊车的钩子时，管排组件右侧缓钩吊点突然发生撕裂，管排组件倾斜失衡，缓钩其他吊点和400t履带吊车4个吊点随之撕裂，管排组件整体坠落。站在右侧架子上的赵某、任某系挂安全带的安全绳被倾斜坠落的管排组件刮碰而断裂，二人随管排组件一起坠落至0m；站在左侧架子上的卢某、杨某由于安全带的保护作用没有随管排组件坠落，悬挂在半空中。

现场立即组织将卢某、杨某救下，同时将4人送往医院救治。赵某、任某因伤势过重经抢救无效于6月11日24：00死亡，杨某经检查确认没有受伤后当天出院，卢某留院观察2天后出院。

二、事故原因及性质

（一）直接原因

水冷壁管排组件吊装作业违反安全操作规程，违章指挥、违规操作，在B板梁缓钩吊绳拴好后，400t履带吊车回钩速度过快、幅度过大，且未能及时观测、发现吊点受力的异常情况，使右侧一个吊点受力过大撕裂，导致其他吊点无法承受巨大的冲击力相继断裂。

（二）间接原因

1. 项目部现场安全监管存在漏洞，监督检查不到位，未能及时发现、制止起重吊装作业中的违章指挥、违规操作行为。

2. 项目部危险源辨识、风险评价不足，对危险性较大作业未采取有效控制措施。

3. 项目部安全教育培训不到位，未对重点岗位操作人员进行针对性技能培训，导致起重吊装作业指挥和操作人员安全意识和技能缺乏。

案例九

某公司东湖景区项目“9·13”升降机坠落事故

一、事故经过

2012年9月13日13：10左右，某公司承建的东湖景园还建楼C区7-1号楼建筑工地，升降机司机李某将施工升降机左侧吊笼停在下终端站，按往常一样锁上电锁拔出钥匙，关上护栏门后下班。提前到该楼顶楼施工的19名工人擅自将停在下终端站的C区7-1号楼施工升降机左侧吊笼打开，携施工物件进入左侧吊笼，操作施工升降机上升。该吊笼运行至33层顶楼平台附近时突然倾翻，连同导轨架及顶部4节标准节一起坠落地面，造成吊笼内19人当场死亡。

二、事故原因及性质

（一）直接原因

施工升降机导轨架第66和67节标准节连接处的4个连接螺栓只有左侧两个螺栓有效连接，而右侧（受力边）两个螺栓连接失效无法受力，左侧吊笼超过备案额定承载人数（12人），承载19人和约245千克物件，上升到第66节标准节上部（33楼顶部）时，产生的倾翻力矩大于对重体、导轨架等固有的平衡力矩，造成施工升降机左侧吊笼顷刻倾翻，并连同67～70节标准节坠落地面。

（二）间接原因

1. 该公司管理混乱，未落实企业安全生产主体责任，安全生产管理制度不健全、不落实，对该景园施工升降机安装使用的安全生产检查和隐患排查流于形式，未能及时发现和整改事故施工升降机存在的重大安全隐患。

2. 项目部现场负责人和主要管理人员均非该公司人员，现场负责人及大部分安全员不具备岗位执业资格；未依照规定对施工升降机加节进行申报和验收，并擅自使用；购买并使用伪造的施工升降机“建筑施工特种作业操作资格证”；对施工人员私自操作施工升降机的行为，批评教育不够，制止管控不力。

3. 该景园C区7-1号楼施工升降机的设备产权及安装、维护单位内部管理混乱，施工升降机加节和附着安装不规范，安装、维护记录不全、不实；安排不具备岗位执业资格的员工负责施工升降机维修保养；未依照规定对施工升降机加节进行验收和使用管理；对施工升降机使用安全生产检查和维护流于形式。

4. 建设管理单位不具备工程建设管理资质，在施工过程中违规组织虚假招投标活动；未落实企业安全生产主体责任，只注重工程进度，忽视安全管理，未依照规定督促相关单位对施工升降机进行加节验收和使用管理。

案例十

某水电工程局大田水电站项目“6·5”中毒窒息事故

一、事故经过

大田水电站工程由某水电工程局施工总承包，某工程劳务有限公司承担引水隧洞洞内施工配合、出碴等辅助工作。

2014 年 6 月 4 日晚，大田水电站地区下暴雨，导致该水电站工地停电，施工洞倒灌进水，部分材料和设备被淹。

6 月 5 日 5：00 左右，该工程劳务有限公司作业人员余某等 2 人将放置在 1 号交通洞口的备用柴油发电机（15kW）搬至距离 1 号交通洞口约 170m 的会车道处，并启动柴油发电机，进行抽排积水作业。

6 月 5 日 8：40 左右，该工程劳务有限公司作业人员唐某发现之前进入洞内的余某等 2 人没有出洞，便进洞找人。其他作业人员发现先后进洞的余某等 3 人均未出洞，向该水电工程局水电站工程经理部报告，经理部立即启动抢险应急预案，派人进洞找人。在离洞口约 70m 处发现唐某倒在地上，抬出洞外经抢救无效死亡，随后发现余某等 2 人倒在离洞口约 170m 处的发电机附近，经抢救无效死亡。

二、事故原因及性质

（一）直接原因

柴油发电机（15kW）在交通洞内启动后，消耗大量氧气，而交通洞内空气流通不畅，氧气得不到及时补充，造成交通洞内区域缺氧，导致进入洞内 3 人窒息死亡。

（二）间接原因

1. 该工程劳务有限公司作业人员余某等 2 人安全意识淡薄，违反柴油发电机安全操作规程，将备用柴油发电机搬至空气流通不畅的洞室内运行。

2. 该工程劳务有限公司作业人员唐某缺乏必要的救援知识，盲目入洞搜救导致事故扩大。

3. 该水电工程局水电站工程经理部现场安全管理和分包安全管理存在漏洞，对备用柴油发电机缺乏有效监管，未能及时发现、制止作业人员将柴油发电机搬至洞内运行的违规行为，对劳务分包人员安全教育培训不到位。

4. 该水电工程局水电站工程经理部对突发事件应急机制不健全，应急措施不到位，对突发暴雨导致交通洞内积水的紧急情况未采取及时、有效处置。

案例十一

某工程有限公司珠海世镏光伏发电项目“6·23”触电事故

一、事故经过

2015 年 6 月 23 日下午 15：00 左右，某工程有限公司珠海世镏光伏发电工程项目劳务分包单位某劳务公司在珠海世镏金属有限公司厂区 2 号厂房屋顶进行光伏电缆敷设施工，班长彭某安排黄某、曾某将 PVC 电缆管搬运至 2 号厂房屋面，黄某发现有一处光伏组串接头已着火（明火），并呼叫曾某，曾某走近着火点并用 PVC 电缆套管将着火的光伏组串接头挑开，光伏组串接头落到彩钢屋面上，此时因光伏板带电造成黄某触电倒在光伏板上，衣服发生燃烧。经曾某紧急呼救后，班长彭某立即组织人员将黄某身上的火扑灭，拖离光伏板，并进行现场急救。120 医护人员赶到现场后立即进行紧急抢救，最终黄某经抢救无效死亡。

二、事故原因及性质

（一）直接原因

黄某不慎触碰淋雨后绝缘失效的光伏组串接头引起触电，导致死亡。

（二）间接原因

1. 现场安全技术措施落实不到位，在当天上午光伏板组串作业过程中突降暴雨，施工中断，施工人员未及时做好接头防雨的防护措施，未连接的光伏组串接头不具备防雨性能，在大雨下容易绝缘失效。

2. 项目部重大危险源管理不足，对降雨天气影响光伏组件现场作业的危险源辨识不足，未能将风险及时告知作业人员。

3. 项目部及劳务分包单位现场缺乏监督检查和管控，未对极端天气后恢复施工的时间、安全防范措施等予以明确，降雨天气后未能及时对施工现场作业环境进行安全检查。

4. 项目部及劳务分包单位安全教育培训不彻底，现场作业人员安全防护意识不足。

案例十二

某工程局乌鲁木齐新客站项目“11·27”一氧化碳中毒窒息事故

一、事故经过

2013年11月27日10：00，某工程局乌鲁木齐新客站项目工地浇注混凝土，项目工程部副部长张某通知泵车司机到场施工，电话无人接听。张某就去其宿舍喊人，敲门后无人回应，张某就找人撬开了宿舍窗户和门，发现8人已失去知觉且宿舍内有很大的煤气味道，室内有两个燃烧过煤炭的油漆桶，于是拨打120并通知项目经理王某。120急救中心于11：00左右到达现场，检查后确认8人已经死亡。

二、事故原因及性质

（一）直接原因

8名工人在凌晨完成土方回填配合工作后，违规将施工现场烤火取暖用的废油漆桶带回宿舍内，由于煤炭未充分燃烧产生一氧化碳，在不通风的宿舍内积聚，宿舍内人员吸入过量一氧化碳，导致中毒死亡。

（二）间接原因

1. 培训教育存在漏洞。虽然项目部对工人进行了三级入场安全教育及冬期施工安全教育，但仍有个别工人对煤气中毒有关知识及预防措施认识不到位。

2. 民工宿舍管理存在漏洞。2013年11月26日，工人完成施工任务后，将简易炭炉拿回宿舍过程中，值班人员未能及时发现。

第四部分　电力建设工程相关文件（节选）

一、法律

1《中华人民共和国安全生产法》（主席令第八十八号）（节选）

第二章　生产经营单位的安全生产保障

第三章　从业人员的安全生产权利义务

第五章　生产安全事故的应急救援与调查处理

2《中华人民共和国建筑法》（主席令第二十九号）（节选）

第三章　建筑工程发包与承包

第五章　建筑安全生产管理

3《中华人民共和国劳动法》（主席令第二十四号）（节选）

第六章　劳动安全卫生

4《中华人民共和国特种设备安全法》（主席令第四号）（节选）

第二章　生产、经营、使用

5《中华人民共和国消防法》（主席令第二十九号）（节选）

第二章　火灾预防

第三章　消防组织

第四章　灭火救援

二、行政法规

6《建设工程安全生产管理条例》（国务院令第 393 号）（节选）

第四章　施工单位的安全责任

7《生产安全事故应急条例》（国务院令第 708 号）（节选）

第二章　应急准备

第三章　应急救援

8《特种设备安全监察条例》（国务院令第 549 号）（节选）

第三章　特种设备的使用

三、部门规章

9《电力建设工程施工安全监督管理办法》（发展改革委令第 28 号）（节选）

第一章　总则

第四章　施工单位安全责任

10《建筑施工企业安全生产管理机构设置及专职安全生产管理人员配备办法》（建

质〔2008〕91号文）（全文）

11《生产经营单位安全培训规定》（国家安全生产监督管理总局令第80号）（节选）

第一章　总则

第二章　主要负责人、安全生产管理人员的安全培训

第三章　其他从业人员的安全培训

第四章　安全培训的组织实施

12《安全生产培训管理办法》（国家安全生产监督管理总局令第80号）（节选）

第二章　安全培训

第三章　安全培训的考核

第四章　安全培训的发证

13《建筑施工企业主要负责人、项目负责人和专职安全生产管理人员安全生产管理规定》（住房城乡建设部令第17号）（节选）

第一章　总则

第二章　考核发证

第三章　安全责任

14《特种作业人员安全技术培训考核管理规定》（国家安全生产监督管理总局令第30号）（节选）

第二章　培训

第三章　考核发证

第四章　复审

第七章　附则

15《危险性较大的分部分项工程安全管理规定》（住房城乡建设部令第37号）（节选）

第一章　总则

第三章　专项施工方案

第四章　现场安全管理

第七章　附则

16《安全生产事故隐患排查治理暂行规定》（国家安全生产监督管理总局令第16号）（节选）

第一章　总则

第二章　生产经营单位的职责

第五章　附则

17《生产安全事故应急预案管理办法》（国家安全生产监督管理总局令第88号）（节选）

第一章　总则

第二章　应急预案的编制

第三章　应急预案的评审、公布和备案

第四章　应急预案的实施

第七章　附则

18《用人单位劳动防护用品管理规范》（安监总厅安健〔2015〕124 号）（节选）

第二章　劳动防护用品选择

第三章　劳动防护用品采购、发放、培训及使用

第四章　劳动防护用品维护、更换及报废

一、法律

1《中华人民共和国安全生产法》(主席令第八十八号)(节选)

中华人民共和国安全生产法

(2002 年 6 月 29 日第九届全国人民代表大会常务委员会第二十八次会议通过，根据 2009 年 8 月 27 日第十一届全国人民代表大会常务委员会第十次会议《关于修改部分法律的决定》第一次修正，根据 2014 年 8 月 31 日第十二届全国人民代表大会常务委员会第十次会议《关于修改〈中华人民共和国安全生产法〉的决定》第二次修正，根据 2021 年 6 月 10 日第十三届全国人民代表大会常务委员会第二十九次会议《关于修改〈中华人民共和国安全生产法〉的决定》第三次修正)

第二章　生产经营单位的安全生产保障

第二十条　生产经营单位应当具备本法和有关法律、行政法规和国家标准或者行业标准规定的安全生产条件；不具备安全生产条件的，不得从事生产经营活动。

第二十一条　生产经营单位的主要负责人对本单位安全生产工作负有下列职责：

(一) 建立健全并落实本单位全员安全生产责任制，加强安全生产标准化建设；

(二) 组织制定并实施本单位安全生产规章制度和操作规程；

(三) 组织制定并实施本单位安全生产教育和培训计划；

(四) 保证本单位安全生产投入的有效实施；

(五) 组织建立并落实安全风险分级管控和隐患排查治理双重预防工作机制，督促、检查本单位的安全生产工作，及时消除生产安全事故隐患；

(六) 组织制定并实施本单位的生产安全事故应急救援预案；

(七) 及时、如实报告生产安全事故。

第二十二条　生产经营单位的全员安全生产责任制应当明确各岗位的责任人员、责任范围和考核标准等内容。

生产经营单位应当建立相应的机制，加强对全员安全生产责任制落实情况的监督考核，保证全员安全生产责任制的落实。

第二十三条　生产经营单位应当具备的安全生产条件所必需的资金投入，由生产经营单位的决策机构、主要负责人或者个人经营的投资人予以保证，并对由于安全生产所必需的资金投入不足导致的后果承担责任。

有关生产经营单位应当按照规定提取和使用安全生产费用，专门用于改善安全生产条件。安全生产费用在成本中据实列支。安全生产费用提取、使用和监督管理的具体办法由国务院财政部门会同国务院应急管理部门征求国务院有关部门意见后制定。

第二十四条　矿山、金属冶炼、建筑施工、运输单位和危险物品的生产、经营、储存、装卸单位，应当设置安全生产管理机构或者配备专职安全生产管理人员。

前款规定以外的其他生产经营单位，从业人员超过一百人的，应当设置安全生产管理机构或者配备专职安全生产管理人员；从业人员在一百人以下的，应当配备专职或者兼职的安全生产管理人员。

第二十五条　生产经营单位的安全生产管理机构以及安全生产管理人员履行下列职责：

（一）组织或者参与拟订本单位安全生产规章制度、操作规程和生产安全事故应急救援预案；

（二）组织或者参与本单位安全生产教育和培训，如实记录安全生产教育和培训情况；

（三）组织开展危险源辨识和评估，督促落实本单位重大危险源的安全管理措施；

（四）组织或者参与本单位应急救援演练；

（五）检查本单位的安全生产状况，及时排查生产安全事故隐患，提出改进安全生产管理的建议；

（六）制止和纠正违章指挥、强令冒险作业、违反操作规程的行为；

（七）督促落实本单位安全生产整改措施。

生产经营单位可以设置专职安全生产分管负责人，协助本单位主要负责人履行安全生产管理职责。

第二十六条　生产经营单位的安全生产管理机构以及安全生产管理人员应当恪尽职守，依法履行职责。

生产经营单位作出涉及安全生产的经营决策，应当听取安全生产管理机构以及安全生产管理人员的意见。

生产经营单位不得因安全生产管理人员依法履行职责而降低其工资、福利等待遇或者解除与其订立的劳动合同。

危险物品的生产、储存单位以及矿山、金属冶炼单位的安全生产管理人员的任免，应当告知主管的负有安全生产监督管理职责的部门。

第二十七条　生产经营单位的主要负责人和安全生产管理人员必须具备与本单位所从事的生产经营活动相应的安全生产知识和管理能力。

危险物品的生产、经营、储存、装卸单位以及矿山、金属冶炼、建筑施工、运输单位的主要负责人和安全生产管理人员，应当由主管的负有安全生产监督管理职责的部门对其安全生产知识和管理能力考核合格。考核不得收费。

危险物品的生产、储存、装卸单位以及矿山、金属冶炼单位应当有注册安全工程师从事安全生产管理工作。鼓励其他生产经营单位聘用注册安全工程师从事安全生产管理工作。注册安全工程师按专业分类管理，具体办法由国务院人力资源和社会保障部门、国务院应急管理部门会同国务院有关部门制定。

第二十八条　生产经营单位应当对从业人员进行安全生产教育和培训，保证从业人员具备必要的安全生产知识，熟悉有关的安全生产规章制度和安全操作规程，掌握本岗位的安全操作技能，了解事故应急处理措施，知悉自身在安全生产方面的权利和义务。未经安全生产教育和培训合格的从业人员，不得上岗作业。

生产经营单位使用被派遣劳动者的，应当将被派遣劳动者纳入本单位从业人员统一管理，对被派遣劳动者进行岗位安全操作规程和安全操作技能的教育和培训。劳务派遣单位应当对被派遣劳动者进行必要的安全生产教育和培训。

生产经营单位接收中等职业学校、高等学校学生实习的，应当对实习学生进行相应的安全生产教育和培训，提供必要的劳动防护用品。学校应当协助生产经营单位对实习学生进行安全生产教育和培训。

生产经营单位应当建立安全生产教育和培训档案，如实记录安全生产教育和培训的时间、内容、参加人员以及考核结果等情况。

第二十九条 生产经营单位采用新工艺、新技术、新材料或者使用新设备，必须了解、掌握其安全技术特性，采取有效的安全防护措施，并对从业人员进行专门的安全生产教育和培训。

第三十条 生产经营单位的特种作业人员必须按照国家有关规定经专门的安全作业培训，取得相应资格，方可上岗作业。

特种作业人员的范围由国务院应急管理部门会同国务院有关部门确定。

第三十一条 生产经营单位新建、改建、扩建工程项目（以下统称建设项目）的安全设施，必须与主体工程同时设计、同时施工、同时投入生产和使用。安全设施投资应当纳入建设项目概算。

第三十二条 矿山、金属冶炼建设项目和用于生产、储存、装卸危险物品的建设项目，应当按照国家有关规定进行安全评价。

第三十三条 建设项目安全设施的设计人、设计单位应当对安全设施设计负责。

矿山、金属冶炼建设项目和用于生产、储存、装卸危险物品的建设项目的安全设施设计应当按照国家有关规定报经有关部门审查，审查部门及其负责审查的人员对审查结果负责。

第三十四条 矿山、金属冶炼建设项目和用于生产、储存、装卸危险物品的建设项目的施工单位必须按照批准的安全设施设计施工，并对安全设施的工程质量负责。

矿山、金属冶炼建设项目和用于生产、储存、装卸危险物品的建设项目竣工投入生产或者使用前，应当由建设单位负责组织对安全设施进行验收；验收合格后，方可投入生产和使用。负有安全生产监督管理职责的部门应当加强对建设单位验收活动和验收结果的监督核查。

第三十五条 生产经营单位应当在有较大危险因素的生产经营场所和有关设施、设备上，设置明显的安全警示标志。

第三十六条 安全设备的设计、制造、安装、使用、检测、维修、改造和报废，应当符合国家标准或者行业标准。

生产经营单位必须对安全设备进行经常性维护、保养，并定期检测，保证正常运转。维护、保养、检测应当作好记录，并由有关人员签字。

生产经营单位不得关闭、破坏直接关系生产安全的监控、报警、防护、救生设备、设施，或者篡改、隐瞒、销毁其相关数据、信息。

餐饮等行业的生产经营单位使用燃气的，应当安装可燃气体报警装置，并保障其正常使用。

第三十七条　生产经营单位使用的危险物品的容器、运输工具，以及涉及人身安全、危险性较大的海洋石油开采特种设备和矿山井下特种设备，必须按照国家有关规定，由专业生产单位生产，并经具有专业资质的检测、检验机构检测、检验合格，取得安全使用证或者安全标志，方可投入使用。检测、检验机构对检测、检验结果负责。

第三十八条　国家对严重危及生产安全的工艺、设备实行淘汰制度，具体目录由国务院应急管理部门会同国务院有关部门制定并公布。法律、行政法规对目录的制定另有规定的，适用其规定。

省、自治区、直辖市人民政府可以根据本地区实际情况制定并公布具体目录，对前款规定以外的危及生产安全的工艺、设备予以淘汰。

生产经营单位不得使用应当淘汰的危及生产安全的工艺、设备。

第三十九条　生产、经营、运输、储存、使用危险物品或者处置废弃危险物品的，由有关主管部门依照有关法律、法规的规定和国家标准或者行业标准审批并实施监督管理。

生产经营单位生产、经营、运输、储存、使用危险物品或者处置废弃危险物品，必须执行有关法律、法规和国家标准或者行业标准，建立专门的安全管理制度，采取可靠的安全措施，接受有关主管部门依法实施的监督管理。

第四十条　生产经营单位对重大危险源应当登记建档，进行定期检测、评估、监控，并制定应急预案，告知从业人员和相关人员在紧急情况下应当采取的应急措施。

生产经营单位应当按照国家有关规定将本单位重大危险源及有关安全措施、应急措施报有关地方人民政府应急管理部门和有关部门备案。有关地方人民政府应急管理部门和有关部门应当通过相关信息系统实现信息共享。

第四十一条　生产经营单位应当建立安全风险分级管控制度，按照安全风险分级采取相应的管控措施。

生产经营单位应当建立健全并落实生产安全事故隐患排查治理制度，采取技术、管理措施，及时发现并消除事故隐患。事故隐患排查治理情况应当如实记录，并通过职工大会或者职工代表大会、信息公示栏等方式向从业人员通报。其中，重大事故隐患排查治理情况应当及时向负有安全生产监督管理职责的部门和职工大会或者职工代表大会报告。

县级以上地方各级人民政府负有安全生产监督管理职责的部门应当将重大事故隐患纳入相关信息系统，建立健全重大事故隐患治理督办制度，督促生产经营单位消除重大事故隐患。

第四十二条　生产、经营、储存、使用危险物品的车间、商店、仓库不得与员工宿舍在同一座建筑物内，并应当与员工宿舍保持安全距离。

生产经营场所和员工宿舍应当设有符合紧急疏散要求、标志明显、保持畅通的出口、疏散通道。禁止占用、锁闭、封堵生产经营场所或者员工宿舍的出口、疏散通道。

第四十三条　生产经营单位进行爆破、吊装、动火、临时用电以及国务院应急管理部门会同国务院有关部门规定的其他危险作业，应当安排专门人员进行现场安全管理，确保操作规程的遵守和安全措施的落实。

第四十四条　生产经营单位应当教育和督促从业人员严格执行本单位的安全生产规

章制度和安全操作规程；并向从业人员如实告知作业场所和工作岗位存在的危险因素、防范措施以及事故应急措施。

生产经营单位应当关注从业人员的身体、心理状况和行为习惯，加强对从业人员的心理疏导、精神慰藉，严格落实岗位安全生产责任，防范从业人员行为异常导致事故发生。

第四十五条 生产经营单位必须为从业人员提供符合国家标准或者行业标准的劳动防护用品，并监督、教育从业人员按照使用规则佩戴、使用。

第四十六条 生产经营单位的安全生产管理人员应当根据本单位的生产经营特点，对安全生产状况进行经常性检查；对检查中发现的安全问题，应当立即处理；不能处理的，应当及时报告本单位有关负责人，有关负责人应当及时处理。检查及处理情况应当如实记录在案。

生产经营单位的安全生产管理人员在检查中发现重大事故隐患，依照前款规定向本单位有关负责人报告，有关负责人不及时处理的，安全生产管理人员可以向主管的负有安全生产监督管理职责的部门报告，接到报告的部门应当依法及时处理。

第四十七条 生产经营单位应当安排用于配备劳动防护用品、进行安全生产培训的经费。

第四十八条 两个以上生产经营单位在同一作业区域内进行生产经营活动，可能危及对方生产安全的，应当签订安全生产管理协议，明确各自的安全生产管理职责和应当采取的安全措施，并指定专职安全生产管理人员进行安全检查与协调。

第四十九条 生产经营单位不得将生产经营项目、场所、设备发包或者出租给不具备安全生产条件或者相应资质的单位或者个人。

生产经营项目、场所发包或者出租给其他单位的，生产经营单位应当与承包单位、承租单位签订专门的安全生产管理协议，或者在承包合同、租赁合同中约定各自的安全生产管理职责；生产经营单位对承包单位、承租单位的安全生产工作统一协调、管理，定期进行安全检查，发现安全问题的，应当及时督促整改。

矿山、金属冶炼建设项目和用于生产、储存、装卸危险物品的建设项目的施工单位应当加强对施工项目的安全管理，不得倒卖、出租、出借、挂靠或者以其他形式非法转让施工资质，不得将其承包的全部建设工程转包给第三人或者将其承包的全部建设工程支解以后以分包的名义分别转包给第三人，不得将工程分包给不具备相应资质条件的单位。

第五十条 生产经营单位发生生产安全事故时，单位的主要负责人应当立即组织抢救，并不得在事故调查处理期间擅离职守。

第五十一条 生产经营单位必须依法参加工伤保险，为从业人员缴纳保险费。

国家鼓励生产经营单位投保安全生产责任保险；属于国家规定的高危行业、领域的生产经营单位，应当投保安全生产责任保险。具体范围和实施办法由国务院应急管理部门会同国务院财政部门、国务院保险监督管理机构和相关行业主管部门制定。

第三章 从业人员的安全生产权利义务

第五十二条 生产经营单位与从业人员订立的劳动合同，应当载明有关保障从业人员劳动安全、防止职业危害的事项，以及依法为从业人员办理工伤保险的事项。

生产经营单位不得以任何形式与从业人员订立协议，免除或者减轻其对从业人员因生产安全事故伤亡依法应承担的责任。

第五十三条　生产经营单位的从业人员有权了解其作业场所和工作岗位存在的危险因素、防范措施及事故应急措施，有权对本单位的安全生产工作提出建议。

第五十四条　从业人员有权对本单位安全生产工作中存在的问题提出批评、检举、控告；有权拒绝违章指挥和强令冒险作业。

生产经营单位不得因从业人员对本单位安全生产工作提出批评、检举、控告或者拒绝违章指挥、强令冒险作业而降低其工资、福利等待遇或者解除与其订立的劳动合同。

第五十五条　从业人员发现直接危及人身安全的紧急情况时，有权停止作业或者在采取可能的应急措施后撤离作业场所。

生产经营单位不得因从业人员在前款紧急情况下停止作业或者采取紧急撤离措施而降低其工资、福利等待遇或者解除与其订立的劳动合同。

第五十六条　生产经营单位发生生产安全事故后，应当及时采取措施救治有关人员。

因生产安全事故受到损害的从业人员，除依法享有工伤保险外，依照有关民事法律尚有获得赔偿的权利的，有权提出赔偿要求。

第五十七条　从业人员在作业过程中，应当严格落实岗位安全责任，遵守本单位的安全生产规章制度和操作规程，服从管理，正确佩戴和使用劳动防护用品。

第五十八条　从业人员应当接受安全生产教育和培训，掌握本职工作所需的安全生产知识，提高安全生产技能，增强事故预防和应急处理能力。

第五十九条　从业人员发现事故隐患或者其他不安全因素，应当立即向现场安全生产管理人员或者本单位负责人报告；接到报告的人员应当及时予以处理。

第六十条　工会有权对建设项目的安全设施与主体工程同时设计、同时施工、同时投入生产和使用进行监督，提出意见。

工会对生产经营单位违反安全生产法律、法规，侵犯从业人员合法权益的行为，有权要求纠正；发现生产经营单位违章指挥、强令冒险作业或者发现事故隐患时，有权提出解决的建议，生产经营单位应当及时研究答复；发现危及从业人员生命安全的情况时，有权向生产经营单位建议组织从业人员撤离危险场所，生产经营单位必须立即作出处理。

工会有权依法参加事故调查，向有关部门提出处理意见，并要求追究有关人员的责任。

第六十一条　生产经营单位使用被派遣劳动者的，被派遣劳动者享有本法规定的从业人员的权利，并应当履行本法规定的从业人员的义务。

第五章　生产安全事故的应急救援与调查处理

第七十九条　国家加强生产安全事故应急能力建设，在重点行业、领域建立应急救援基地和应急救援队伍，并由国家安全生产应急救援机构统一协调指挥；鼓励生产经营单位和其他社会力量建立应急救援队伍，配备相应的应急救援装备和物资，提高应急救援的专业化水平。

国务院应急管理部门牵头建立全国统一的生产安全事故应急救援信息系统，国务院交通运输、住房和城乡建设、水利、民航等有关部门和县级以上地方人民政府建立健全相关行业、领域、地区的生产安全事故应急救援信息系统，实现互联互通、信息共享，通过推行网上安全信息采集、安全监管和监测预警，提升监管的精准化、智能化水平。

第八十条 县级以上地方各级人民政府应当组织有关部门制定本行政区域内生产安全事故应急救援预案，建立应急救援体系。

乡镇人民政府和街道办事处，以及开发区、工业园区、港区、风景区等应当制定相应的生产安全事故应急救援预案，协助人民政府有关部门或者按照授权依法履行生产安全事故应急救援工作职责。

第八十一条 生产经营单位应当制定本单位生产安全事故应急救援预案，与所在地县级以上地方人民政府组织制定的生产安全事故应急救援预案相衔接，并定期组织演练。

第八十二条 危险物品的生产、经营、储存单位以及矿山、金属冶炼、城市轨道交通运营、建筑施工单位应当建立应急救援组织；生产经营规模较小的，可以不建立应急救援组织，但应当指定兼职的应急救援人员。

危险物品的生产、经营、储存、运输单位以及矿山、金属冶炼、城市轨道交通运营、建筑施工单位应当配备必要的应急救援器材、设备和物资，并进行经常性维护、保养，保证正常运转。

第八十三条 生产经营单位发生生产安全事故后，事故现场有关人员应当立即报告本单位负责人。

单位负责人接到事故报告后，应当迅速采取有效措施，组织抢救，防止事故扩大，减少人员伤亡和财产损失，并按照国家有关规定立即如实报告当地负有安全生产监督管理职责的部门，不得隐瞒不报、谎报或者迟报，不得故意破坏事故现场、毁灭有关证据。

第八十四条 负有安全生产监督管理职责的部门接到事故报告后，应当立即按照国家有关规定上报事故情况。负有安全生产监督管理职责的部门和有关地方人民政府对事故情况不得隐瞒不报、谎报或者迟报。

第八十五条 有关地方人民政府和负有安全生产监督管理职责的部门的负责人接到生产安全事故报告后，应当按照生产安全事故应急救援预案的要求立即赶到事故现场，组织事故抢救。

参与事故抢救的部门和单位应当服从统一指挥，加强协同联动，采取有效的应急救援措施，并根据事故救援的需要采取警戒、疏散等措施，防止事故扩大和次生灾害的发生，减少人员伤亡和财产损失。

事故抢救过程中应当采取必要措施，避免或者减少对环境造成的危害。

任何单位和个人都应当支持、配合事故抢救，并提供一切便利条件。

第八十六条 事故调查处理应当按照科学严谨、依法依规、实事求是、注重实效的原则，及时、准确地查清事故原因，查明事故性质和责任，评估应急处置工作，总结事故教训，提出整改措施，并对事故责任单位和人员提出处理建议。事故调查报告应当依法及时向社会公布。事故调查和处理的具体办法由国务院制定。

事故发生单位应当及时全面落实整改措施，负有安全生产监督管理职责的部门应当加强监督检查。

负责事故调查处理的国务院有关部门和地方人民政府应当在批复事故调查报告后一年内，组织有关部门对事故整改和防范措施落实情况进行评估，并及时向社会公开评估结果；对不履行职责导致事故整改和防范措施没有落实的有关单位和人员，应当按照有关规定追究责任。

第八十七条　生产经营单位发生生产安全事故，经调查确定为责任事故的，除了应当查明事故单位的责任并依法予以追究外，还应当查明对安全生产的有关事项负有审查批准和监督职责的行政部门的责任，对有失职、渎职行为的，依照本法第九十条规定追究法律责任。

第八十八条　任何单位和个人不得阻挠和干涉对事故的依法调查处理。

第八十九条　县级以上地方各级人民政府应急管理部门应当定期统计分析本行政区域内发生生产安全事故的情况，并定期向社会公布。

2《中华人民共和国建筑法》（主席令第二十九号）（节选）

中华人民共和国建筑法

（1997年11月1日第八届全国人民代表大会常务委员会第二十八次会议通过，根据2011年4月22日第十一届全国人民代表大会常务委员会第二十次会议《关于修改〈中华人民共和国建筑法〉的决定》第一次修正，根据2019年4月23日第十三届全国人民代表大会常务委员会第十次会议《关于修改〈中华人民共和国建筑法〉等八部法律的决定》第二次修正）

第三章　建筑工程发包与承包

第一节　一般规定

第十五条　建筑工程的发包单位与承包单位应当依法订立书面合同，明确双方的权利和义务。

发包单位和承包单位应当全面履行合同约定的义务。不按照合同约定履行义务的，依法承担违约责任。

第十六条　建筑工程发包与承包的招标投标活动，应当遵循公开、公正、平等竞争的原则，择优选择承包单位。

建筑工程的招标投标，本法没有规定的，适用有关招标投标法律的规定。

第十七条　发包单位及其工作人员在建筑工程发包中不得收受贿赂、回扣或者索取其他好处。

承包单位及其工作人员不得利用向发包单位及其工作人员行贿、提供回扣或者给予其他好处等不正当手段承揽工程。

第十八条 建筑工程造价应当按照国家有关规定，由发包单位与承包单位在合同中约定。公开招标发包的，其造价的约定，须遵守招标投标法律的规定。

发包单位应当按照合同的约定，及时拨付工程款项。

第二节 发 包

第十九条 建筑工程依法实行招标发包，对不适于招标发包的可以直接发包。

第二十条 建筑工程实行公开招标的，发包单位应当依照法定程序和方式，发布招标公告，提供载有招标工程的主要技术要求、主要的合同条款、评标的标准和方法以及开标、评标、定标的程序等内容的招标文件。

开标应当在招标文件规定的时间、地点公开进行。开标后应当按照招标文件规定的评标标准和程序对标书进行评价、比较，在具备相应资质条件的投标者中，择优选定中标者。

第二十一条 建筑工程招标的开标、评标、定标由建设单位依法组织实施，并接受有关行政主管部门的监督。

第二十二条 建筑工程实行招标发包的，发包单位应当将建筑工程发包给依法中标的承包单位。建筑工程实行直接发包的，发包单位应当将建筑工程发包给具有相应资质条件的承包单位。

第二十三条 政府及其所属部门不得滥用行政权力，限定发包单位将招标发包的建筑工程发包给指定的承包单位。

第二十四条 提倡对建筑工程实行总承包，禁止将建筑工程肢解发包。

建筑工程的发包单位可以将建筑工程的勘察、设计、施工、设备采购一并发包给一个工程总承包单位，也可以将建筑工程勘察、设计、施工、设备采购的一项或者多项发包给一个工程总承包单位；但是，不得将应当由一个承包单位完成的建筑工程肢解成若干部分发包给几个承包单位。

第二十五条 按照合同约定，建筑材料、建筑构配件和设备由工程承包单位采购的，发包单位不得指定承包单位购入用于工程的建筑材料、建筑构配件和设备或者指定生产厂、供应商。

第三节 承 包

第二十六条 承包建筑工程的单位应当持有依法取得的资质证书，并在其资质等级许可的业务范围内承揽工程。

禁止建筑施工企业超越本企业资质等级许可的业务范围或者以任何形式用其他建筑施工企业的名义承揽工程。禁止建筑施工企业以任何形式允许其他单位或者个人使用本企业的资质证书、营业执照，以本企业的名义承揽工程。

第二十七条 大型建筑工程或者结构复杂的建筑工程，可以由两个以上的承包单位联合共同承包。共同承包的各方对承包合同的履行承担连带责任。

两个以上不同资质等级的单位实行联合共同承包的，应当按照资质等级低的单位的业务许可范围承揽工程。

第二十八条 禁止承包单位将其承包的全部建筑工程转包给他人，禁止承包单位将其承包的全部建筑工程肢解以后以分包的名义分别转包给他人。

第二十九条　建筑工程总承包单位可以将承包工程中的部分工程发包给具有相应资质条件的分包单位；但是，除总承包合同中约定的分包外，必须经建设单位认可。施工总承包的，建筑工程主体结构的施工必须由总承包单位自行完成。

建筑工程总承包单位按照总承包合同的约定对建设单位负责；分包单位按照分包合同的约定对总承包单位负责。总承包单位和分包单位就分包工程对建设单位承担连带责任。

禁止总承包单位将工程分包给不具备相应资质条件的单位。禁止分包单位将其承包的工程再分包。

第五章　建筑安全生产管理

第三十六条　建筑工程安全生产管理必须坚持安全第一、预防为主的方针，建立健全安全生产的责任制度和群防群治制度。

第三十七条　建筑工程设计应当符合按照国家规定制定的建筑安全规程和技术规范，保证工程的安全性能。

第三十八条　建筑施工企业在编制施工组织设计时，应当根据建筑工程的特点制定相应的安全技术措施；对专业性较强的工程项目，应当编制专项安全施工组织设计，并采取安全技术措施。

第三十九条　建筑施工企业应当在施工现场采取维护安全、防范危险、预防火灾等措施；有条件的，应当对施工现场实行封闭管理。

施工现场对毗邻的建筑物、构筑物和特殊作业环境可能造成损害的，建筑施工企业应当采取安全防护措施。

第四十条　建设单位应当向建筑施工企业提供与施工现场相关的地下管线资料，建筑施工企业应当采取措施加以保护。

第四十一条　建筑施工企业应当遵守有关环境保护和安全生产的法律、法规的规定，采取控制和处理施工现场的各种粉尘、废气、废水、固体废物以及噪声、振动对环境的污染和危害的措施。

第四十二条　有下列情形之一的，建设单位应当按照国家有关规定办理申请批准手续：

（一）需要临时占用规划批准范围以外场地的；

（二）可能损坏道路、管线、电力、邮电通讯等公共设施的；

（三）需要临时停水、停电、中断道路交通的；

（四）需要进行爆破作业的；

（五）法律、法规规定需要办理报批手续的其他情形。

第四十三条　建设行政主管部门负责建筑安全生产的管理，并依法接受劳动行政主管部门对建筑安全生产的指导和监督。

第四十四条　建筑施工企业必须依法加强对建筑安全生产的管理，执行安全生产责任制度，采取有效措施，防止伤亡和其他安全生产事故的发生。

建筑施工企业的法定代表人对本企业的安全生产负责。

第四十五条　施工现场安全由建筑施工企业负责。实行施工总承包的，由总承包单位负责。分包单位向总承包单位负责，服从总承包单位对施工现场的安全生产管理。

第四十六条 建筑施工企业应当建立健全劳动安全生产教育培训制度，加强对职工安全生产的教育培训；未经安全生产教育培训的人员，不得上岗作业。

第四十七条 建筑施工企业和作业人员在施工过程中，应当遵守有关安全生产的法律、法规和建筑行业安全规章、规程，不得违章指挥或者违章作业。作业人员有权对影响人身健康的作业程序和作业条件提出改进意见，有权获得安全生产所需的防护用品。作业人员对危及生命安全和人身健康的行为有权提出批评、检举和控告。

第四十八条 建筑施工企业应当依法为职工参加工伤保险缴纳工伤保险费。鼓励企业为从事危险作业的职工办理意外伤害保险，支付保险费。

第四十九条 涉及建筑主体和承重结构变动的装修工程，建设单位应当在施工前委托原设计单位或者具有相应资质条件的设计单位提出设计方案；没有设计方案的，不得施工。

第五十条 房屋拆除应当由具备保证安全条件的建筑施工单位承担，由建筑施工单位负责人对安全负责。

第五十一条 施工中发生事故时，建筑施工企业应当采取紧急措施减少人员伤亡和事故损失，并按照国家有关规定及时向有关部门报告。

3《中华人民共和国劳动法》（主席令第二十四号）（节选）

中华人民共和国劳动法

（1994 年 7 月 5 日第八届全国人民代表大会常务委员会第八次会议通过，1994 年 7 月 5 日中华人民共和国主席令第二十八号公布，根据 2009 年 8 月 27 日第十一届全国人民代表大会常务委员会第十次会议《关于修改部分法律的决定》第一次修正，根据 2018 年 12 月 29 日第十三届全国人民代表大会常务委员会第七次会议《关于修改〈中华人民共和国劳动法〉等七部法律的决定》第二次修正）

第六章 劳动安全卫生

第五十二条 用人单位必须建立、健全劳动安全卫生制度，严格执行国家劳动安全卫生规程和标准，对劳动者进行劳动安全卫生教育，防止劳动过程中的事故，减少职业危害。

第五十三条 劳动安全卫生设施必须符合国家规定的标准。

新建、改建、扩建工程的劳动安全卫生设施必须与主体工程同时设计、同时施工、同时投入生产和使用。

第五十四条 用人单位必须为劳动者提供符合国家规定的劳动安全卫生条件和必要的劳动防护用品，对从事有职业危害作业的劳动者应当定期进行健康检查。

第五十五条 从事特种作业的劳动者必须经过专门培训并取得特种作业资格。

第五十六条 劳动者在劳动过程中必须严格遵守安全操作规程。

劳动者对用人单位管理人员违章指挥、强令冒险作业，有权拒绝执行；对危害生命安全和身体健康的行为，有权提出批评、检举和控告。

第五十七条　国家建立伤亡事故和职业病统计报告和处理制度。县级以上各级人民政府劳动行政部门、有关部门和用人单位应当依法对劳动者在劳动过程中发生的伤亡事故和劳动者的职业病状况，进行统计、报告和处理。

4《中华人民共和国特种设备安全法》（主席令第四号）（节选）

中华人民共和国特种设备安全法

（2013 年 6 月 29 日第十二届全国人民代表大会常务委员会第三次会议通过，2013 年 6 月 29 日中华人民共和国主席令第四号公布）

第二章　生产、经营、使用

第一节　一般规定

第十三条　特种设备生产、经营、使用单位及其主要负责人对其生产、经营、使用的特种设备安全负责。

特种设备生产、经营、使用单位应当按照国家有关规定配备特种设备安全管理人员、检测人员和作业人员，并对其进行必要的安全教育和技能培训。

第十四条　特种设备安全管理人员、检测人员和作业人员应当按照国家有关规定取得相应资格，方可从事相关工作。特种设备安全管理人员、检测人员和作业人员应当严格执行安全技术规范和管理制度，保证特种设备安全。

第十五条　特种设备生产、经营、使用单位对其生产、经营、使用的特种设备应当进行自行检测和维护保养，对国家规定实行检验的特种设备应当及时申报并接受检验。

第十六条　特种设备采用新材料、新技术、新工艺，与安全技术规范的要求不一致，或者安全技术规范未作要求、可能对安全性能有重大影响的，应当向国务院负责特种设备安全监督管理的部门申报，由国务院负责特种设备安全监督管理的部门及时委托安全技术咨询机构或者相关专业机构进行技术评审，评审结果经国务院负责特种设备安全监督管理的部门批准，方可投入生产、使用。

国务院负责特种设备安全监督管理的部门应当将允许使用的新材料、新技术、新工艺的有关技术要求，及时纳入安全技术规范。

第十七条　国家鼓励投保特种设备安全责任保险。

第二节　生　　产

第十八条　国家按照分类监督管理的原则对特种设备生产实行许可制度。特种设备生产单位应当具备下列条件，并经负责特种设备安全监督管理的部门许可，方可从事生产活动：

（一）有与生产相适应的专业技术人员；

（二）有与生产相适应的设备、设施和工作场所；

（三）有健全的质量保证、安全管理和岗位责任等制度。

第十九条 特种设备生产单位应当保证特种设备生产符合安全技术规范及相关标准的要求，对其生产的特种设备的安全性能负责。不得生产不符合安全性能要求和能效指标以及国家明令淘汰的特种设备。

第二十条 锅炉、气瓶、氧舱、客运索道、大型游乐设施的设计文件，应当经负责特种设备安全监督管理的部门核准的检验机构鉴定，方可用于制造。

特种设备产品、部件或者试制的特种设备新产品、新部件以及特种设备采用的新材料，按照安全技术规范的要求需要通过型式试验进行安全性验证的，应当经负责特种设备安全监督管理的部门核准的检验机构进行型式试验。

第二十一条 特种设备出厂时，应当随附安全技术规范要求的设计文件、产品质量合格证明、安装及使用维护保养说明、监督检验证明等相关技术资料和文件，并在特种设备显著位置设置产品铭牌、安全警示标志及其说明。

第二十二条 电梯的安装、改造、修理，必须由电梯制造单位或者其委托的依照本法取得相应许可的单位进行。电梯制造单位委托其他单位进行电梯安装、改造、修理的，应当对其安装、改造、修理进行安全指导和监控，并按照安全技术规范的要求进行校验和调试。电梯制造单位对电梯安全性能负责。

第二十三条 特种设备安装、改造、修理的施工单位应当在施工前将拟进行的特种设备安装、改造、修理情况书面告知直辖市或者设区的市级人民政府负责特种设备安全监督管理的部门。

第二十四条 特种设备安装、改造、修理竣工后，安装、改造、修理的施工单位应当在验收后三十日内将相关技术资料和文件移交特种设备使用单位。特种设备使用单位应当将其存入该特种设备的安全技术档案。

第二十五条 锅炉、压力容器、压力管道元件等特种设备的制造过程和锅炉、压力容器、压力管道、电梯、起重机械、客运索道、大型游乐设施的安装、改造、重大修理过程，应当经特种设备检验机构按照安全技术规范的要求进行监督检验；未经监督检验或者监督检验不合格的，不得出厂或者交付使用。

第二十六条 国家建立缺陷特种设备召回制度。因生产原因造成特种设备存在危及安全的同一性缺陷的，特种设备生产单位应当立即停止生产，主动召回。

国务院负责特种设备安全监督管理的部门发现特种设备存在应当召回而未召回的情形时，应当责令特种设备生产单位召回。

第三节 经 营

第二十七条 特种设备销售单位销售的特种设备，应当符合安全技术规范及相关标准的要求，其设计文件、产品质量合格证明、安装及使用维护保养说明、监督检验证明等相关技术资料和文件应当齐全。

特种设备销售单位应当建立特种设备检查验收和销售记录制度。

禁止销售未取得许可生产的特种设备，未经检验和检验不合格的特种设备，或者国家明令淘汰和已经报废的特种设备。

第二十八条 特种设备出租单位不得出租未取得许可生产的特种设备或者国家明令

淘汰和已经报废的特种设备，以及未按照安全技术规范的要求进行维护保养和未经检验或者检验不合格的特种设备。

第二十九条　特种设备在出租期间的使用管理和维护保养义务由特种设备出租单位承担，法律另有规定或者当事人另有约定的除外。

第三十条　进口的特种设备应当符合我国安全技术规范的要求，并经检验合格；需要取得我国特种设备生产许可的，应当取得许可。进口特种设备随附的技术资料和文件应当符合本法第二十一条规定，其安装及使用维护保养说明、产品铭牌、安全警示标志及其说明应当采用中文。

特种设备的进出口检验，应当遵守有关进出口商品检验的法律、行政法规。

第三十一条　进口特种设备，应当向进口地负责特种设备安全监督管理的部门履行提前告知义务。

第四节　使　　用

第三十二条　特种设备使用单位应当使用取得许可生产并经检验合格的特种设备。

禁止使用国家明令淘汰和已经报废的特种设备。

第三十三条　特种设备使用单位应当在特种设备投入使用前或者投入使用后三十日内，向负责特种设备安全监督管理的部门办理使用登记，取得使用登记证书。登记标志应当置于该特种设备的显著位置。

第三十四条　特种设备使用单位应当建立岗位责任、隐患治理、应急救援等安全管理制度，制定操作规程，保证特种设备安全运行。

第三十五条　特种设备使用单位应当建立特种设备安全技术档案。安全技术档案应当包括以下内容：

（一）特种设备的设计文件、产品质量合格证明、安装及使用维护保养说明、监督检验证明等相关技术资料和文件；

（二）特种设备的定期检验和定期自行检查记录；

（三）特种设备的日常使用状况记录；

（四）特种设备及其附属仪器仪表的维护保养记录；

（五）特种设备的运行故障和事故记录。

第三十六条　电梯、客运索道、大型游乐设施等为公众提供服务的特种设备的运营使用单位，应当对特种设备的使用安全负责，设置特种设备安全管理机构或者配备专职的特种设备安全管理人员；其他特种设备使用单位，应当根据情况设置特种设备安全管理机构或者配备专职、兼职的特种设备安全管理人员。

第三十七条　特种设备的使用应当具有规定的安全距离、安全防护措施。

与特种设备安全相关的建筑物、附属设施，应当符合有关法律、行政法规的规定。

第三十八条　特种设备属于共有的，共有人可以委托物业服务单位或者其他管理人管理特种设备，受托人履行本法规定的特种设备使用单位的义务，承担相应责任。共有人未委托的，由共有人或者实际管理人履行管理义务，承担相应责任。

第三十九条　特种设备使用单位应当对其使用的特种设备进行经常性维护保养和定期自行检查，并作出记录。

特种设备使用单位应当对其使用的特种设备的安全附件、安全保护装置进行定期校验、检修，并作出记录。

第四十条 特种设备使用单位应当按照安全技术规范的要求，在检验合格有效期届满前一个月向特种设备检验机构提出定期检验要求。

特种设备检验机构接到定期检验要求后，应当按照安全技术规范的要求及时进行安全性能检验。特种设备使用单位应当将定期检验标志置于该特种设备的显著位置。

未经定期检验或者检验不合格的特种设备，不得继续使用。

第四十一条 特种设备安全管理人员应当对特种设备使用状况进行经常性检查，发现问题应当立即处理；情况紧急时，可以决定停止使用特种设备并及时报告本单位有关负责人。

特种设备作业人员在作业过程中发现事故隐患或者其他不安全因素，应当立即向特种设备安全管理人员和单位有关负责人报告；特种设备运行不正常时，特种设备作业人员应当按照操作规程采取有效措施保证安全。

第四十二条 特种设备出现故障或者发生异常情况，特种设备使用单位应当对其进行全面检查，消除事故隐患，方可继续使用。

第四十三条 客运索道、大型游乐设施在每日投入使用前，其运营使用单位应当进行试运行和例行安全检查，并对安全附件和安全保护装置进行检查确认。

电梯、客运索道、大型游乐设施的运营使用单位应当将电梯、客运索道、大型游乐设施的安全使用说明、安全注意事项和警示标志置于易于为乘客注意的显著位置。

公众乘坐或者操作电梯、客运索道、大型游乐设施，应当遵守安全使用说明和安全注意事项的要求，服从有关工作人员的管理和指挥；遇有运行不正常时，应当按照安全指引，有序撤离。

第四十四条 锅炉使用单位应当按照安全技术规范的要求进行锅炉水（介）质处理，并接受特种设备检验机构的定期检验。

从事锅炉清洗，应当按照安全技术规范的要求进行，并接受特种设备检验机构的监督检验。

第四十五条 电梯的维护保养应当由电梯制造单位或者依照本法取得许可的安装、改造、修理单位进行。

电梯的维护保养单位应当在维护保养中严格执行安全技术规范的要求，保证其维护保养的电梯的安全性能，并负责落实现场安全防护措施，保证施工安全。

电梯的维护保养单位应当对其维护保养的电梯的安全性能负责；接到故障通知后，应当立即赶赴现场，并采取必要的应急救援措施。

第四十六条 电梯投入使用后，电梯制造单位应当对其制造的电梯的安全运行情况进行跟踪调查和了解，对电梯的维护保养单位或者使用单位在维护保养和安全运行方面存在的问题，提出改进建议，并提供必要的技术帮助；发现电梯存在严重事故隐患时，应当及时告知电梯使用单位，并向负责特种设备安全监督管理的部门报告。电梯制造单位对调查和了解的情况，应当作出记录。

第四十七条 特种设备进行改造、修理，按照规定需要变更使用登记的，应当办理变更登记，方可继续使用。

第四十八条 特种设备存在严重事故隐患，无改造、修理价值，或者达到安全技术规范规定的其他报废条件的，特种设备使用单位应当依法履行报废义务，采取必要措施消除该特种设备的使用功能，并向原登记的负责特种设备安全监督管理的部门办理使用登记证书注销手续。

前款规定报废条件以外的特种设备，达到设计使用年限可以继续使用的，应当按照安全技术规范的要求通过检验或者安全评估，并办理使用登记证书变更，方可继续使用。允许继续使用的，应当采取加强检验、检测和维护保养等措施，确保使用安全。

第四十九条　移动式压力容器、气瓶充装单位，应当具备下列条件，并经负责特种设备安全监督管理的部门许可，方可从事充装活动：

（一）有与充装和管理相适应的管理人员和技术人员；

（二）有与充装和管理相适应的充装设备、检测手段、场地厂房、器具、安全设施；

（三）有健全的充装管理制度、责任制度、处理措施。

充装单位应当建立充装前后的检查、记录制度，禁止对不符合安全技术规范要求的移动式压力容器和气瓶进行充装。

气瓶充装单位应当向气体使用者提供符合安全技术规范要求的气瓶，对气体使用者进行气瓶安全使用指导，并按照安全技术规范的要求办理气瓶使用登记，及时申报定期检验。

5《中华人民共和国消防法》（主席令第二十九号）（节选）

中华人民共和国消防法

（1998 年 4 月 29 日第九届全国人民代表大会常务委员会第二次会议通过，2019 年 4 月 23 日第十三届全国人民代表大会常务委员会第十次会议修订，2019 年 4 月 23 日中华人民共和国主席令第二十九号公布，自 2019 年 4 月 23 日起施行）

第二章　火灾预防

第八条　地方各级人民政府应当将包括消防安全布局、消防站、消防供水、消防通信、消防车通道、消防装备等内容的消防规划纳入城乡规划，并负责组织实施。

城乡消防安全布局不符合消防安全要求的，应当调整、完善；公共消防设施、消防装备不足或者不适应实际需要的，应当增建、改建、配置或者进行技术改造。

第九条　建设工程的消防设计、施工必须符合国家工程建设消防技术标准。建设、设计、施工、工程监理等单位依法对建设工程的消防设计、施工质量负责。

第十条　对按照国家工程建设消防技术标准需要进行消防设计的建设工程，实行建设工程消防设计审查验收制度。

第十一条　国务院住房和城乡建设主管部门规定的特殊建设工程，建设单位应当将消防设计文件报送住房和城乡建设主管部门审查，住房和城乡建设主管部门依法对审查的结果负责。

前款规定以外的其他建设工程，建设单位申请领取施工许可证或者申请批准开工报告时应当提供满足施工需要的消防设计图纸及技术资料。

第十二条 特殊建设工程未经消防设计审查或者审查不合格的，建设单位、施工单位不得施工；其他建设工程，建设单位未提供满足施工需要的消防设计图纸及技术资料的，有关部门不得发放施工许可证或者批准开工报告。

第十三条 国务院住房和城乡建设主管部门规定应当申请消防验收的建设工程竣工，建设单位应当向住房和城乡建设主管部门申请消防验收。

前款规定以外的其他建设工程，建设单位在验收后应当报住房和城乡建设主管部门备案，住房和城乡建设主管部门应当进行抽查。

依法应当进行消防验收的建设工程，未经消防验收或者消防验收不合格的，禁止投入使用；其他建设工程经依法抽查不合格的，应当停止使用。

第十四条 建设工程消防设计审查、消防验收、备案和抽查的具体办法，由国务院住房和城乡建设主管部门规定。

第十五条 公众聚集场所在投入使用、营业前，建设单位或者使用单位应当向场所所在地的县级以上地方人民政府消防救援机构申请消防安全检查。

消防救援机构应当自受理申请之日起十个工作日内，根据消防技术标准和管理规定，对该场所进行消防安全检查。未经消防安全检查或者经检查不符合消防安全要求的，不得投入使用、营业。

第十六条 机关、团体、企业、事业等单位应当履行下列消防安全职责：

（一）落实消防安全责任制，制定本单位的消防安全制度、消防安全操作规程，制定灭火和应急疏散预案；

（二）按照国家标准、行业标准配置消防设施、器材，设置消防安全标志，并定期组织检验、维修，确保完好有效；

（三）对建筑消防设施每年至少进行一次全面检测，确保完好有效，检测记录应当完整准确，存档备查；

（四）保障疏散通道、安全出口、消防车通道畅通，保证防火防烟分区、防火间距符合消防技术标准；

（五）组织防火检查，及时消除火灾隐患；

（六）组织进行有针对性的消防演练；

（七）法律、法规规定的其他消防安全职责。

单位的主要负责人是本单位的消防安全责任人。

第十七条 县级以上地方人民政府消防救援机构应当将发生火灾可能性较大以及发生火灾可能造成重大的人身伤亡或者财产损失的单位，确定为本行政区域内的消防安全重点单位，并由应急管理部门报本级人民政府备案。

消防安全重点单位除应当履行本法第十六条规定的职责外，还应当履行下列消防安全职责：

（一）确定消防安全管理人，组织实施本单位的消防安全管理工作；

（二）建立消防档案，确定消防安全重点部位，设置防火标志，实行严格管理；

（三）实行每日防火巡查，并建立巡查记录；

（四）对职工进行岗前消防安全培训，定期组织消防安全培训和消防演练。

第十八条　同一建筑物由两个以上单位管理或者使用的，应当明确各方的消防安全责任，并确定责任人对共用的疏散通道、安全出口、建筑消防设施和消防车通道进行统一管理。

住宅区的物业服务企业应当对管理区域内的共用消防设施进行维护管理，提供消防安全防范服务。

第十九条　生产、储存、经营易燃易爆危险品的场所不得与居住场所设置在同一建筑物内，并应当与居住场所保持安全距离。

生产、储存、经营其他物品的场所与居住场所设置在同一建筑物内的，应当符合国家工程建设消防技术标准。

第二十条　举办大型群众性活动，承办人应当依法向公安机关申请安全许可，制定灭火和应急疏散预案并组织演练，明确消防安全责任分工，确定消防安全管理人员，保持消防设施和消防器材配置齐全、完好有效，保证疏散通道、安全出口、疏散指示标志、应急照明和消防车通道符合消防技术标准和管理规定。

第二十一条　禁止在具有火灾、爆炸危险的场所吸烟、使用明火。因施工等特殊情况需要使用明火作业的，应当按照规定事先办理审批手续，采取相应的消防安全措施；作业人员应当遵守消防安全规定。

进行电焊、气焊等具有火灾危险作业的人员和自动消防系统的操作人员，必须持证上岗，并遵守消防安全操作规程。

第二十二条　生产、储存、装卸易燃易爆危险品的工厂、仓库和专用车站、码头的设置，应当符合消防技术标准。易燃易爆气体和液体的充装站、供应站、调压站，应当设置在符合消防安全要求的位置，并符合防火防爆要求。

已经设置的生产、储存、装卸易燃易爆危险品的工厂、仓库和专用车站、码头，易燃易爆气体和液体的充装站、供应站、调压站，不再符合前款规定的，地方人民政府应当组织、协调有关部门、单位限期解决，消除安全隐患。

第二十三条　生产、储存、运输、销售、使用、销毁易燃易爆危险品，必须执行消防技术标准和管理规定。

进入生产、储存易燃易爆危险品的场所，必须执行消防安全规定。禁止非法携带易燃易爆危险品进入公共场所或者乘坐公共交通工具。

储存可燃物资仓库的管理，必须执行消防技术标准和管理规定。

第二十四条　消防产品必须符合国家标准；没有国家标准的，必须符合行业标准。禁止生产、销售或者使用不合格的消防产品以及国家明令淘汰的消防产品。

依法实行强制性产品认证的消防产品，由具有法定资质的认证机构按照国家标准、行业标准的强制性要求认证合格后，方可生产、销售、使用。实行强制性产品认证的消防产品目录，由国务院产品质量监督部门会同国务院应急管理部门制定并公布。

新研制的尚未制定国家标准、行业标准的消防产品，应当按照国务院产品质量监督部门会同国务院应急管理部门规定的办法，经技术鉴定符合消防安全要求的，方可生产、销售、使用。

依照本条规定经强制性产品认证合格或者技术鉴定合格的消防产品，国务院应急管理部门应当予以公布。

第二十五条 产品质量监督部门、工商行政管理部门、消防救援机构应当按照各自职责加强对消防产品质量的监督检查。

第二十六条 建筑构件、建筑材料和室内装修、装饰材料的防火性能必须符合国家标准；没有国家标准的，必须符合行业标准。

人员密集场所室内装修、装饰，应当按照消防技术标准的要求，使用不燃、难燃材料。

第二十七条 电器产品、燃气用具的产品标准，应当符合消防安全的要求。

电器产品、燃气用具的安装、使用及其线路、管路的设计、敷设、维护保养、检测，必须符合消防技术标准和管理规定。

第二十八条 任何单位、个人不得损坏、挪用或者擅自拆除、停用消防设施、器材，不得埋压、圈占、遮挡消火栓或者占用防火间距，不得占用、堵塞、封闭疏散通道、安全出口、消防车通道。人员密集场所的门窗不得设置影响逃生和灭火救援的障碍物。

第二十九条 负责公共消防设施维护管理的单位，应当保持消防供水、消防通信、消防车通道等公共消防设施的完好有效。在修建道路以及停电、停水、截断通信线路时有可能影响消防队灭火救援的，有关单位必须事先通知当地消防救援机构。

第三十条 地方各级人民政府应当加强对农村消防工作的领导，采取措施加强公共消防设施建设，组织建立和督促落实消防安全责任制。

第三十一条 在农业收获季节、森林和草原防火期间、重大节假日期间以及火灾多发季节，地方各级人民政府应当组织开展有针对性的消防宣传教育，采取防火措施，进行消防安全检查。

第三十二条 乡镇人民政府、城市街道办事处应当指导、支持和帮助村民委员会、居民委员会开展群众性的消防工作。村民委员会、居民委员会应当确定消防安全管理人，组织制定防火安全公约，进行防火安全检查。

第三十三条 国家鼓励、引导公众聚集场所和生产、储存、运输、销售易燃易爆危险品的企业投保火灾公众责任保险；鼓励保险公司承保火灾公众责任保险。

第三十四条 消防产品质量认证、消防设施检测、消防安全监测等消防技术服务机构和执业人员，应当依法获得相应的资质、资格；依照法律、行政法规、国家标准、行业标准和执业准则，接受委托提供消防技术服务，并对服务质量负责。

第三十五条 各级人民政府应当加强消防组织建设，根据经济社会发展的需要，建立多种形式的消防组织，加强消防技术人才培养，增强火灾预防、扑救和应急救援的能力。

第三章　消防组织

第三十六条 县级以上地方人民政府应当按照国家规定建立国家综合性消防救援队、专职消防队，并按照国家标准配备消防装备，承担火灾扑救工作。

乡镇人民政府应当根据当地经济发展和消防工作的需要，建立专职消防队、志愿消防队，承担火灾扑救工作。

第三十七条 国家综合性消防救援队、专职消防队按照国家规定承担重大灾害事故和其他以抢救人员生命为主的应急救援工作。

第三十八条　国家综合性消防救援队、专职消防队应当充分发挥火灾扑救和应急救援专业力量的骨干作用；按照国家规定，组织实施专业技能训练，配备并维护保养装备器材，提高火灾扑救和应急救援的能力。

第三十九条　下列单位应当建立单位专职消防队，承担本单位的火灾扑救工作：

（一）大型核设施单位、大型发电厂、民用机场、主要港口；

（二）生产、储存易燃易爆危险品的大型企业；

（三）储备可燃的重要物资的大型仓库、基地；

（四）第一项、第二项、第三项规定以外的火灾危险性较大、距离国家综合性消防救援队较远的其他大型企业；

（五）距离国家综合性消防救援队较远、被列为全国重点文物保护单位的古建筑群的管理单位。

第四十条　专职消防队的建立，应当符合国家有关规定，并报当地消防救援机构验收。

专职消防队的队员依法享受社会保险和福利待遇。

第四十一条　机关、团体、企业、事业等单位以及村民委员会、居民委员会根据需要，建立志愿消防队等多种形式的消防组织，开展群众性自防自救工作。

第四十二条　消防救援机构应当对专职消防队、志愿消防队等消防组织进行业务指导；根据扑救火灾的需要，可以调动指挥专职消防队参加火灾扑救工作。

第四章　灭火救援

第四十三条　县级以上地方人民政府应当组织有关部门针对本行政区域内的火灾特点制定应急预案，建立应急反应和处置机制，为火灾扑救和应急救援工作提供人员、装备等保障。

第四十四条　任何人发现火灾都应当立即报警。任何单位、个人都应当无偿为报警提供便利，不得阻拦报警。严禁谎报火警。

人员密集场所发生火灾，该场所的现场工作人员应当立即组织、引导在场人员疏散。

任何单位发生火灾，必须立即组织力量扑救。邻近单位应当给予支援。

消防队接到火警，必须立即赶赴火灾现场，救助遇险人员，排除险情，扑灭火灾。

第四十五条　消防救援机构统一组织和指挥火灾现场扑救，应当优先保障遇险人员的生命安全。

火灾现场总指挥根据扑救火灾的需要，有权决定下列事项：

（一）使用各种水源；

（二）截断电力、可燃气体和可燃液体的输送，限制用火用电；

（三）划定警戒区，实行局部交通管制；

（四）利用临近建筑物和有关设施；

（五）为了抢救人员和重要物资，防止火势蔓延，拆除或者破损毗邻火灾现场的建筑物、构筑物或者设施等；

（六）调动供水、供电、供气、通信、医疗救护、交通运输、环境保护等有关单位协助灭火救援。

根据扑救火灾的紧急需要，有关地方人民政府应当组织人员、调集所需物资支援灭火。

第四十六条 国家综合性消防救援队、专职消防队参加火灾以外的其他重大灾害事故的应急救援工作，由县级以上人民政府统一领导。

第四十七条 消防车、消防艇前往执行火灾扑救或者应急救援任务，在确保安全的前提下，不受行驶速度、行驶路线、行驶方向和指挥信号的限制，其他车辆、船舶以及行人应当让行，不得穿插超越；收费公路、桥梁免收车辆通行费。交通管理指挥人员应当保证消防车、消防艇迅速通行。

赶赴火灾现场或者应急救援现场的消防人员和调集的消防装备、物资，需要铁路、水路或者航空运输的，有关单位应当优先运输。

第四十八条 消防车、消防艇以及消防器材、装备和设施，不得用于与消防和应急救援工作无关的事项。

第四十九条 国家综合性消防救援队、专职消防队扑救火灾、应急救援，不得收取任何费用。

单位专职消防队、志愿消防队参加扑救外单位火灾所损耗的燃料、灭火剂和器材、装备等，由火灾发生地的人民政府给予补偿。

第五十条 对因参加扑救火灾或者应急救援受伤、致残或者死亡的人员，按照国家有关规定给予医疗、抚恤。

第五十一条 消防救援机构有权根据需要封闭火灾现场，负责调查火灾原因，统计火灾损失。

火灾扑灭后，发生火灾的单位和相关人员应当按照消防救援机构的要求保护现场，接受事故调查，如实提供与火灾有关的情况。

消防救援机构根据火灾现场勘验、调查情况和有关的检验、鉴定意见，及时制作火灾事故认定书，作为处理火灾事故的证据。

二、行政法规

6《建设工程安全生产管理条例》（国务院令第393号）（节选）

建设工程安全生产管理条例

（2003年11月12日中华人民共和国国务院第28次常务会议通过，2003年11月24日中华人民共和国国务院令第393号公布）

第四章 施工单位的安全责任

第二十条 施工单位从事建设工程的新建、扩建、改建和拆除等活动，应当具备国家规定的注册资本、专业技术人员、技术装备和安全生产等条件，依法取得相应等级的资质证书，并在其资质等级许可的范围内承揽工程。

第二十一条　施工单位主要负责人依法对本单位的安全生产工作全面负责。施工单位应当建立健全安全生产责任制度和安全生产教育培训制度，制定安全生产规章制度和操作规程，保证本单位安全生产条件所需资金的投入，对所承担的建设工程进行定期和专项安全检查，并做好安全检查记录。

施工单位的项目负责人应当由取得相应执业资格的人员担任，对建设工程项目的安全施工负责，落实安全生产责任制度、安全生产规章制度和操作规程，确保安全生产费用的有效使用，并根据工程的特点组织制定安全施工措施，消除安全事故隐患，及时、如实报告生产安全事故。

第二十二条　施工单位对列入建设工程概算的安全作业环境及安全施工措施所需费用，应当用于施工安全防护用具及设施的采购和更新、安全施工措施的落实、安全生产条件的改善，不得挪作他用。

第二十三条　施工单位应当设立安全生产管理机构，配备专职安全生产管理人员。

专职安全生产管理人员负责对安全生产进行现场监督检查。发现安全事故隐患，应当及时向项目负责人和安全生产管理机构报告；对违章指挥、违章操作的，应当立即制止。

专职安全生产管理人员的配备办法由国务院建设行政主管部门会同国务院其他有关部门制定。

第二十四条　建设工程实行施工总承包的，由总承包单位对施工现场的安全生产负总责。

总承包单位应当自行完成建设工程主体结构的施工。

总承包单位依法将建设工程分包给其他单位的，分包合同中应当明确各自的安全生产方面的权利、义务。总承包单位和分包单位对分包工程的安全生产承担连带责任。

分包单位应当服从总承包单位的安全生产管理，分包单位不服从管理导致生产安全事故的，由分包单位承担主要责任。

第二十五条　垂直运输机械作业人员、安装拆卸工、爆破作业人员、起重信号工、登高架设作业人员等特种作业人员，必须按照国家有关规定经过专门的安全作业培训，并取得特种作业操作资格证书后，方可上岗作业。

第二十六条　施工单位应当在施工组织设计中编制安全技术措施和施工现场临时用电方案，对下列达到一定规模的危险性较大的分部分项工程编制专项施工方案，并附具安全验算结果，经施工单位技术负责人、总监理工程师签字后实施，由专职安全生产管理人员进行现场监督：

（一）基坑支护与降水工程；

（二）土方开挖工程；

（三）模板工程；

（四）起重吊装工程；

（五）脚手架工程；

（六）拆除、爆破工程；

（七）国务院建设行政主管部门或者其他有关部门规定的其他危险性较大的工程。

对前款所列工程中涉及深基坑、地下暗挖工程、高大模板工程的专项施工方案，施工单位还应当组织专家进行论证、审查。

本条第一款规定的达到一定规模的危险性较大工程的标准，由国务院建设行政主管部门会同国务院其他有关部门制定。

第二十七条 建设工程施工前，施工单位负责项目管理的技术人员应当对有关安全施工的技术要求向施工作业班组、作业人员作出详细说明，并由双方签字确认。

第二十八条 施工单位应当在施工现场入口处、施工起重机械、临时用电设施、脚手架、出入通道口、楼梯口、电梯井口、孔洞口、桥梁口、隧道口、基坑边沿、爆破物及有害危险气体和液体存放处等危险部位，设置明显的安全警示标志。安全警示标志必须符合国家标准。

施工单位应当根据不同施工阶段和周围环境及季节、气候的变化，在施工现场采取相应的安全施工措施。施工现场暂时停止施工的，施工单位应当做好现场防护，所需费用由责任方承担，或者按照合同约定执行。

第二十九条 施工单位应当将施工现场的办公、生活区与作业区分开设置，并保持安全距离；办公、生活区的选址应当符合安全性要求。职工的膳食、饮水、休息场所等应当符合卫生标准。施工单位不得在尚未竣工的建筑物内设置员工集体宿舍。

施工现场临时搭建的建筑物应当符合安全使用要求。施工现场使用的装配式活动房屋应当具有产品合格证。

第三十条 施工单位对因建设工程施工可能造成损害的毗邻建筑物、构筑物和地下管线等，应当采取专项防护措施。

施工单位应当遵守有关环境保护法律、法规的规定，在施工现场采取措施，防止或者减少粉尘、废气、废水、固体废物、噪声、振动和施工照明对人和环境的危害和污染。

在城市市区内的建设工程，施工单位应当对施工现场实行封闭围挡。

第三十一条 施工单位应当在施工现场建立消防安全责任制度，确定消防安全责任人，制定用火、用电、使用易燃易爆材料等各项消防安全管理制度和操作规程，设置消防通道、消防水源，配备消防设施和灭火器材，并在施工现场入口处设置明显标志。

第三十二条 施工单位应当向作业人员提供安全防护用具和安全防护服装，并书面告知危险岗位的操作规程和违章操作的危害。

作业人员有权对施工现场的作业条件、作业程序和作业方式中存在的安全问题提出批评、检举和控告，有权拒绝违章指挥和强令冒险作业。

在施工中发生危及人身安全的紧急情况时，作业人员有权立即停止作业或者在采取必要的应急措施后撤离危险区域。

第三十三条 作业人员应当遵守安全施工的强制性标准、规章制度和操作规程，正确使用安全防护用具、机械设备等。

第三十四条 施工单位采购、租赁的安全防护用具、机械设备、施工机具及配件，应当具有生产（制造）许可证、产品合格证，并在进入施工现场前进行查验。

施工现场的安全防护用具、机械设备、施工机具及配件必须由专人管理，定期进行检查、维修和保养，建立相应的资料档案，并按照国家有关规定及时报废。

第三十五条　施工单位在使用施工起重机械和整体提升脚手架、模板等自升式架设设施前，应当组织有关单位进行验收，也可以委托具有相应资质的检验检测机构进行验收；使用承租的机械设备和施工机具及配件的，由施工总承包单位、分包单位、出租单位和安装单位共同进行验收。验收合格的方可使用。

《特种设备安全监察条例》规定的施工起重机械，在验收前应当经有相应资质的检验检测机构监督检验合格。

施工单位应当自施工起重机械和整体提升脚手架、模板等自升式架设设施验收合格之日起30日内，向建设行政主管部门或者其他有关部门登记。登记标志应当置于或者附着于该设备的显著位置。

第三十六条　施工单位的主要负责人、项目负责人、专职安全生产管理人员应当经建设行政主管部门或者其他有关部门考核合格后方可任职。

施工单位应当对管理人员和作业人员每年至少进行一次安全生产教育培训，其教育培训情况记入个人工作档案。安全生产教育培训考核不合格的人员，不得上岗。

第三十七条　作业人员进入新的岗位或者新的施工现场前，应当接受安全生产教育培训。未经教育培训或者教育培训考核不合格的人员，不得上岗作业。

施工单位在采用新技术、新工艺、新设备、新材料时，应当对作业人员进行相应的安全生产教育培训。

第三十八条　施工单位应当为施工现场从事危险作业的人员办理意外伤害保险。

意外伤害保险费由施工单位支付。实行施工总承包的，由总承包单位支付意外伤害保险费。意外伤害保险期限自建设工程开工之日起至竣工验收合格止。

第七十一条　本条例自2004年2月1日起施行。

7《生产安全事故应急条例》（国务院令第708号）（节选）

生产安全事故应急条例

（2018年12月5日国务院第33次常务会议通过，2019年2月17日中华人民共和国国务院令第708号公布）

第二章　应急准备

第五条　县级以上人民政府及其负有安全生产监督管理职责的部门和乡、镇人民政府以及街道办事处等地方人民政府派出机关，应当针对可能发生的生产安全事故的特点和危害，进行风险辨识和评估，制定相应的生产安全事故应急救援预案，并依法向社会公布。

生产经营单位应当针对本单位可能发生的生产安全事故的特点和危害，进行风险辨识和评估，制定相应的生产安全事故应急救援预案，并向本单位从业人员公布。

第六条　生产安全事故应急救援预案应当符合有关法律、法规、规章和标准的规定，具有科学性、针对性和可操作性，明确规定应急组织体系、职责分工以及应急救援程序和措施。

有下列情形之一的，生产安全事故应急救援预案制定单位应当及时修订相关预案：

（一）制定预案所依据的法律、法规、规章、标准发生重大变化；

（二）应急指挥机构及其职责发生调整；

（三）安全生产面临的风险发生重大变化；

（四）重要应急资源发生重大变化；

（五）在预案演练或者应急救援中发现需要修订预案的重大问题；

（六）其他应当修订的情形。

第七条 县级以上人民政府负有安全生产监督管理职责的部门应当将其制定的生产安全事故应急救援预案报送本级人民政府备案；易燃易爆物品、危险化学品等危险物品的生产、经营、储存、运输单位，矿山、金属冶炼、城市轨道交通运营、建筑施工单位，以及宾馆、商场、娱乐场所、旅游景区等人员密集场所经营单位，应当将其制定的生产安全事故应急救援预案按照国家有关规定报送县级以上人民政府负有安全生产监督管理职责的部门备案，并依法向社会公布。

第八条 县级以上地方人民政府以及县级以上人民政府负有安全生产监督管理职责的部门，乡、镇人民政府以及街道办事处等地方人民政府派出机关，应当至少每 2 年组织 1 次生产安全事故应急救援预案演练。

易燃易爆物品、危险化学品等危险物品的生产、经营、储存、运输单位，矿山、金属冶炼、城市轨道交通运营、建筑施工单位，以及宾馆、商场、娱乐场所、旅游景区等人员密集场所经营单位，应当至少每半年组织 1 次生产安全事故应急救援预案演练，并将演练情况报送所在地县级以上地方人民政府负有安全生产监督管理职责的部门。

县级以上地方人民政府负有安全生产监督管理职责的部门应当对本行政区域内前款规定的重点生产经营单位的生产安全事故应急救援预案演练进行抽查；发现演练不符合要求的，应当责令限期改正。

第九条 县级以上人民政府应当加强对生产安全事故应急救援队伍建设的统一规划、组织和指导。

县级以上人民政府负有安全生产监督管理职责的部门根据生产安全事故应急工作的实际需要，在重点行业、领域单独建立或者依托有条件的生产经营单位、社会组织共同建立应急救援队伍。

国家鼓励和支持生产经营单位和其他社会力量建立提供社会化应急救援服务的应急救援队伍。

第十条 易燃易爆物品、危险化学品等危险物品的生产、经营、储存、运输单位，矿山、金属冶炼、城市轨道交通运营、建筑施工单位，以及宾馆、商场、娱乐场所、旅游景区等人员密集场所经营单位，应当建立应急救援队伍；其中，小型企业或者微型企业等规模较小的生产经营单位，可以不建立应急救援队伍，但应当指定兼职的应急救援人员，并且可以与邻近的应急救援队伍签订应急救援协议。

工业园区、开发区等产业聚集区域内的生产经营单位，可以联合建立应急救援队伍。

第十一条　应急救援队伍的应急救援人员应当具备必要的专业知识、技能、身体素质和心理素质。

应急救援队伍建立单位或者兼职应急救援人员所在单位应当按照国家有关规定对应急救援人员进行培训；应急救援人员经培训合格后，方可参加应急救援工作。

应急救援队伍应当配备必要的应急救援装备和物资，并定期组织训练。

第十二条　生产经营单位应当及时将本单位应急救援队伍建立情况按照国家有关规定报送县级以上人民政府负有安全生产监督管理职责的部门，并依法向社会公布。

县级以上人民政府负有安全生产监督管理职责的部门应当定期将本行业、本领域的应急救援队伍建立情况报送本级人民政府，并依法向社会公布。

第十三条　县级以上地方人民政府应当根据本行政区域内可能发生的生产安全事故的特点和危害，储备必要的应急救援装备和物资，并及时更新和补充。

易燃易爆物品、危险化学品等危险物品的生产、经营、储存、运输单位，矿山、金属冶炼、城市轨道交通运营、建筑施工单位，以及宾馆、商场、娱乐场所、旅游景区等人员密集场所经营单位，应当根据本单位可能发生的生产安全事故的特点和危害，配备必要的灭火、排水、通风以及危险物品稀释、掩埋、收集等应急救援器材、设备和物资，并进行经常性维护、保养，保证正常运转。

第十四条　下列单位应当建立应急值班制度，配备应急值班人员：

（一）县级以上人民政府及其负有安全生产监督管理职责的部门；

（二）危险物品的生产、经营、储存、运输单位以及矿山、金属冶炼、城市轨道交通运营、建筑施工单位；

（三）应急救援队伍。

规模较大、危险性较高的易燃易爆物品、危险化学品等危险物品的生产、经营、储存、运输单位应当成立应急处置技术组，实行24小时应急值班。

第十五条　生产经营单位应当对从业人员进行应急教育和培训，保证从业人员具备必要的应急知识，掌握风险防范技能和事故应急措施。

第十六条　国务院负有安全生产监督管理职责的部门应当按照国家有关规定建立生产安全事故应急救援信息系统，并采取有效措施，实现数据互联互通、信息共享。

生产经营单位可以通过生产安全事故应急救援信息系统办理生产安全事故应急救援预案备案手续，报送应急救援预案演练情况和应急救援队伍建设情况；但依法需要保密的除外。

第三章　应急救援

第十七条　发生生产安全事故后，生产经营单位应当立即启动生产安全事故应急救援预案，采取下列一项或者多项应急救援措施，并按照国家有关规定报告事故情况：

（一）迅速控制危险源，组织抢救遇险人员；

（二）根据事故危害程度，组织现场人员撤离或者采取可能的应急措施后撤离；

（三）及时通知可能受到事故影响的单位和人员；

（四）采取必要措施，防止事故危害扩大和次生、衍生灾害发生；

（五）根据需要请求邻近的应急救援队伍参加救援，并向参加救援的应急救援队伍提供相关技术资料、信息和处置方法；

（六）维护事故现场秩序，保护事故现场和相关证据；

（七）法律、法规规定的其他应急救援措施。

第十八条 有关地方人民政府及其部门接到生产安全事故报告后，应当按照国家有关规定上报事故情况，启动相应的生产安全事故应急救援预案，并按照应急救援预案的规定采取下列一项或者多项应急救援措施：

（一）组织抢救遇险人员，救治受伤人员，研判事故发展趋势以及可能造成的危害；

（二）通知可能受到事故影响的单位和人员，隔离事故现场，划定警戒区域，疏散受到威胁的人员，实施交通管制；

（三）采取必要措施，防止事故危害扩大和次生、衍生灾害发生，避免或者减少事故对环境造成的危害；

（四）依法发布调用和征用应急资源的决定；

（五）依法向应急救援队伍下达救援命令；

（六）维护事故现场秩序，组织安抚遇险人员和遇险遇难人员亲属；

（七）依法发布有关事故情况和应急救援工作的信息；

（八）法律、法规规定的其他应急救援措施。

有关地方人民政府不能有效控制生产安全事故的，应当及时向上级人民政府报告。上级人民政府应当及时采取措施，统一指挥应急救援。

第十九条 应急救援队伍接到有关人民政府及其部门的救援命令或者签有应急救援协议的生产经营单位的救援请求后，应当立即参加生产安全事故应急救援。

应急救援队伍根据救援命令参加生产安全事故应急救援所耗费用，由事故责任单位承担；事故责任单位无力承担的，由有关人民政府协调解决。

第二十条 发生生产安全事故后，有关人民政府认为有必要的，可以设立由本级人民政府及其有关部门负责人、应急救援专家、应急救援队伍负责人、事故发生单位负责人等人员组成的应急救援现场指挥部，并指定现场指挥部总指挥。

第二十一条 现场指挥部实行总指挥负责制，按照本级人民政府的授权组织制定并实施生产安全事故现场应急救援方案，协调、指挥有关单位和个人参加现场应急救援。

参加生产安全事故现场应急救援的单位和个人应当服从现场指挥部的统一指挥。

第二十二条 在生产安全事故应急救援过程中，发现可能直接危及应急救援人员生命安全的紧急情况时，现场指挥部或者统一指挥应急救援的人民政府应当立即采取相应措施消除隐患，降低或者化解风险，必要时可以暂时撤离应急救援人员。

第二十三条 生产安全事故发生地人民政府应当为应急救援人员提供必需的后勤保障，并组织通信、交通运输、医疗卫生、气象、水文、地质、电力、供水等单位协助应急救援。

第二十四条 现场指挥部或者统一指挥生产安全事故应急救援的人民政府及其有关部门应当完整、准确地记录应急救援的重要事项，妥善保存相关原始资料和证据。

第二十五条 生产安全事故的威胁和危害得到控制或者消除后，有关人民政府应当决定停止执行依照本条例和有关法律、法规采取的全部或者部分应急救援措施。

第二十六条 有关人民政府及其部门根据生产安全事故应急救援需要依法调用和征

用的财产，在使用完毕或者应急救援结束后，应当及时归还。财产被调用、征用或者调用、征用后毁损、灭失的，有关人民政府及其部门应当按照国家有关规定给予补偿。

第二十七条　按照国家有关规定成立的生产安全事故调查组应当对应急救援工作进行评估，并在事故调查报告中作出评估结论。

第二十八条　县级以上地方人民政府应当按照国家有关规定，对在生产安全事故应急救援中伤亡的人员及时给予救治和抚恤；符合烈士评定条件的，按照国家有关规定评定为烈士。

第三十五条　本条例自2019年4月1日起施行。

8《特种设备安全监察条例》（国务院令第549号）（节选）

特种设备安全监察条例

（2003年3月11日中华人民共和国国务院令第373号公布，根据2009年1月24日《国务院关于修改〈特种设备安全监察条例〉的决定》修订）

第三章　特种设备的使用

第二十三条　特种设备使用单位，应当严格执行本条例和有关安全生产的法律、行政法规的规定，保证特种设备的安全使用。

第二十四条　特种设备使用单位应当使用符合安全技术规范要求的特种设备。特种设备投入使用前，使用单位应当核对其是否附有本条例第十五条规定的相关文件。

第二十五条　特种设备在投入使用前或者投入使用后30日内，特种设备使用单位应当向直辖市或者设区的市的特种设备安全监督管理部门登记。登记标志应当置于或者附着于该特种设备的显著位置。

第二十六条　特种设备使用单位应当建立特种设备安全技术档案。安全技术档案应当包括以下内容：

（一）特种设备的设计文件、制造单位、产品质量合格证明、使用维护说明等文件以及安装技术文件和资料；

（二）特种设备的定期检验和定期自行检查的记录；

（三）特种设备的日常使用状况记录；

（四）特种设备及其安全附件、安全保护装置、测量调控装置及有关附属仪器仪表的日常维护保养记录；

（五）特种设备运行故障和事故记录；

（六）高耗能特种设备的能效测试报告、能耗状况记录以及节能改造技术资料。

第二十七条　特种设备使用单位应当对在用特种设备进行经常性日常维护保养，并定期自行检查。

特种设备使用单位对在用特种设备应当至少每月进行一次自行检查，并作出记录。特种设备使用单位在对在用特种设备进行自行检查和日常维护保养时发现异常情况的，应当及时处理。

特种设备使用单位应当对在用特种设备的安全附件、安全保护装置、测量调控装置及有关附属仪器仪表进行定期校验、检修，并作出记录。

锅炉使用单位应当按照安全技术规范的要求进行锅炉水（介）质处理，并接受特种设备检验检测机构实施的水（介）质处理定期检验。

从事锅炉清洗的单位，应当按照安全技术规范的要求进行锅炉清洗，并接受特种设备检验检测机构实施的锅炉清洗过程监督检验。

第二十八条 特种设备使用单位应当按照安全技术规范的定期检验要求，在安全检验合格有效期届满前1个月向特种设备检验检测机构提出定期检验要求。

检验检测机构接到定期检验要求后，应当按照安全技术规范的要求及时进行安全性能检验和能效测试。

未经定期检验或者检验不合格的特种设备，不得继续使用。

第二十九条 特种设备出现故障或者发生异常情况，使用单位应当对其进行全面检查，消除事故隐患后，方可重新投入使用。

特种设备不符合能效指标的，特种设备使用单位应当采取相应措施进行整改。

第三十条 特种设备存在严重事故隐患，无改造、维修价值，或者超过安全技术规范规定使用年限，特种设备使用单位应当及时予以报废，并应当向原登记的特种设备安全监督管理部门办理注销。

第三十一条 电梯的日常维护保养必须由依照本条例取得许可的安装、改造、维修单位或者电梯制造单位进行。

电梯应当至少每15日进行一次清洁、润滑、调整和检查。

第三十二条 电梯的日常维护保养单位应当在维护保养中严格执行国家安全技术规范的要求，保证其维护保养的电梯的安全技术性能，并负责落实现场安全防护措施，保证施工安全。

电梯的日常维护保养单位，应当对其维护保养的电梯的安全性能负责。接到故障通知后，应当立即赶赴现场，并采取必要的应急救援措施。

第三十三条 电梯、客运索道、大型游乐设施等为公众提供服务的特种设备运营使用单位，应当设置特种设备安全管理机构或者配备专职的安全管理人员；其他特种设备使用单位，应当根据情况设置特种设备安全管理机构或者配备专职、兼职的安全管理人员。

特种设备的安全管理人员应当对特种设备使用状况进行经常性检查，发现问题的应当立即处理；情况紧急时，可以决定停止使用特种设备并及时报告本单位有关负责人。

第三十四条 客运索道、大型游乐设施的运营使用单位在客运索道、大型游乐设施每日投入使用前，应当进行试运行和例行安全检查，并对安全装置进行检查确认。

电梯、客运索道、大型游乐设施的运营使用单位应当将电梯、客运索道、大型游乐设施的安全注意事项和警示标志置于易于为乘客注意的显著位置。

第三十五条 客运索道、大型游乐设施的运营使用单位的主要负责人应当熟悉客运索道、大型游乐设施的相关安全知识，并全面负责客运索道、大型游乐设施的安全使用。

客运索道、大型游乐设施的运营使用单位的主要负责人至少应当每月召开一次会议，督促、检查客运索道、大型游乐设施的安全使用工作。

客运索道、大型游乐设施的运营使用单位，应当结合本单位的实际情况，配备相应数量的营救装备和急救物品。

第三十六条　电梯、客运索道、大型游乐设施的乘客应当遵守使用安全注意事项的要求，服从有关工作人员的指挥。

第三十七条　电梯投入使用后，电梯制造单位应当对其制造的电梯的安全运行情况进行跟踪调查和了解，对电梯的日常维护保养单位或者电梯的使用单位在安全运行方面存在的问题，提出改进建议，并提供必要的技术帮助。发现电梯存在严重事故隐患的，应当及时向特种设备安全监督管理部门报告。电梯制造单位对调查和了解的情况，应当作出记录。

第三十八条　锅炉、压力容器、电梯、起重机械、客运索道、大型游乐设施、场（厂）内专用机动车辆的作业人员及其相关管理人员（以下统称特种设备作业人员），应当按照国家有关规定经特种设备安全监督管理部门考核合格，取得国家统一格式的特种作业人员证书，方可从事相应的作业或者管理工作。

第三十九条　特种设备使用单位应当对特种设备作业人员进行特种设备安全、节能教育和培训，保证特种设备作业人员具备必要的特种设备安全、节能知识。

特种设备作业人员在作业中应当严格执行特种设备的操作规程和有关的安全规章制度。

第四十条　特种设备作业人员在作业过程中发现事故隐患或者其他不安全因素，应当立即向现场安全管理人员和单位有关负责人报告。

第一百零三条　本条例自2003年6月1日起施行。1982年2月6日国务院发布的《锅炉压力容器安全监察暂行条例》同时废止。

三、部门规章

9《电力建设工程施工安全监督管理办法》（发展改革委令第28号）（节选）

电力建设工程施工安全监督管理办法

第一章　总　　则

第一条　为了加强电力建设工程施工安全监督管理，保障人民群众生命和财产安全，根据《中华人民共和国安全生产法》、《中华人民共和国特种设备安全法》、《建设工程安全生产管理条例》、《电力监管条例》、《生产安全事故报告和调查处理条例》，制定本办法。

第二条 本办法适用于电力建设工程的新建、扩建、改建、拆除等有关活动，以及国家能源局及其派出机构对电力建设工程施工安全实施监督管理。

本办法所称电力建设工程，包括火电、水电、核电（除核岛外）、风电、太阳能发电等发电建设工程，输电、配电等电网建设工程，及其他电力设施建设工程。

本办法所称电力建设工程施工安全包括电力建设、勘察设计、施工、监理单位等涉及施工安全的生产活动。

第三条 电力建设工程施工安全坚持“安全第一、预防为主、综合治理”的方针，建立“企业负责、职工参与、行业自律、政府监管、社会监督”的管理机制。

第四条 电力建设单位、勘察设计单位、施工单位、监理单位及其他与电力建设工程施工安全有关的单位，必须遵守安全生产法律法规和标准规范，建立健全安全生产保证体系和监督体系，建立安全生产责任制和安全生产规章制度，保证电力建设工程施工安全，依法承担安全生产责任。

第五条 开展电力建设工程施工安全的科学技术研究和先进技术的推广应用，推进企业和工程建设项目实施安全生产标准化建设，推进电力建设工程安全生产科学管理，提高电力建设工程施工安全水平。

第四章 施工单位安全责任

第二十条 施工单位应当具备相应的资质等级，具备国家规定的安全生产条件，取得安全生产许可证，在许可的范围内从事电力建设工程施工活动。

第二十一条 施工单位应当按照国家法律法规和标准规范组织施工，对其施工现场的安全生产负责。应当设立安全生产管理机构，按规定配备专（兼）职安全生产管理人员，制定安全管理制度和操作规程。

第二十二条 施工单位应当按照国家有关规定计列和使用安全生产费用。应当编制安全生产费用使用计划，专款专用。

第二十三条 电力建设工程实行施工总承包的，由施工总承包单位对施工现场的安全生产负总责，具体包括：

（一）施工单位或施工总承包单位应当自行完成主体工程的施工，除可依法对劳务作业进行劳务分包外，不得对主体工程进行其它形式的施工分包；禁止任何形式的转包和违法分包；

（二）施工单位或施工总承包单位依法将主体工程以外项目进行专业分包的，分包单位必须具有相应资质和安全生产许可证，合同中应当明确双方在安全生产方面的权利和义务。施工单位或施工总承包单位履行电力建设工程安全生产监督管理职责，承担工程安全生产连带管理责任，分包单位对其承包的施工现场安全生产负责；

（三）施工单位或施工总承包单位和专业承包单位实行劳务分包的，应当分包给具有相应资质的单位，并对施工现场的安全生产承担主体责任。

第二十四条 施工单位应当履行劳务分包安全管理责任，将劳务派遣人员、临时用工人员纳入其安全管理体系，落实安全措施，加强作业现场管理和控制。

第二十五条 电力建设工程开工前，施工单位应当开展现场查勘，编制施工组织设计、施工方案和安全技术措施并按技术管理相关规定报建设单位、监理单位同意。

分部分项工程施工前，施工单位负责项目管理的技术人员应当向作业人员进行安全技术交底，如实告知作业场所和工作岗位可能存在的风险因素、防范措施以及现场应急处置方案，并由双方签字确认；对复杂自然条件、复杂结构、技术难度大及危险性较大的分部分项工程需编制专项施工方案并附安全验算结果，必要时召开专家会议论证确认。

第二十六条　施工单位应当定期组织施工现场安全检查和隐患排查治理，严格落实施工现场安全措施，杜绝违章指挥、违章作业、违反劳动纪律行为发生。

第二十七条　施工单位应当对因电力建设工程施工可能造成损害和影响的毗邻建筑物、构筑物、地下管线、架空线缆、设施及周边环境采取专项防护措施。对施工现场出入口、通道口、孔洞口、邻近带电区、易燃易爆及危险化学品存放处等危险区域和部位采取防护措施并设置明显的安全警示标志。

第二十八条　施工单位应当制定用火、用电、易燃易爆材料使用等消防安全管理制度，确定消防安全责任人，按规定设置消防通道、消防水源，配备消防设施和灭火器材。

第二十九条　施工单位应当按照国家有关规定采购、租赁、验收、检测、发放、使用、维护和管理施工机械、特种设备，建立施工设备安全管理制度、安全操作规程及相应的管理台账和维保记录档案。施工单位使用的特种设备应当是取得许可生产并经检验合格的特种设备。特种设备的登记标志、检测合格标志应当置于该特种设备的显著位置。安装、改造、修理特种设备的单位，应当具有国家规定的相应资质，在施工前按规定履行告知手续，施工过程按照相关规定接受监督检验。

第三十条　施工单位应当按照相关规定组织开展安全生产教育培训工作。企业主要负责人、项目负责人、专职安全生产管理人员、特种作业人员需经培训合格后持证上岗，新入场人员应当按规定经过三级安全教育。

第三十一条　施工单位对电力建设工程进行调试、试运行前，应当按照法律法规和工程建设强制性标准，编制调试大纲、试验方案，对各项试验方案制定安全技术措施并严格实施。

第三十二条　施工单位应当根据电力建设工程施工特点、范围，制定应急救援预案、现场处置方案，对施工现场易发生事故的部位、环节进行监控。实行施工总承包的，由施工总承包单位组织分包单位开展应急管理工作。

10《建筑施工企业安全生产管理机构设置及专职安全生产管理人员配备办法》（建质〔2008〕91号文）（全文）

建筑施工企业安全生产管理机构设置及专职安全生产管理人员配备办法

第一条　为规范建筑施工企业安全生产管理机构的设置，明确建筑施工企业和项目专职安全生产管理人员的配备标准，根据《中华人民共和国安全生产法》、《建设工程安全生产管理条例》、《安全生产许可证条例》及《建筑施工企业安全生产许可证管理规定》，制定本办法。

第二条 从事土木工程、建筑工程、线路管道和设备安装工程及装修工程的新建、改建、扩建和拆除等活动的建筑施工企业安全生产管理机构的设置及其专职安全生产管理人员的配备，适用本办法。

第三条 本办法所称安全生产管理机构是指建筑施工企业设置的负责安全生产管理工作的独立职能部门。

第四条 本办法所称专职安全生产管理人员是指经建设主管部门或者其他有关部门安全生产考核合格取得安全生产考核合格证书，并在建筑施工企业及其项目从事安全生产管理工作的专职人员。

第五条 建筑施工企业应当依法设置安全生产管理机构，在企业主要负责人的领导下开展本企业的安全生产管理工作。

第六条 建筑施工企业安全生产管理机构具有以下职责：

（一）宣传和贯彻国家有关安全生产法律法规和标准；

（二）编制并适时更新安全生产管理制度并监督实施；

（三）组织或参与企业生产安全事故应急救援预案的编制及演练；

（四）组织开展安全教育培训与交流；

（五）协调配备项目专职安全生产管理人员；

（六）制订企业安全生产检查计划并组织实施；

（七）监督在建项目安全生产费用的使用；

（八）参与危险性较大工程安全专项施工方案专家论证会；

（九）通报在建项目违规违章查处情况；

（十）组织开展安全生产评优评先表彰工作；

（十一）建立企业在建项目安全生产管理档案；

（十二）考核评价分包企业安全生产业绩及项目安全生产管理情况；

（十三）参加生产安全事故的调查和处理工作；

（十四）企业明确的其他安全生产管理职责。

第七条 建筑施工企业安全生产管理机构专职安全生产管理人员在施工现场检查过程中具有以下职责：

（一）查阅在建项目安全生产有关资料、核实有关情况；

（二）检查危险性较大工程安全专项施工方案落实情况；

（三）监督项目专职安全生产管理人员履责情况；

（四）监督作业人员安全防护用品的配备及使用情况；

（五）对发现的安全生产违章违规行为或安全隐患，有权当场予以纠正或作出处理决定；

（六）对不符合安全生产条件的设施、设备、器材，有权当场作出查封的处理决定；

（七）对施工现场存在的重大安全隐患有权越级报告或直接向建设主管部门报告；

（八）企业明确的其他安全生产管理职责。

第八条 建筑施工企业安全生产管理机构专职安全生产管理人员的配备应满足下列

要求，并应根据企业经营规模、设备管理和生产需要予以增加：

（一）建筑施工总承包资质序列企业：特级资质不少于6人；一级资质不少于4人；二级和二级以下资质企业不少于3人。

（二）建筑施工专业承包资质序列企业：一级资质不少于3人；二级和二级以下资质企业不少于2人。

（三）建筑施工劳务分包资质序列企业：不少于2人。

（四）建筑施工企业的分公司、区域公司等较大的分支机构（以下简称分支机构）应依据实际生产情况配备不少于2人的专职安全生产管理人员。

第九条 建筑施工企业应当实行建设工程项目专职安全生产管理人员委派制度。建设工程项目的专职安全生产管理人员应当定期将项目安全生产管理情况报告企业安全生产管理机构。

第十条 建筑施工企业应当在建设工程项目组建安全生产领导小组。建设工程实行施工总承包的，安全生产领导小组由总承包企业、专业承包企业和劳务分包企业项目经理、技术负责人和专职安全生产管理人员组成。

第十一条 安全生产领导小组的主要职责：

（一）贯彻落实国家有关安全生产法律法规和标准；

（二）组织制定项目安全生产管理制度并监督实施；

（三）编制项目生产安全事故应急救援预案并组织演练；

（四）保证项目安全生产费用的有效使用；

（五）组织编制危险性较大工程安全专项施工方案；

（六）开展项目安全教育培训；

（七）组织实施项目安全检查和隐患排查；

（八）建立项目安全生产管理档案；

（九）及时、如实报告安全生产事故。

第十二条 项目专职安全生产管理人员具有以下主要职责：

（一）负责施工现场安全生产日常检查并做好检查记录；

（二）现场监督危险性较大工程安全专项施工方案实施情况；

（三）对作业人员违规违章行为有权予以纠正或查处；

（四）对施工现场存在的安全隐患有权责令立即整改；

（五）对于发现的重大安全隐患，有权向企业安全生产管理机构报告；

（六）依法报告生产安全事故情况。

第十三条 总承包单位配备项目专职安全生产管理人员应当满足下列要求：

（一）建筑工程、装修工程按照建筑面积配备：

1.1万平方米以下的工程不少于1人；

2.1万～5万平方米的工程不少于2人；

3.5万平方米及以上的工程不少于3人，且按专业配备专职安全生产管理人员。

（二）土木工程、线路管道、设备安装工程按照工程合同价配备：

1.5000万元以下的工程不少于1人；

2.5000万～1亿元的工程不少于2人；

3.1亿元及以上的工程不少于3人，且按专业配备专职安全生产管理人员。

第十四条 分包单位配备项目专职安全生产管理人员应当满足下列要求：

（一）专业承包单位应当配置至少1人，并根据所承担的分部分项工程的工程量和施工危险程度增加。

（二）劳务分包单位施工人员在50人以下的，应当配备1名专职安全生产管理人员；50人～200人的，应当配备2名专职安全生产管理人员；200人及以上的，应当配备3名及以上专职安全生产管理人员，并根据所承担的分部分项工程施工危险实际情况增加，不得少于工程施工人员总人数的5‰。

第十五条 采用新技术、新工艺、新材料或致害因素多、施工作业难度大的工程项目，项目专职安全生产管理人员的数量应当根据施工实际情况，在第十三条、第十四条规定的配备标准上增加。

第十六条 施工作业班组可以设置兼职安全巡查员，对本班组的作业场所进行安全监督检查。

建筑施工企业应当定期对兼职安全巡查员进行安全教育培训。

第十七条 安全生产许可证颁发管理机关颁发安全生产许可证时，应当审查建筑施工企业安全生产管理机构设置及其专职安全生产管理人员的配备情况。

第十八条 建设主管部门核发施工许可证或者核准开工报告时，应当审查该工程项目专职安全生产管理人员的配备情况。

第十九条 建设主管部门应当监督检查建筑施工企业安全生产管理机构及其专职安全生产管理人员履责情况。

第二十条 本办法自颁发之日起实施，原《关于印发〈建筑施工企业安全生产管理机构设置及专职安全生产管理人员配备办法〉和〈危险性较大工程安全专项施工方案编制及专家论证审查办法〉的通知》（建质〔2004〕213号）中的《建筑施工企业安全生产管理机构设置及专职安全生产管理人员配备办法》废止。

11《生产经营单位安全培训规定》（国家安全生产监督管理总局令第80号）（节选）

生产经营单位安全培训规定

（2006年1月17日国家安全监管总局令第3号公布，根据2013年8月29日国家安全监管总局令第63号第一次修正，根据2015年5月29日国家安全生产监管总局令第80号第二次修正）

第一章 总 则

第一条 为加强和规范生产经营单位安全培训工作，提高从业人员安全素质，防范伤亡事故，减轻职业危害，根据安全生产法和有关法律、行政法规，制定本规定。

第二条 工矿商贸生产经营单位（以下简称生产经营单位）从业人员的安全培训，

适用本规定。

第三条 生产经营单位负责本单位从业人员安全培训工作。

生产经营单位应当按照安全生产法和有关法律、行政法规和本规定，建立健全安全培训工作制度。

第四条 生产经营单位应当进行安全培训的从业人员包括主要负责人、安全生产管理人员、特种作业人员和其他从业人员。

生产经营单位使用被派遣劳动者的，应当将被派遣劳动者纳入本单位从业人员统一管理，对被派遣劳动者进行岗位安全操作规程和安全操作技能的教育和培训。劳务派遣单位应当对被派遣劳动者进行必要的安全生产教育和培训。

生产经营单位接收中等职业学校、高等学校学生实习的，应当对实习学生进行相应的安全生产教育和培训，提供必要的劳动防护用品。学校应当协助生产经营单位对实习学生进行安全生产教育和培训。

生产经营单位从业人员应当接受安全培训，熟悉有关安全生产规章制度和安全操作规程，具备必要的安全生产知识，掌握本岗位的安全操作技能，了解事故应急处理措施，知悉自身在安全生产方面的权利和义务。

未经安全培训合格的从业人员，不得上岗作业。

第五条 国家安全生产监督管理总局指导全国安全培训工作，依法对全国的安全培训工作实施监督管理。

国务院有关主管部门按照各自职责指导监督本行业安全培训工作，并按照本规定制定实施办法。

国家煤矿安全监察局指导监督检查全国煤矿安全培训工作。

各级安全生产监督管理部门和煤矿安全监察机构（以下简称安全生产监管监察部门）按照各自的职责，依法对生产经营单位的安全培训工作实施监督管理。

第二章 主要负责人、安全生产管理人员的安全培训

第六条 生产经营单位主要负责人和安全生产管理人员应当接受安全培训，具备与所从事的生产经营活动相适应的安全生产知识和管理能力。

第七条 生产经营单位主要负责人安全培训应当包括下列内容：

（一）国家安全生产方针、政策和有关安全生产的法律、法规、规章及标准；

（二）安全生产管理基本知识、安全生产技术、安全生产专业知识；

（三）重大危险源管理、重大事故防范、应急管理和救援组织以及事故调查处理的有关规定；

（四）职业危害及其预防措施；

（五）国内外先进的安全生产管理经验；

（六）典型事故和应急救援案例分析；

（七）其他需要培训的内容。

第八条 生产经营单位安全生产管理人员安全培训应当包括下列内容：

（一）国家安全生产方针、政策和有关安全生产的法律、法规、规章及标准；

（二）安全生产管理、安全生产技术、职业卫生等知识；

（三）伤亡事故统计、报告及职业危害的调查处理方法；

（四）应急管理、应急预案编制以及应急处置的内容和要求；

（五）国内外先进的安全生产管理经验；

（六）典型事故和应急救援案例分析；

（七）其他需要培训的内容。

第九条 生产经营单位主要负责人和安全生产管理人员初次安全培训时间不得少于32学时。每年再培训时间不得少于12学时。

煤矿、非煤矿山、危险化学品、烟花爆竹、金属冶炼等生产经营单位主要负责人和安全生产管理人员初次安全培训时间不得少于48学时，每年再培训时间不得少于16学时。

第十条 生产经营单位主要负责人和安全生产管理人员的安全培训必须依照安全生产监管监察部门制定的安全培训大纲实施。

非煤矿山、危险化学品、烟花爆竹、金属冶炼等生产经营单位主要负责人和安全生产管理人员的安全培训大纲及考核标准由国家安全生产监督管理总局统一制定。

煤矿主要负责人和安全生产管理人员的安全培训大纲及考核标准由国家煤矿安全监察局制定。

煤矿、非煤矿山、危险化学品、烟花爆竹、金属冶炼以外的其他生产经营单位主要负责人和安全管理人员的安全培训大纲及考核标准，由省、自治区、直辖市安全生产监督管理部门制定。

第三章 其他从业人员的安全培训

第十一条 煤矿、非煤矿山、危险化学品、烟花爆竹、金属冶炼等生产经营单位必须对新上岗的临时工、合同工、劳务工、轮换工、协议工等进行强制性安全培训，保证其具备本岗位安全操作、自救互救以及应急处置所需的知识和技能后，方能安排上岗作业。

第十二条 加工、制造业等生产单位的其他从业人员，在上岗前必须经过厂（矿）、车间（工段、区、队）、班组三级安全培训教育。

生产经营单位应当根据工作性质对其他从业人员进行安全培训，保证其具备本岗位安全操作、应急处置等知识和技能。

第十三条 生产经营单位新上岗的从业人员，岗前安全培训时间不得少于24学时。

煤矿、非煤矿山、危险化学品、烟花爆竹、金属冶炼等生产经营单位新上岗的从业人员安全培训时间不得少于72学时，每年再培训的时间不得少于20学时。

第十四条 厂（矿）级岗前安全培训内容应当包括：

（一）本单位安全生产情况及安全生产基本知识；

（二）本单位安全生产规章制度和劳动纪律；

（三）从业人员安全生产权利和义务；

（四）有关事故案例等。

煤矿、非煤矿山、危险化学品、烟花爆竹、金属冶炼等生产经营单位厂（矿）级安全培训除包括上述内容外，应当增加事故应急救援、事故应急预案演练及防范措施等内容。

第十五条　车间（工段、区、队）级岗前安全培训内容应当包括：

（一）工作环境及危险因素；

（二）所从事工种可能遭受的职业伤害和伤亡事故；

（三）所从事工种的安全职责、操作技能及强制性标准；

（四）自救互救、急救方法、疏散和现场紧急情况的处理；

（五）安全设备设施、个人防护用品的使用和维护；

（六）本车间（工段、区、队）安全生产状况及规章制度；

（七）预防事故和职业危害的措施及应注意的安全事项；

（八）有关事故案例；

（九）其他需要培训的内容。

第十六条　班组级岗前安全培训内容应当包括：

（一）岗位安全操作规程；

（二）岗位之间工作衔接配合的安全与职业卫生事项；

（三）有关事故案例；

（四）其他需要培训的内容。

第十七条　从业人员在本生产经营单位内调整工作岗位或离岗一年以上重新上岗时，应当重新接受车间（工段、区、队）和班组级的安全培训。

生产经营单位采用新工艺、新技术、新材料或者使用新设备时，应当对有关从业人员重新进行有针对性的安全培训。

第十八条　生产经营单位的特种作业人员，必须按照国家有关法律、法规的规定接受专门的安全培训，经考核合格，取得特种作业操作资格证书后，方可上岗作业。

特种作业人员的范围和培训考核管理办法，另行规定。

第四章　安全培训的组织实施

第十九条　生产经营单位从业人员的安全培训工作，由生产经营单位组织实施。

生产经营单位应当坚持以考促学、以讲促学，确保全体从业人员熟练掌握岗位安全生产知识和技能；煤矿、非煤矿山、危险化学品、烟花爆竹、金属冶炼等生产经营单位还应当完善和落实师傅带徒弟制度。

第二十条　具备安全培训条件的生产经营单位，应当以自主培训为主；可以委托具备安全培训条件的机构，对从业人员进行安全培训。

不具备安全培训条件的生产经营单位，应当委托具备安全培训条件的机构，对从业人员进行安全培训。

生产经营单位委托其他机构进行安全培训的，保证安全培训的责任仍由本单位负责。

第二十一条　生产经营单位应当将安全培训工作纳入本单位年度工作计划。保证本单位安全培训工作所需资金。

生产经营单位的主要负责人负责组织制定并实施本单位安全培训计划。

第二十二条　生产经营单位应当建立健全从业人员安全生产教育和培训档案，由生产经营单位的安全生产管理机构以及安全生产管理人员详细、准确记录培训的时间、内容、参加人员以及考核结果等情况。

第二十三条 生产经营单位安排从业人员进行安全培训期间，应当支付工资和必要的费用。

第三十四条 本规定自2006年3月1日起施行。

12《安全生产培训管理办法》（国家安全生产监督管理总局令第80号）（节选）

安全生产培训管理办法

（2012年1月19日国家安全监管总局令第44号公布，根据2013年8月29日国家安全监管总局令第63号第一次修正，根据2015年5月29日国家安全监管总局令第80号第二次修正）

第二章 安全培训

第六条 安全培训应当按照规定的安全培训大纲进行。

安全监管监察人员，危险物品的生产、经营、储存单位与非煤矿山、金属冶炼单位的主要负责人和安全生产管理人员、特种作业人员以及从事安全生产工作的相关人员的安全培训大纲，由国家安全监管总局组织制定。

煤矿企业的主要负责人和安全生产管理人员、特种作业人员的培训大纲由国家煤矿安监局组织制定。

除危险物品的生产、经营、储存单位和矿山、金属冶炼单位以外其他生产经营单位的主要负责人、安全生产管理人员及其他从业人员的安全培训大纲，由省级安全生产监督管理部门、省级煤矿安全培训监管机构组织制定。

第七条 国家安全监管总局、省级安全生产监督管理部门定期组织优秀安全培训教材的评选。

安全培训机构应当优先使用优秀安全培训教材。

第八条 国家安全监管总局负责省级以上安全生产监督管理部门的安全生产监管人员、各级煤矿安全监察机构的煤矿安全监察人员的培训工作。

省级安全生产监督管理部门负责市级、县级安全生产监督管理部门的安全生产监管人员的培训工作。

生产经营单位的从业人员的安全培训，由生产经营单位负责。

危险化学品登记机构的登记人员和承担安全评价、咨询、检测、检验的人员及注册安全工程师、安全生产应急救援人员的安全培训，按照有关法律、法规、规章的规定进行。

第九条 对从业人员的安全培训，具备安全培训条件的生产经营单位应当以自主培训为主，也可以委托具备安全培训条件的机构进行安全培训。

不具备安全培训条件的生产经营单位，应当委托具有安全培训条件的机构对从业人员进行安全培训。

生产经营单位委托其他机构进行安全培训的，保证安全培训的责任仍由本单位负责。

第十条　生产经营单位应当建立安全培训管理制度，保障从业人员安全培训所需经费，对从业人员进行与其所从事岗位相应的安全教育培训；从业人员调整工作岗位或者采用新工艺、新技术、新设备、新材料的，应当对其进行专门的安全教育和培训。未经安全教育和培训合格的从业人员，不得上岗作业。

生产经营单位使用被派遣劳动者的，应当将被派遣劳动者纳入本单位从业人员统一管理，对被派遣劳动者进行岗位安全操作规程和安全操作技能的教育和培训。劳务派遣单位应当对被派遣劳动者进行必要的安全生产教育和培训。

生产经营单位接收中等职业学校、高等学校学生实习的，应当对实习学生进行相应的安全生产教育和培训，提供必要的劳动防护用品。学校应当协助生产经营单位对实习学生进行安全生产教育和培训。

从业人员安全培训的时间、内容、参加人员以及考核结果等情况，生产经营单位应当如实记录并建档备查。

第十一条　生产经营单位从业人员的培训内容和培训时间，应当符合《生产经营单位安全培训规定》和有关标准的规定。

第十二条　中央企业的分公司、子公司及其所属单位和其他生产经营单位，发生造成人员死亡的生产安全事故的，其主要负责人和安全生产管理人员应当重新参加安全培训。

特种作业人员对造成人员死亡的生产安全事故负有直接责任的，应当按照《特种作业人员安全技术培训考核管理规定》重新参加安全培训。

第十三条　国家鼓励生产经营单位实行师傅带徒弟制度。

矿山新招的井下作业人员和危险物品生产经营单位新招的危险工艺操作岗位人员，除按照规定进行安全培训外，还应当在有经验的职工带领下实习满2个月后，方可独立上岗作业。

第十四条　国家鼓励生产经营单位招录职业院校毕业生。

职业院校毕业生从事与所学专业相关的作业，可以免予参加初次培训，实际操作培训除外。

第十五条　安全培训机构应当建立安全培训工作制度和人员培训档案。安全培训相关情况，应当如实记录并建档备查。

第十六条　安全培训机构从事安全培训工作的收费，应当符合法律、法规的规定。法律、法规没有规定的，应当按照行业自律标准或者指导性标准收费。

第十七条　国家鼓励安全培训机构和生产经营单位利用现代信息技术开展安全培训，包括远程培训。

第三章　安全培训的考核

第十八条　安全监管监察人员、从事安全生产工作的相关人员、依照有关法律法规应当接受安全生产知识和管理能力考核的生产经营单位主要负责人和安全生产管理人员、特种作业人员的安全培训的考核，应当坚持教考分离、统一标准、统一题库、分级负责的原则，分步推行有远程视频监控的计算机考试。

第十九条 安全监管监察人员，危险物品的生产、经营、储存单位及非煤矿山、金属冶炼单位主要负责人、安全生产管理人员和特种作业人员，以及从事安全生产工作的相关人员的考核标准，由国家安全监管总局统一制定。

煤矿企业的主要负责人、安全生产管理人员和特种作业人员的考核标准，由国家煤矿安监局制定。

除危险物品的生产、经营、储存单位和矿山、金属冶炼单位以外其他生产经营单位主要负责人、安全生产管理人员及其他从业人员的考核标准，由省级安全生产监督管理部门制定。

第二十条 国家安全监管总局负责省级以上安全生产监督管理部门的安全生产监管人员、各级煤矿安全监察机构的煤矿安全监察人员的考核；负责中央企业的总公司、总厂或者集团公司的主要负责人和安全生产管理人员的考核。

省级安全生产监督管理部门负责市级、县级安全生产监督管理部门的安全生产监管人员的考核；负责省属生产经营单位和中央企业分公司、子公司及其所属单位的主要负责人和安全生产管理人员的考核；负责特种作业人员的考核。

市级安全生产监督管理部门负责本行政区域内除中央企业、省属生产经营单位以外的其他生产经营单位的主要负责人和安全生产管理人员的考核。

省级煤矿安全培训监管机构负责所辖区域内煤矿企业的主要负责人、安全生产管理人员和特种作业人员的考核。

除主要负责人、安全生产管理人员、特种作业人员以外的生产经营单位的其他从业人员的考核，由生产经营单位按照省级安全生产监督管理部门公布的考核标准，自行组织考核。

第二十一条 安全生产监督管理部门、煤矿安全培训监管机构和生产经营单位应当制定安全培训的考核制度，建立考核管理档案备查。

第四章 安全培训的发证

第二十二条 接受安全培训人员经考核合格的，由考核部门在考核结束后10个工作日内颁发相应的证书。

第二十三条 安全生产监管人员经考核合格后，颁发安全生产监管执法证；煤矿安全监察人员经考核合格后，颁发煤矿安全监察执法证；危险物品的生产、经营、储存单位和矿山、金属冶炼单位主要负责人、安全生产管理人员经考核合格后，颁发安全合格证；特种作业人员经考核合格后，颁发《中华人民共和国特种作业操作证》（以下简称特种作业操作证）；危险化学品登记机构的登记人员经考核合格后，颁发上岗证；其他人员经培训合格后，颁发培训合格证。

第二十四条 安全生产监管执法证、煤矿安全监察执法证、安全合格证、特种作业操作证和上岗证的式样，由国家安全监管总局统一规定。培训合格证的式样，由负责培训考核的部门规定。

第二十五条　安全生产监管执法证、煤矿安全监察执法证、安全合格证的有效期为3年。有效期届满需要延期的，应当于有效期届满30日前向原发证部门申请办理延期手续。

特种作业人员的考核发证按照《特种作业人员安全技术培训考核管理规定》执行。

第二十六条　特种作业操作证和省级安全生产监督管理部门、省级煤矿安全培训监管机构颁发的主要负责人、安全生产管理人员的安全合格证，在全国范围内有效。

第二十七条　承担安全评价、咨询、检测、检验的人员和安全生产应急救援人员的考核、发证，按照有关法律、法规、规章的规定执行。

第三十八条　本办法自2012年3月1日起施行。2004年12月28日公布的《安全生产培训管理办法》（原国家安全生产监督管理局〈国家煤矿安全监察局〉令第20号）同时废止。

13《建筑施工企业主要负责人、项目负责人和专职安全生产管理人员安全生产管理规定》（住房城乡建设部令第17号）（节选）

建筑施工企业主要负责人、项目负责人和专职安全生产管理人员安全生产管理规定

第一章　总　　则

第一条　为了加强房屋建筑和市政基础设施工程施工安全监督管理，提高建筑施工企业主要负责人、项目负责人和专职安全生产管理人员（以下合称“安管人员”）的安全生产管理能力，根据《中华人民共和国安全生产法》、《建设工程安全生产管理条例》等法律法规，制定本规定。

第二条　在中华人民共和国境内从事房屋建筑和市政基础设施工程施工活动的建筑施工企业的“安管人员”，参加安全生产考核，履行安全生产责任，以及对其实施安全生产监督管理，应当符合本规定。

第三条　企业主要负责人，是指对本企业生产经营活动和安全生产工作具有决策权的领导人员。

项目负责人，是指取得相应注册执业资格，由企业法定代表人授权，负责具体工程项目管理的人员。

专职安全生产管理人员，是指在企业专职从事安全生产管理工作的人员，包括企业安全生产管理机构的人员和工程项目专职从事安全生产管理工作的人员。

第四条　国务院住房城乡建设主管部门负责对全国“安管人员”安全生产工作进行监督管理。

县级以上地方人民政府住房城乡建设主管部门负责对本行政区域内“安管人员”安全生产工作进行监督管理。

第二章 考核发证

第五条 “安管人员”应当通过其受聘企业，向企业工商注册地的省、自治区、直辖市人民政府住房城乡建设主管部门（以下简称考核机关）申请安全生产考核，并取得安全生产考核合格证书。安全生产考核不得收费。

第六条 申请参加安全生产考核的“安管人员”，应当具备相应文化程度、专业技术职称和一定安全生产工作经历，与企业确立劳动关系，并经企业年度安全生产教育培训合格。

第七条 安全生产考核包括安全生产知识考核和管理能力考核。

安全生产知识考核内容包括：建筑施工安全的法律法规、规章制度、标准规范，建筑施工安全管理基本理论等。

安全生产管理能力考核内容包括：建立和落实安全生产管理制度、辨识和监控危险性较大的分部分项工程、发现和消除安全事故隐患、报告和处置生产安全事故等方面的能力。

第八条 对安全生产考核合格的，考核机关应当在20个工作日内核发安全生产考核合格证书，并予以公告；对不合格的，应当通过“安管人员”所在企业通知本人并说明理由。

第九条 安全生产考核合格证书有效期为3年，证书在全国范围内有效。

证书式样由国务院住房城乡建设主管部门统一规定。

第十条 安全生产考核合格证书有效期届满需要延续的，“安管人员”应当在有效期届满前3个月内，由本人通过受聘企业向原考核机关申请证书延续。准予证书延续的，证书有效期延续3年。

对证书有效期内未因生产安全事故或者违反本规定受到行政处罚，信用档案中无不良行为记录，且已按规定参加企业和县级以上人民政府住房城乡建设主管部门组织的安全生产教育培训的，考核机关应当在受理延续申请之日起20个工作日内，准予证书延续。

第十一条 “安管人员”变更受聘企业的，应当与原聘用企业解除劳动关系，并通过新聘用企业到考核机关申请办理证书变更手续。考核机关应当在受理变更申请之日起5个工作日内办理完毕。

第十二条 “安管人员”遗失安全生产考核合格证书的，应当在公共媒体上声明作废，通过其受聘企业向原考核机关申请补办。考核机关应当在受理申请之日起5个工作日内办理完毕。

第十三条 “安管人员”不得涂改、倒卖、出租、出借或者以其他形式非法转让安全生产考核合格证书。

第三章 安全责任

第十四条 主要负责人对本企业安全生产工作全面负责，应当建立健全企业安全生产管理体系，设置安全生产管理机构，配备专职安全生产管理人员，保证安全生产投入，督促检查本企业安全生产工作，及时消除安全事故隐患，落实安全生产责任。

第十五条　主要负责人应当与项目负责人签订安全生产责任书，确定项目安全生产考核目标、奖惩措施，以及企业为项目提供的安全管理和技术保障措施。

工程项目实行总承包的，总承包企业应当与分包企业签订安全生产协议，明确双方安全生产责任。

第十六条　主要负责人应当按规定检查企业所承担的工程项目，考核项目负责人安全生产管理能力。发现项目负责人履职不到位的，应当责令其改正；必要时，调整项目负责人。检查情况应当记入企业和项目安全管理档案。

第十七条　项目负责人对本项目安全生产管理全面负责，应当建立项目安全生产管理体系，明确项目管理人员安全职责，落实安全生产管理制度，确保项目安全生产费用有效使用。

第十八条　项目负责人应当按规定实施项目安全生产管理，监控危险性较大分部分项工程，及时排查处理施工现场安全事故隐患，隐患排查处理情况应当记入项目安全管理档案；发生事故时，应当按规定及时报告并开展现场救援。

工程项目实行总承包的，总承包企业项目负责人应当定期考核分包企业安全生产管理情况。

第十九条　企业安全生产管理机构专职安全生产管理人员应当检查在建项目安全生产管理情况，重点检查项目负责人、项目专职安全生产管理人员履责情况，处理在建项目违规违章行为，并记入企业安全管理档案。

第二十条　项目专职安全生产管理人员应当每天在施工现场开展安全检查，现场监督危险性较大的分部分项工程安全专项施工方案实施。对检查中发现的安全事故隐患，应当立即处理；不能处理的，应当及时报告项目负责人和企业安全生产管理机构。项目负责人应当及时处理。检查及处理情况应当记入项目安全管理档案。

第二十一条　建筑施工企业应当建立安全生产教育培训制度，制定年度培训计划，每年对“安管人员”进行培训和考核，考核不合格的，不得上岗。培训情况应当记入企业安全生产教育培训档案。

第二十二条　建筑施工企业安全生产管理机构和工程项目应当按规定配备相应数量和相关专业的专职安全生产管理人员。危险性较大的分部分项工程施工时，应当安排专职安全生产管理人员现场监督。

第三十五条　本规定自 2014 年 9 月 1 日起施行。

14《特种作业人员安全技术培训考核管理规定》（国家安全生产监督管理总局令第 30 号）（节选）

特种作业人员安全技术培训考核管理规定

第二章　培　　训

第九条　特种作业人员应当接受与其所从事的特种作业相应的安全技术理论培训和

实际操作培训。

已经取得职业高中、技工学校及中专以上学历的毕业生从事与其所学专业相应的特种作业，持学历证明经考核发证机关同意，可以免予相关专业的培训。

跨省、自治区、直辖市从业的特种作业人员，可以在户籍所在地或者从业所在地参加培训。

第十条　对特种作业人员的安全技术培训，具备安全培训条件的生产经营单位应当以自主培训为主，也可以委托具备安全培训条件的机构进行培训。

不具备安全培训条件的生产经营单位，应当委托具备安全培训条件的机构进行培训。

生产经营单位委托其他机构进行特种作业人员安全技术培训的，保证安全技术培训的责任仍由本单位负责。

第十一条　从事特种作业人员安全技术培训的机构（以下统称培训机构），应当制定相应的培训计划、教学安排，并按照安全监管总局、煤矿安监局制定的特种作业人员培训大纲和煤矿特种作业人员培训大纲进行特种作业人员的安全技术培训。

第三章　考核发证

第十二条　特种作业人员的考核包括考试和审核两部分。考试由考核发证机关或其委托的单位负责；审核由考核发证机关负责。

安全监管总局、煤矿安监局分别制定特种作业人员、煤矿特种作业人员的考核标准，并建立相应的考试题库。

考核发证机关或其委托的单位应当按照安全监管总局、煤矿安监局统一制定的考核标准进行考核。

第十三条　参加特种作业操作资格考试的人员，应当填写考试申请表，由申请人或者申请人的用人单位持学历证明或者培训机构出具的培训证明向申请人户籍所在地或者从业所在地的考核发证机关或其委托的单位提出申请。

考核发证机关或其委托的单位收到申请后，应当在 60 日内组织考试。

特种作业操作资格考试包括安全技术理论考试和实际操作考试两部分。考试不及格的，允许补考 1 次。经补考仍不及格的，重新参加相应的安全技术培训。

第十四条　考核发证机关委托承担特种作业操作资格考试的单位应当具备相应的场所、设施、设备等条件，建立相应的管理制度，并公布收费标准等信息。

第十五条　考核发证机关或其委托承担特种作业操作资格考试的单位，应当在考试结束后 10 个工作日内公布考试成绩。

第十六条　符合本规定第四条规定并经考试合格的特种作业人员，应当向其户籍所在地或者从业所在地的考核发证机关申请办理特种作业操作证，并提交身份证复印件、学历证书复印件、体检证明、考试合格证明等材料。

第十七条　收到申请的考核发证机关应当在 5 个工作日内完成对特种作业人员所提交申请材料的审查，作出受理或者不予受理的决定。能够当场作出受理决定的，应当当场作出受理决定；申请材料不齐全或者不符合要求的，应当当场或者在 5 个工作日内一次告知申请人需要补正的全部内容，逾期不告知的，视为自收到申请材料之日起即已被受理。

第十八条　对已经受理的申请，考核发证机关应当在20个工作日内完成审核工作。符合条件的，颁发特种作业操作证；不符合条件的，应当说明理由。

第十九条　特种作业操作证有效期为6年，在全国范围内有效。

特种作业操作证由安全监管总局统一式样、标准及编号。

第二十条　特种作业操作证遗失的，应当向原考核发证机关提出书面申请，经原考核发证机关审查同意后，予以补发。

特种作业操作证所记载的信息发生变化或者损毁的，应当向原考核发证机关提出书面申请，经原考核发证机关审查确认后，予以更换或者更新。

第四章　复　　审

第二十一条　特种作业操作证每3年复审1次。

特种作业人员在特种作业操作证有效期内，连续从事本工种10年以上，严格遵守有关安全生产法律法规的，经原考核发证机关或者从业所在地考核发证机关同意，特种作业操作证的复审时间可以延长至每6年1次。

第二十二条　特种作业操作证需要复审的，应当在期满前60日内，由申请人或者申请人的用人单位向原考核发证机关或者从业所在地考核发证机关提出申请，并提交下列材料：

（一）社区或者县级以上医疗机构出具的健康证明；

（二）从事特种作业的情况；

（三）安全培训考试合格记录。

特种作业操作证有效期届满需要延期换证的，应当按照前款的规定申请延期复审。

第二十三条　特种作业操作证申请复审或者延期复审前，特种作业人员应当参加必要的安全培训并考试合格。

安全培训时间不少于8个学时，主要培训法律、法规、标准、事故案例和有关新工艺、新技术、新装备等知识。

第二十四条　申请复审的，考核发证机关应当在收到申请之日起20个工作日内完成复审工作。复审合格的，由考核发证机关签章、登记，予以确认；不合格的，说明理由。

申请延期复审的，经复审合格后，由考核发证机关重新颁发特种作业操作证。

第二十五条　特种作业人员有下列情形之一的，复审或者延期复审不予通过：

（一）健康体检不合格的；

（二）违章操作造成严重后果或者有2次以上违章行为，并经查证确实的；

（三）有安全生产违法行为，并给予行政处罚的；

（四）拒绝、阻碍安全生产监管监察部门监督检查的；

（五）未按规定参加安全培训，或者考试不合格的；

（六）具有本规定第三十条、第三十一条规定情形的。

第二十六条　特种作业操作证复审或者延期复审符合本规定第二十五条第二项、第三项、第四项、第五项情形的，按照本规定经重新安全培训考试合格后，再办理复审或者延期复审手续。

再复审、延期复审仍不合格，或者未按期复审的，特种作业操作证失效。

第二十七条 申请人对复审或者延期复审有异议的，可以依法申请行政复议或者提起行政诉讼。

第七章 附 则

第四十六条 本规定自 20100701 起施行。1999 年 7 月 12 日原国家经贸委发布的《特种作业人员安全技术培训考核管理办法》（原国家经贸委令第 13 号）同时废止。

15《危险性较大的分部分项工程安全管理规定》（住房城乡建设部令第 37 号）（节选）

危险性较大的分部分项工程安全管理规定

第一章 总 则

第一条 为加强对房屋建筑和市政基础设施工程中危险性较大的分部分项工程安全管理，有效防范生产安全事故，依据《中华人民共和国建筑法》《中华人民共和国安全生产法》《建设工程安全生产管理条例》等法律法规，制定本规定。

第二条 本规定适用于房屋建筑和市政基础设施工程中危险性较大的分部分项工程安全管理。

第三条 本规定所称危险性较大的分部分项工程（以下简称“危大工程”），是指房屋建筑和市政基础设施工程在施工过程中，容易导致人员群死群伤或者造成重大经济损失的分部分项工程。

危大工程及超过一定规模的危大工程范围由国务院住房城乡建设主管部门制定。

省级住房城乡建设主管部门可以结合本地区实际情况，补充本地区危大工程范围。

第四条 国务院住房城乡建设主管部门负责全国危大工程安全管理的指导监督。

县级以上地方人民政府住房城乡建设主管部门负责本行政区域内危大工程的安全监督管理。

第三章 专项施工方案

第十条 施工单位应当在危大工程施工前组织工程技术人员编制专项施工方案。

实行施工总承包的，专项施工方案应当由施工总承包单位组织编制。危大工程实行分包的，专项施工方案可以由相关专业分包单位组织编制。

第十一条 专项施工方案应当由施工单位技术负责人审核签字、加盖单位公章，并由总监理工程师审查签字、加盖执业印章后方可实施。

危大工程实行分包并由分包单位编制专项施工方案的，专项施工方案应当由总承包单位技术负责人及分包单位技术负责人共同审核签字并加盖单位公章。

第十二条　对于超过一定规模的危大工程，施工单位应当组织召开专家论证会对专项施工方案进行论证。实行施工总承包的，由施工总承包单位组织召开专家论证会。专家论证前专项施工方案应当通过施工单位审核和总监理工程师审查。

专家应当从地方人民政府住房城乡建设主管部门建立的专家库中选取，符合专业要求且人数不得少于5名。与本工程有利害关系的人员不得以专家身份参加专家论证会。

第十三条　专家论证会后，应当形成论证报告，对专项施工方案提出通过、修改后通过或者不通过的一致意见。专家对论证报告负责并签字确认。

专项施工方案经论证需修改后通过的，施工单位应当根据论证报告修改完善后，重新履行本规定第十一条的程序。

专项施工方案经论证不通过的，施工单位修改后应当按照本规定的要求重新组织专家论证。

第四章　现场安全管理

第十四条　施工单位应当在施工现场显著位置公告危大工程名称、施工时间和具体责任人员，并在危险区域设置安全警示标志。

第十五条　专项施工方案实施前，编制人员或者项目技术负责人应当向施工现场管理人员进行方案交底。

施工现场管理人员应当向作业人员进行安全技术交底，并由双方和项目专职安全生产管理人员共同签字确认。

第十六条　施工单位应当严格按照专项施工方案组织施工，不得擅自修改专项施工方案。

因规划调整、设计变更等原因确需调整的，修改后的专项施工方案应当按照本规定重新审核和论证。涉及资金或者工期调整的，建设单位应当按照约定予以调整。

第十七条　施工单位应当对危大工程施工作业人员进行登记，项目负责人应当在施工现场履职。

项目专职安全生产管理人员应当对专项施工方案实施情况进行现场监督，对未按照专项施工方案施工的，应当要求立即整改，并及时报告项目负责人，项目负责人应当及时组织限期整改。

施工单位应当按照规定对危大工程进行施工监测和安全巡视，发现危及人身安全的紧急情况，应当立即组织作业人员撤离危险区域。

第十八条　监理单位应当结合危大工程专项施工方案编制监理实施细则，并对危大工程施工实施专项巡视检查。

第十九条　监理单位发现施工单位未按照专项施工方案施工的，应当要求其进行整改；情节严重的，应当要求其暂停施工，并及时报告建设单位。施工单位拒不整改或者不停止施工的，监理单位应当及时报告建设单位和工程所在地住房城乡建设主管部门。

第二十条　对于按照规定需要进行第三方监测的危大工程，建设单位应当委托具有相应勘察资质的单位进行监测。

监测单位应当编制监测方案。监测方案由监测单位技术负责人审核签字并加盖单位公章，报送监理单位后方可实施。

监测单位应当按照监测方案开展监测，及时向建设单位报送监测成果，并对监测成果负责；发现异常时，及时向建设、设计、施工、监理单位报告，建设单位应当立即组织相关单位采取处置措施。

第二十一条 对于按照规定需要验收的危大工程，施工单位、监理单位应当组织相关人员进行验收。验收合格的，经施工单位项目技术负责人及总监理工程师签字确认后，方可进入下一道工序。

危大工程验收合格后，施工单位应当在施工现场明显位置设置验收标识牌，公示验收时间及责任人员。

第二十二条 危大工程发生险情或者事故时，施工单位应当立即采取应急处置措施，并报告工程所在地住房城乡建设主管部门。建设、勘察、设计、监理等单位应当配合施工单位开展应急抢险工作。

第二十三条 危大工程应急抢险结束后，建设单位应当组织勘察、设计、施工、监理等单位制定工程恢复方案，并对应急抢险工作进行后评估。

第二十四条 施工、监理单位应当建立危大工程安全管理档案。

施工单位应当将专项施工方案及审核、专家论证、交底、现场检查、验收及整改等相关资料纳入档案管理。

监理单位应当将监理实施细则、专项施工方案审查、专项巡视检查、验收及整改等相关资料纳入档案管理。

第七章 附 则

第四十条 本规定自2018年6月1日起施行。

16《安全生产事故隐患排查治理暂行规定》（国家安全生产监督管理总局令第16号）（节选）

安全生产事故隐患排查治理暂行规定

第一章 总 则

第一条 为了建立安全生产事故隐患排查治理长效机制，强化安全生产主体责任，加强事故隐患监督管理，防止和减少事故，保障人民群众生命财产安全，根据安全生产法等法律、行政法规，制定本规定。

第二条 生产经营单位安全生产事故隐患排查治理和安全生产监督管理部门、煤矿安全监察机构（以下统称安全监管监察部门）实施监管监察，适用本规定。

有关法律、行政法规对安全生产事故隐患排查治理另有规定的，依照其规定。

第三条 本规定所称安全生产事故隐患（以下简称事故隐患），是指生产经营单位违反安全生产法律、法规、规章、标准、规程和安全生产管理制度的规定，或者因其他因素在生产经营活动中存在可能导致事故发生的物的危险状态、人的不安全行为和管理上的缺陷。

事故隐患分为一般事故隐患和重大事故隐患。一般事故隐患，是指危害和整改难度较小，发现后能够立即整改排除的隐患。重大事故隐患，是指危害和整改难度较大，应当全部或者局部停产停业，并经过一定时间整改治理方能排除的隐患，或者因外部因素影响致使生产经营单位自身难以排除的隐患。

第四条 生产经营单位应当建立健全事故隐患排查治理制度。

生产经营单位主要负责人对本单位事故隐患排查治理工作全面负责。

第五条 各级安全监管监察部门按照职责对所辖区域内生产经营单位排查治理事故隐患工作依法实施综合监督管理；各级人民政府有关部门在各自职责范围内对生产经营单位排查治理事故隐患工作依法实施监督管理。

第六条 任何单位和个人发现事故隐患，均有权向安全监管监察部门和有关部门报告。

安全监管监察部门接到事故隐患报告后，应当按照职责分工立即组织核实并予以查处；发现所报告事故隐患应当由其他有关部门处理的，应当立即移送有关部门并记录备查。

第二章 生产经营单位的职责

第七条 生产经营单位应当依照法律、法规、规章、标准和规程的要求从事生产经营活动。严禁非法从事生产经营活动。

第八条 生产经营单位是事故隐患排查、治理和防控的责任主体。

生产经营单位应当建立健全事故隐患排查治理和建档监控等制度，逐级建立并落实从主要负责人到每个从业人员的隐患排查治理和监控责任制。

第九条 生产经营单位应当保证事故隐患排查治理所需的资金，建立资金使用专项制度。

第十条 生产经营单位应当定期组织安全生产管理人员、工程技术人员和其他相关人员排查本单位的事故隐患。对排查出的事故隐患，应当按照事故隐患的等级进行登记，建立事故隐患信息档案，并按照职责分工实施监控治理。

第十一条 生产经营单位应当建立事故隐患报告和举报奖励制度，鼓励、发动职工发现和排除事故隐患，鼓励社会公众举报。对发现、排除和举报事故隐患的有功人员，应当给予物质奖励和表彰。

第十二条 生产经营单位将生产经营项目、场所、设备发包、出租的，应当与承包、承租单位签订安全生产管理协议，并在协议中明确各方对事故隐患排查、治理和防控的管理职责。生产经营单位对承包、承租单位的事故隐患排查治理负有统一协调和监督管理的职责。

第十三条 安全监管监察部门和有关部门的监督检查人员依法履行事故隐患监督检查职责时，生产经营单位应当积极配合，不得拒绝和阻挠。

第十四条 生产经营单位应当每季、每年对本单位事故隐患排查治理情况进行统计分析，并分别于下一季度15日前和下一年1月31日前向安全监管监察部门和有关部门报送书面统计分析表。统计分析表应当由生产经营单位主要负责人签字。

对于重大事故隐患，生产经营单位除依照前款规定报送外，应当及时向安全监管监察部门和有关部门报告。重大事故隐患报告内容应当包括：

（一）隐患的现状及其产生原因；

（二）隐患的危害程度和整改难易程度分析；

（三）隐患的治理方案。

第十五条 对于一般事故隐患，由生产经营单位（车间、分厂、区队等）负责人或者有关人员立即组织整改。

对于重大事故隐患，由生产经营单位主要负责人组织制定并实施事故隐患治理方案。重大事故隐患治理方案应当包括以下内容：

（一）治理的目标和任务；

（二）采取的方法和措施；

（三）经费和物资的落实；

（四）负责治理的机构和人员；

（五）治理的时限和要求；

（六）安全措施和应急预案。

第十六条 生产经营单位在事故隐患治理过程中，应当采取相应的安全防范措施，防止事故发生。事故隐患排除前或者排除过程中无法保证安全的，应当从危险区域内撤出作业人员，并疏散可能危及的其他人员，设置警戒标志，暂时停产停业或者停止使用；对暂时难以停产或者停止使用的相关生产储存装置、设施、设备，应当加强维护和保养，防止事故发生。

第十七条 生产经营单位应当加强对自然灾害的预防。对于因自然灾害可能导致事故灾难的隐患，应当按照有关法律、法规、标准和本规定的要求排查治理，采取可靠的预防措施，制定应急预案。在接到有关自然灾害预报时，应当及时向下属单位发出预警通知；发生自然灾害可能危及生产经营单位和人员安全的情况时，应当采取撤离人员、停止作业、加强监测等安全措施，并及时向当地人民政府及其有关部门报告。

第十八条 地方人民政府或者安全监管监察部门及有关部门挂牌督办并责令全部或者局部停产停业治理的重大事故隐患，治理工作结束后，有条件的生产经营单位应当组织本单位的技术人员和专家对重大事故隐患的治理情况进行评估；其他生产经营单位应当委托具备相应资质的安全评价机构对重大事故隐患的治理情况进行评估。

经治理后符合安全生产条件的，生产经营单位应当向安全监管监察部门和有关部门提出恢复生产的书面申请，经安全监管监察部门和有关部门审查同意后，方可恢复生产经营。申请报告应当包括治理方案的内容、项目和安全评价机构出具的评价报告等。

第五章　附　　则

第三十二条 本规定自2008年2月1日起施行。

17《生产安全事故应急预案管理办法》（国家安全生产监督管理总局令第88号）（节选）

生产安全事故应急预案管理办法

第一章　总　　则

第一条　为规范生产安全事故应急预案管理工作，迅速有效处置生产安全事故，依据《中华人民共和国突发事件应对法》《中华人民共和国安全生产法》《生产安全事故应急条例》等法律、行政法规和《突发事件应急预案管理办法》（国办发〔2013〕101号），制定本办法。

第二条　生产安全事故应急预案（以下简称应急预案）的编制、评审、公布、备案、实施及监督管理工作，适用本办法。

第三条　应急预案的管理实行属地为主、分级负责、分类指导、综合协调、动态管理的原则。

第四条　应急管理部负责全国应急预案的综合协调管理工作。国务院其他负有安全生产监督管理职责的部门在各自职责范围内，负责相关行业、领域应急预案的管理工作。

县级以上地方各级人民政府应急管理部门负责本行政区域内应急预案的综合协调管理工作。县级以上地方各级人民政府其他负有安全生产监督管理职责的部门按照各自的职责负责有关行业、领域应急预案的管理工作。

第五条　生产经营单位主要负责人负责组织编制和实施本单位的应急预案，并对应急预案的真实性和实用性负责；各分管负责人应当按照职责分工落实应急预案规定的职责。

第六条　生产经营单位应急预案分为综合应急预案、专项应急预案和现场处置方案。

综合应急预案，是指生产经营单位为应对各种生产安全事故而制定的综合性工作方案，是本单位应对生产安全事故的总体工作程序、措施和应急预案体系的总纲。

专项应急预案，是指生产经营单位为应对某一种或者多种类型生产安全事故，或者针对重要生产设施、重大危险源、重大活动防止生产安全事故而制定的专项性工作方案。

现场处置方案，是指生产经营单位根据不同生产安全事故类型，针对具体场所、装置或者设施所制定的应急处置措施。

第二章　应急预案的编制

第七条　应急预案的编制应当遵循以人为本、依法依规、符合实际、注重实效的原则，以应急处置为核心，明确应急职责、规范应急程序、细化保障措施。

第八条 应急预案的编制应当符合下列基本要求：

（一）有关法律、法规、规章和标准的规定；

（二）本地区、本部门、本单位的安全生产实际情况；

（三）本地区、本部门、本单位的危险性分析情况；

（四）应急组织和人员的职责分工明确，并有具体的落实措施；

（五）有明确、具体的应急程序和处置措施，并与其应急能力相适应；

（六）有明确的应急保障措施，满足本地区、本部门、本单位的应急工作需要；

（七）应急预案基本要素齐全、完整，应急预案附件提供的信息准确；

（八）应急预案内容与相关应急预案相互衔接。

第九条 编制应急预案应当成立编制工作小组，由本单位有关负责人任组长，吸收与应急预案有关的职能部门和单位的人员，以及有现场处置经验的人员参加。

第十条 编制应急预案前，编制单位应当进行事故风险辨识、评估和应急资源调查。

事故风险辨识、评估，是指针对不同事故种类及特点，识别存在的危险危害因素，分析事故可能产生的直接后果以及次生、衍生后果，评估各种后果的危害程度和影响范围，提出防范和控制事故风险措施的过程。

应急资源调查，是指全面调查本地区、本单位第一时间可以调用的应急资源状况和合作区域内可以请求援助的应急资源状况，并结合事故风险辨识评估结论制定应急措施的过程。

第十一条 地方各级人民政府应急管理部门和其他负有安全生产监督管理职责的部门应当根据法律、法规、规章和同级人民政府以及上一级人民政府应急管理部门和其他负有安全生产监督管理职责的部门的应急预案，结合工作实际，组织编制相应的部门应急预案。

部门应急预案应当根据本地区、本部门的实际情况，明确信息报告、响应分级、指挥权移交、警戒疏散等内容。

第十二条 生产经营单位应当根据有关法律、法规、规章和相关标准，结合本单位组织管理体系、生产规模和可能发生的事故特点，与相关预案保持衔接，确立本单位的应急预案体系，编制相应的应急预案，并体现自救互救和先期处置等特点。

第十三条 生产经营单位风险种类多、可能发生多种类型事故的，应当组织编制综合应急预案。

综合应急预案应当规定应急组织机构及其职责、应急预案体系、事故风险描述、预警及信息报告、应急响应、保障措施、应急预案管理等内容。

第十四条 对于某一种或者多种类型的事故风险，生产经营单位可以编制相应的专项应急预案，或将专项应急预案并入综合应急预案。

专项应急预案应当规定应急指挥机构与职责、处置程序和措施等内容。

第十五条 对于危险性较大的场所、装置或者设施，生产经营单位应当编制现场处置方案。

现场处置方案应当规定应急工作职责、应急处置措施和注意事项等内容。

事故风险单一、危险性小的生产经营单位，可以只编制现场处置方案。

第十六条　生产经营单位应急预案应当包括向上级应急管理机构报告的内容、应急组织机构和人员的联系方式、应急物资储备清单等附件信息。附件信息发生变化时，应当及时更新，确保准确有效。

第十七条　生产经营单位组织应急预案编制过程中，应当根据法律、法规、规章的规定或者实际需要，征求相关应急救援队伍、公民、法人或者其他组织的意见。

第十八条　生产经营单位编制的各类应急预案之间应当相互衔接，并与相关人民政府及其部门、应急救援队伍和涉及的其他单位的应急预案相衔接。

第十九条　生产经营单位应当在编制应急预案的基础上，针对工作场所、岗位的特点，编制简明、实用、有效的应急处置卡。

应急处置卡应当规定重点岗位、人员的应急处置程序和措施，以及相关联络人员和联系方式，便于从业人员携带。

第三章　应急预案的评审、公布和备案

第二十条　地方各级人民政府应急管理部门应当组织有关专家对本部门编制的部门应急预案进行审定；必要时，可以召开听证会，听取社会有关方面的意见。

第二十一条　矿山、金属冶炼企业和易燃易爆物品、危险化学品的生产、经营（带储存设施的，下同）、储存、运输企业，以及使用危险化学品达到国家规定数量的化工企业、烟花爆竹生产、批发经营企业和中型规模以上的其他生产经营单位，应当对本单位编制的应急预案进行评审，并形成书面评审纪要。

前款规定以外的其他生产经营单位可以根据自身需要，对本单位编制的应急预案进行论证。

第二十二条　参加应急预案评审的人员应当包括有关安全生产及应急管理方面的专家。

评审人员与所评审应急预案的生产经营单位有利害关系的，应当回避。

第二十三条　应急预案的评审或者论证应当注重基本要素的完整性、组织体系的合理性、应急处置程序和措施的针对性、应急保障措施的可行性、应急预案的衔接性等内容。

第二十四条　生产经营单位的应急预案经评审或者论证后，由本单位主要负责人签署，向本单位从业人员公布，并及时发放到本单位有关部门、岗位和相关应急救援队伍。

事故风险可能影响周边其他单位、人员的，生产经营单位应当将有关事故风险的性质、影响范围和应急防范措施告知周边的其他单位和人员。

第二十五条　地方各级人民政府应急管理部门的应急预案，应当报同级人民政府备案，同时抄送上一级人民政府应急管理部门，并依法向社会公布。

地方各级人民政府其他负有安全生产监督管理职责的部门的应急预案，应当抄送同级人民政府应急管理部门。

第二十六条　易燃易爆物品、危险化学品等危险物品的生产、经营、储存、运输单位，矿山、金属冶炼、城市轨道交通运营、建筑施工单位，以及宾馆、商场、娱乐场所、旅游景区等人员密集场所经营单位，应当在应急预案公布之日起 20 个工作日内，

按照分级属地原则，向县级以上人民政府应急管理部门和其他负有安全生产监督管理职责的部门进行备案，并依法向社会公布。

前款所列单位属于中央企业的，其总部（上市公司）的应急预案，报国务院主管的负有安全生产监督管理职责的部门备案，并抄送应急管理部；其所属单位的应急预案报所在地的省、自治区、直辖市或者设区的市级人民政府主管的负有安全生产监督管理职责的部门备案，并抄送同级人民政府应急管理部门。

本条第一款所列单位不属于中央企业的，其中非煤矿山、金属冶炼和危险化学品生产、经营、储存、运输企业，以及使用危险化学品达到国家规定数量的化工企业、烟花爆竹生产、批发经营企业的应急预案，按照隶属关系报所在地县级以上地方人民政府应急管理部门备案；本款前述单位以外的其他生产经营单位应急预案的备案，由省、自治区、直辖市人民政府负有安全生产监督管理职责的部门确定。油气输送管道运营单位的应急预案，除按照本条第一款、第二款的规定备案外，还应当抄送所经行政区域的县级人民政府应急管理部门。

海洋石油开采企业的应急预案，除按照本条第一款、第二款的规定备案外，还应当抄送所经行政区域的县级人民政府应急管理部门和海洋石油安全监管机构。

煤矿企业的应急预案除按照本条第一款、第二款的规定备案外，还应当抄送所在地的煤矿安全监察机构。

第二十七条　生产经营单位申报应急预案备案，应当提交下列材料：

（一）应急预案备案申报表；

（二）本办法第二十一条所列单位，应当提供应急预案评审意见；

（三）应急预案电子文档；

（四）风险评估结果和应急资源调查清单。

第二十八条　受理备案登记的负有安全生产监督管理职责的部门应当在5个工作日内对应急预案材料进行核对，材料齐全的，应当予以备案并出具应急预案备案登记表；材料不齐全的，不予备案并一次性告知需要补齐的材料。逾期不予备案又不说明理由的，视为已经备案。

对于实行安全生产许可的生产经营单位，已经进行应急预案备案的，在申请安全生产许可证时，可以不提供相应的应急预案，仅提供应急预案备案登记表。

第二十九条　各级人民政府负有安全生产监督管理职责的部门应当建立应急预案备案登记建档制度，指导、督促生产经营单位做好应急预案的备案登记工作。

第四章　应急预案的实施

第三十条　各级人民政府应急管理部门、各类生产经营单位应当采取多种形式开展应急预案的宣传教育，普及生产安全事故避险、自救和互救知识，提高从业人员和社会公众的安全意识与应急处置技能。

第三十一条　各级人民政府应急管理部门应当将本部门应急预案的培训纳入安全生产培训工作计划，并组织实施本行政区域内重点生产经营单位的应急预案培训工作。

生产经营单位应当组织开展本单位的应急预案、应急知识、自救互救和避险逃生技能的培训活动，使有关人员了解应急预案内容，熟悉应急职责、应急处置程序和措施。

应急培训的时间、地点、内容、师资、参加人员和考核结果等情况应当如实记入本单位的安全生产教育和培训档案。

第三十二条　各级人民政府应急管理部门应当至少每两年组织一次应急预案演练，提高本部门、本地区生产安全事故应急处置能力。

第三十三条　生产经营单位应当制定本单位的应急预案演练计划，根据本单位的事故风险特点，每年至少组织一次综合应急预案演练或者专项应急预案演练，每半年至少组织一次现场处置方案演练。

易燃易爆物品、危险化学品等危险物品的生产、经营、储存、运输单位，矿山、金属冶炼、城市轨道交通运营、建筑施工单位，以及宾馆、商场、娱乐场所、旅游景区等人员密集场所经营单位，应当至少每半年组织一次生产安全事故应急预案演练，并将演练情况报送所在地县级以上地方人民政府负有安全生产监督管理职责的部门。

县级以上地方人民政府负有安全生产监督管理职责的部门应当对本行政区域内前款规定的重点生产经营单位的生产安全事故应急救援预案演练进行抽查；发现演练不符合要求的，应当责令限期改正。

第三十四条　应急预案演练结束后，应急预案演练组织单位应当对应急预案演练效果进行评估，撰写应急预案演练评估报告，分析存在的问题，并对应急预案提出修订意见。

第三十五条　应急预案编制单位应当建立应急预案定期评估制度，对预案内容的针对性和实用性进行分析，并对应急预案是否需要修订作出结论。

矿山、金属冶炼、建筑施工企业和易燃易爆物品、危险化学品等危险物品的生产、经营、储存、运输企业、使用危险化学品达到国家规定数量的化工企业、烟花爆竹生产、批发经营企业和中型规模以上的其他生产经营单位，应当每三年进行一次应急预案评估。

应急预案评估可以邀请相关专业机构或者有关专家、有实际应急救援工作经验的人员参加，必要时可以委托安全生产技术服务机构实施。

第三十六条　有下列情形之一的，应急预案应当及时修订并归档：

（一）依据的法律、法规、规章、标准及上位预案中的有关规定发生重大变化的；

（二）应急指挥机构及其职责发生调整的；

（三）安全生产面临的风险发生重大变化的；

（四）重要应急资源发生重大变化的；

（五）在应急演练和事故应急救援中发现需要修订预案的重大问题的；

（六）编制单位认为应当修订的其他情况。

第三十七条　应急预案修订涉及组织指挥体系与职责、应急处置程序、主要处置措施、应急响应分级等内容变更的，修订工作应当参照本办法规定的应急预案编制程序进行，并按照有关应急预案报备程序重新备案。

第三十八条　生产经营单位应当按照应急预案的规定，落实应急指挥体系、应急救援队伍、应急物资及装备，建立应急物资、装备配备及其使用档案，并对应急物资、装备进行定期检测和维护，使其处于适用状态。

第三十九条　生产经营单位发生事故时，应当第一时间启动应急响应，组织有关力量进行救援，并按照规定将事故信息及应急响应启动情况报告事故发生地县级以上人民政府应急管理部门和其他负有安全生产监督管理职责的部门。

第四十条 生产安全事故应急处置和应急救援结束后，事故发生单位应当对应急预案实施情况进行总结评估。

第七章 附 则

第四十八条 本办法自 2016 年 7 月 1 日起施行。

18《用人单位劳动防护用品管理规范》（安监总厅安健〔2015〕124 号）（节选）

《用人单位劳动防护用品管理规范》

第二章 劳动防护用品选择

第十条 劳动防护用品分为以下十大类：

（一）防御物理、化学和生物危险、有害因素对头部伤害的头部防护用品。

（二）防御缺氧空气和空气污染物进入呼吸道的呼吸防护用品。

（三）防御物理和化学危险、有害因素对眼面部伤害的眼面部防护用品。

（四）防噪声危害及防水、防寒等的听力防护用品。

（五）防御物理、化学和生物危险、有害因素对手部伤害的手部防护用品。

（六）防御物理和化学危险、有害因素对足部伤害的足部防护用品。

（七）防御物理、化学和生物危险、有害因素对躯干伤害的躯干防护用品。

（八）防御物理、化学和生物危险、有害因素损伤皮肤或引起皮肤疾病的护肤用品。

（九）防止高处作业劳动者坠落或者高处落物伤害的坠落防护用品。

（十）其他防御危险、有害因素的劳动防护用品。

第十一条 用人单位应按照识别、评价、选择的程序（见附件 1），结合劳动者作业方式和工作条件，并考虑其个人特点及劳动强度，选择防护功能和效果适用的劳动防护用品。

（一）接触粉尘、有毒、有害物质的劳动者应当根据不同粉尘种类、粉尘浓度及游离二氧化硅含量和毒物的种类及浓度配备相应的呼吸器（见附件 2）、防护服、防护手套和防护鞋等。具体可参照《呼吸防护用品 自吸过滤式防颗粒物呼吸器》（GB 2626）、《呼吸防护用品的选择、使用与维护》（GB/T 18664）、《防护服装化学防护服的选择、使用和维护》（GB/T 24536）、《手部防护防护手套的选择、使用和维护指南》（GB/T 29512）和《个体防护装备足部防护鞋（靴）的选择、使用和维护指南》（GB/T 28409）等标准。

工作场所存在高毒物品目录中的确定人类致癌物质（见附件 3），当浓度达到其 1/2 职业接触限值（PC-TWA 或 MAC）时，用人单位应为劳动者配备相应的劳动防护用品，并指导劳动者正确佩戴和使用。

（二）接触噪声的劳动者，当暴露于 80dB≤$L_{EX,8h}$<85dB 的工作场所时，用人单位应当根据劳动者需求为其配备适用的护听器；当暴露于 $L_{EX,8h}$≥85dB 的工作场所时，用人单位必须为劳动者配备适用的护听器，并指导劳动者正确佩戴和使用（见附件 2）。具体可参照《护听器的选择指南》（GB/T 23466）。

（三）工作场所中存在电离辐射危害的，经危害评价确认劳动者需佩戴劳动防护用品的，用人单位可参照电离辐射的相关标准及《个体防护装备配备基本要求》（GB/T 29510）为劳动者配备劳动防护用品，并指导劳动者正确佩戴和使用。

（四）从事存在物体坠落、碎屑飞溅、转动机械和锋利器具等作业的劳动者，用人单位还可参照《个体防护装备选用规范》（GB/T 11651）、《头部防护安全帽选用规范》（GB/T 30041）和《坠落防护装备安全使用规范》（GB/T 23468）等标准，为劳动者配备适用的劳动防护用品。

第十二条　同一工作地点存在不同种类的危险、有害因素的，应当为劳动者同时提供防御各类危害的劳动防护用品。需要同时配备的劳动防护用品，还应考虑其可兼容性。

劳动者在不同地点工作，并接触不同的危险、有害因素，或接触不同的危害程度的有害因素的，为其选配的劳动防护用品应满足不同工作地点的防护需求。

第十三条　劳动防护用品的选择还应当考虑其佩戴的合适性和基本舒适性，根据个人特点和需求选择适合号型、式样。

第十四条　用人单位应当在可能发生急性职业损伤的有毒、有害工作场所配备应急劳动防护用品，放置于现场临近位置并有醒目标识。

用人单位应当为巡检等流动性作业的劳动者配备随身携带的个人应急防护用品。

第三章　劳动防护用品采购、发放、培训及使用

第十五条　用人单位应当根据劳动者工作场所中存在的危险、有害因素种类及危害程度、劳动环境条件、劳动防护用品有效使用时间制定适合本单位的劳动防护用品配备标准（见附件 4）。

第十六条　用人单位应当根据劳动防护用品配备标准制定采购计划，购买符合标准的合格产品。

第十七条　用人单位应当查验并保存劳动防护用品检验报告等质量证明文件的原件或复印件。

第十八条　用人单位应当确保已采购劳动防护用品的存储条件，并保证其在有效期内。

第十九条　用人单位应当按照本单位制定的配备标准发放劳动防护用品，并作好登记（见附件 5）。

第二十条　用人单位应当对劳动者进行劳动防护用品的使用、维护等专业知识的培训。

第二十一条　用人单位应当督促劳动者在使用劳动防护用品前，对劳动防护用品进行检查，确保外观完好、部件齐全、功能正常。

第二十二条　用人单位应当定期对劳动防护用品的使用情况进行检查，确保劳动者

正确使用。

第四章　劳动防护用品维护、更换及报废

第二十三条　劳动防护用品应当按照要求妥善保存，及时更换。

公用的劳动防护用品应当由车间或班组统一保管，定期维护。

第二十四条　用人单位应当对应急劳动防护用品进行经常性的维护、检修，定期检测劳动防护用品的性能和效果，保证其完好有效。

第二十五条　用人单位应当按照劳动防护用品发放周期定期发放，对工作过程中损坏的，用人单位应及时更换。

第二十六条　安全帽、呼吸器、绝缘手套等安全性能要求高、易损耗的劳动防护用品，应当按照有效防护功能最低指标和有效使用期，到期强制报废。

第五部分　防止电力建设工程施工安全事故三十项重点要求

防止电力建设工程施工安全事故三十项重点要求

国家能源局

2022 年 6 月

前　　言

为深入贯彻落实习近平总书记关于安全生产重要论述，严格落实党中央、国务院关于安全生产的重大决策部署，牢固树立安全发展理念，弘扬生命至上、安全第一的思想，国家能源局组织电力行业有关单位以“控风险、除隐患”为主线，在认真分析研究2005—2020年电力建设工程施工安全事故的直接原因、提炼反事故实践经验的基础上，结合现行标准、规范，编制了《防止电力建设工程施工安全事故三十项重点要求》（参照行业习惯称谓，以下简称《施工反措》）。

《施工反措》既坚持内容的合规性和适用性，同时保证有较强的针对性、可操作性，有利于推动电力建设工程安全管理水平提升，促进企业班组安全管理活动的开展，规范从业人员作业行为，达到防范化解风险、及时消除安全隐患、有效遏制电力建设工程施工安全事故的目的。

目　　录

1 总体要求

1.1 建设单位不得对工程总承包单位、施工单位等提出违反安全生产法律法规和强制性标准的要求，严禁擅自压缩合同约定的工期。

1.2 严禁工程总承包单位、施工单位超资质、超经营范围承揽工程项目。

1.3 施工单位必须在危险性较大的分部分项工程（以下简称“危大工程”）施工前编制专项施工方案。危大工程专项施工方案应由施工单位项目部技术负责人组织编写，施工单位本部相关部门审核，施工单位本部技术负责人批准。其中超过一定规模的危大工程专项施工方案应由施工单位组织符合专业要求且持有专家证明的专家论证。

1.4 危大工程专项施工方案由施工单位审核合格后报监理单位，经专业监理工程师审查，由总监理工程师审核并签署意见后，报建设单位批准。实行工程总承包的，专项施工方案上报监理单位前，应经工程总承包单位技术负责人审核。

1.5 危大工程专项施工方案实施前，编制人员或技术负责人应当向现场管理人员和作业人员进行安全技术交底。

1.6 危大工程完成后，监理单位应组织有关人员进行验收。验收合格，经施工单位技术负责人、工程总承包单位负责人或项目技术负责人及总监理工程师签字后，方可进行后续工程施工。危险性较大作业项目成品在使用过程中应责成专人进行检查维护。

1.7 两个及以上施工单位在同一作业区域进行施工，发包单位应当组织签订安全生产管理协议，明确各方的安全生产管理职责和应当采取的安全措施，并指定专职安全生产管理人员进行安全检查与协调。

1.8 严禁安排有职业禁忌症（精神病、癫痫病、高血压、心脏病等）的从业人员从事其所禁忌的作业；严禁酒后作业、带病作业、疲劳作业、带情绪作业。

1.9 特种作业人员和特种设备作业人员必须按照国家有关规定经过专门的安全作业培训，取得特种作业操作证、建筑施工特种作业人员操作资格证书、特种设备作业人员证，方可从事相应的作业。

1.10 严禁在无专人监护的情况下，从事爆破、吊装、动火、临时用电、有限空间、高处作业、临近带电体作业等危险作业。

1.11 从业人员上岗前，必须按规定经过三级安全教育培训和考核，考核合格后方可上岗。

1.12 采用新技术、新工艺、新流程、新设备、新材料的建设工程，必须采取有效的安全防护措施；不符合现行电力安全技术规范或标准规定的，应当提请建设单位组织专题技术论证并确认。

1.13 采用（使用）新技术、新工艺、新流程、新设备、新材料，必须对从业人员进行专门的安全培训。

1.14 从业人员在作业过程中，应当严格遵守本单位的安全生产规章制度和操作规程，必须正确佩戴和使用合格的劳动防护用品。

1.15 施工机械设备投入使用前，施工单位应对整机的安全技术状况进行检查，检查合格并经监理单位复检确认，方可投入使用。特种设备必须经检验机构检验；未经检验或者检验不合格的，不得交付使用。

1.16　新建、改建、扩建工程的安全设施，必须与主体工程同时设计、同时施工、同时投入生产和使用。

1.17　严禁在安全风险不可控、事故隐患未治理、安全设施不完善、安全措施未落实等不具备安全生产条件的情况下组织施工。

2　防止高处坠落事故

2.1　一般规定

2.1.1　患有高处作业禁忌症的人员严禁从事高处作业。

2.1.2　高处作业人员必须正确佩戴使用安全帽、安全带、攀登自锁器、速差自控器等安全防护用具。

2.1.3　施工或生产作业区的通道及各种孔、洞、井、坑口、平台临边等部位必须设置规范可靠的安全防护设施。

2.1.4　在轻质型材等强度不足的高处作业面、屋面（如石棉瓦、铁皮板、采光浪板、装饰板、屋面光伏板等）上作业，必须搭设临时通道，并在梁下张设安全平网或搭设安全防护设施。严禁未采取措施在轻质型材上行走、作业。临空一面应装设安全网或防护栏杆。

2.1.5　遇有六级（10.8m/s～13.8m/s）及以上大风禁止露天高处作业（吊篮作业要求参见2.6.5）；冰雪、霜冻、雨雾天气下如未采取防滑、防寒、防冻等安全防护措施，禁止进行高处作业。

2.1.6　基坑必须设置专用斜道、梯道、扶梯、入坑踏步等攀登设施，作业人员严禁沿坑壁、支撑或乘坐非载人运输工具进出基坑。

2.1.7　基坑支撑拆除施工时，必须设置安全可靠的防护措施和作业空间，严禁无关人员入内。

2.2　防止脚手架高处坠落

2.2.1　作业层脚手板必须铺满、铺稳、铺实、铺平并绑扎固定，禁止铺设单板，脚手板探头长度不得大于150mm；脚手架内立杆与建筑物距离大于150mm时，必须采取封闭防护措施。

2.2.2　脚手架作业层外侧应设置两道防护栏杆和不低于180mm高的挡脚板。扣件式和碗扣式立杆碗扣节点间距按0.6m模数设置的钢管脚手架，上栏杆距作业层高度应为1.2m，中间栏杆应居中设置；承插型盘扣式和碗扣式立杆碗扣节点间距按0.5m模数设置的钢管脚手架，上栏杆距作业层高度应为1.0m，中间栏杆应居中设置。

2.2.3　工具式脚手架外侧、承重式脚手架作业层必须采用符合阻燃要求的密目式安全立网全封闭，不得留有空隙，必须与架体绑扎牢固。

2.2.4　脚手架作业层脚手板下必须采用安全平网兜底，以下每隔不大于10m必须采用安全平网封闭。

2.2.5　脚手架作业层里排架体与建筑物之间空隙应采用脚手板或安全平网封闭。

2.3 防止模板施工高处坠落

2.3.1 上下模板支撑架必须设置专用攀登通道，不得在连接件和支撑件上攀登，不得在上下同一垂直面上同时装拆模板。

2.3.2 模板安装和拆卸时，作业人员必须有可靠的立足点和防止坠落的防护措施。

2.3.3 高处搭设与拆除柱模板、悬挑结构的模板，必须设置操作平台；支设临空构筑物模板时，必须搭设支架或脚手架；悬空安装大模板，必须在平台上操作。

2.3.4 翻模、爬模、滑模等工具式模板必须设置操作平台，上下操作平台间必须设置专用攀登通道。

2.4 防止钢筋及混凝土施工高处坠落

2.4.1 绑扎钢筋和安装钢筋骨架需要悬空作业时，必须搭设脚手架和上下通道，严禁攀爬钢筋骨架。

2.4.2 绑扎圈梁、挑梁、挑檐、外墙、边柱和悬空梁等构件的钢筋时，必须设置作业平台。

2.4.3 绑扎立柱和墙体钢筋时，严禁站在钢筋骨架上或攀登骨架作业。严禁未设置作业平台进行高处绑扎柱钢筋作业、预应力张拉作业。

2.4.4 未设置作业平台，禁止开展临边坠落高度在 2m 及以上的混凝土结构构件浇筑作业。

2.5 防止安装作业高处坠落

2.5.1 钢结构吊装悬空作业时必须设置牢固可靠的高处作业操作平台或操作立足点。

2.5.2 钢结构构件的吊装，必须搭设用于临时固定、焊接、螺栓连接等工序的高空安全设施，并随构件同时起吊就位，吊装就位的钢结构构件应及时连接。

2.5.3 钢结构安装或装配式混凝土结构安装，作业层必须设置手扶水平安全绳，搭设水平通道，通道两侧必须设置防护栏杆。

2.5.4 装配式建筑预制外墙施工所使用的外挂脚手架，其预埋挂点必须经设计计算，并设置防脱落装置，作业层必须设置操作平台。

2.5.5 装配式建筑预制构件吊装就位后，必须采用移动式升降平台或爬梯进行构件顶部的摘钩作业，或采用半自动脱钩装置。

2.5.6 安装管道时，必须在已完成的结构或稳固的作业平台上设立足点，严禁在未固定、无防护的结构构件及安装中的管道上作业或通行。

2.5.7 输电线路杆塔上作业除系好安全带外，还必须挂好二道防护绳。在塔上长距离移动时，必须始终保持至少一种安全保护装置有效。

2.6 防止高处作业吊篮坠落

2.6.1 吊篮必须选用专业厂家的定型产品，产品必须具有出厂合格证，严禁使用自行制作的吊篮。吊篮必须指定专人操作，操作人员须经培训合格。

2.6.2 吊篮内作业人员不应超过 2 人，每个作业人员的安全绳应独立设置，安全带必须挂设在有防坠器的安全绳上，安全绳不得与吊篮任何部位连接。

2.6.3 吊篮的安全锁必须完好有效，且不得超过有效标定。

2.6.4　在锅炉顶等钢结构顶部不易布置吊篮压重支架而采用自制吊篮支架时，自制支架必须经过设计计算，并经验收合格后使用。

2.6.5　当作业时段和作业部位阵风风速大于五级风（8.0m/s～10.7m/s）或环境温度超出－10℃～55℃范围时，禁止吊篮作业。

3　防止坍塌事故

3.1　一般规定

3.1.1　施工现场严禁超高堆放物料，物料堆放必须整齐稳固。现场加工或临时存放可能移动的结构及设备时，场地必须平整坚实，必须有可靠的防移动和防倾覆措施。

3.1.2　建筑施工临时结构必须遵循先设计后施工的原则，严禁超过原设计荷载在建筑、结构物上堆放建筑材料、模板、施工机具或其他物料。

3.1.3　规范设置施工现场临时排水系统。场地周围出现地表水汇流、排泄或地下水管渗漏时，必须对汇流排泄点及地下管渗漏点采取排水或堵漏措施，对基坑采取保护措施。严禁破坏挖填土方的边坡。

3.1.4　各类施工机械距基坑边缘、边坡坡顶、桩孔边的距离，应根据设备重量、支护结构、土质情况按设计要求进行确定，且不小于1.5m。严禁违反设计规定荷载在基坑边缘、边坡坡顶、桩孔边等堆放材料、停放设备。

3.1.5　高度超过2m的竖向混凝土构件，在钢筋绑扎过程及绑扎完成后、侧模安装完成前，必须采取有效的侧向临时支撑措施。

3.1.6　钢筋施工中，必须设置可靠的钢筋定位与支撑，上层钢筋网上严禁超载堆放物料。

3.1.7　人工挖孔桩必须设置作业平台，混凝土护壁应随挖随浇，上节护壁混凝土强度未达到要求时，严禁进行下节开挖施工。联排的人工挖孔桩（抗滑桩）施工时，应当跳槽开挖。

3.2　防止基坑坍塌

3.2.1　施工前必须将开挖影响范围内的塔机、临建设施、边坡、基坑、隧道、管线、通行车辆等纳入设计和验算范围。严禁无施工方案施工。

3.2.2　基坑施工必须分层、分段、限时、均衡开挖，严禁不按顺序和参数进行基坑开挖和支护。

3.2.3　基坑边坡的顶部、坑底四周必须设排水措施。

3.2.4　人工开挖、清理狭窄基槽或坑井时，必须按要求放坡和支护，严禁在基槽或坑井边缘堆载。

3.2.5　基坑下部的承压水影响基坑安全时，必须采取坑底土体加固或降低承压水头等治理措施。

3.2.6　基坑施工遇降雨时间较长、降雨量较大时，必须提前对已开挖未支护基坑的侧壁采取覆盖措施，必须及时排除基坑内积水。

3.2.7　采取支护措施的基坑，必须在支护结构混凝土、砂浆达到强度或施加预应力的情况下，方可开挖下层土石方。严禁提前开挖和超挖。施工过程中，严禁设备或重物碰撞支撑、腰梁、锚杆等基坑支护结构，严禁在支护结构上放置或悬挂重物。

3.2.8 拆除支护结构时必须按基坑回填顺序自下而上逐层拆除，随拆随填，分层夯实，必要时应采取加固措施。严禁在坑内梁、板、柱结构及换撑结构混凝土未达到设计要求强度的情况下拆除支撑。

3.2.9 基坑开挖、支护及坑内作业过程中必须对基坑及周边环境进行巡视，发现异常情况应及时采取措施；严格按照规定和方案对基坑进行实时监测；对于超过一定规模的深基坑工程，应委托第三方进行监测。

3.3 防止边坡坍塌

3.3.1 边坡工程必须遵循边施工边治理，边施工边监测的原则进行切坡、填筑和支护结构的施工；严禁无设计、无施工方案组织边坡工程施工。

3.3.2 边坡开挖前必须设置变形监测点，定期监测边坡变形，发现裂痕、滑动、流土、涌水、崩塌等险情时，必须立即停止作业，撤出现场作业人员。

3.3.3 边坡开挖施工区域必须采取临时排水及防雨措施，坡顶必须采取截、排水措施，未支护的坡面必须采取防雨水冲刷措施；已开挖的地段，边坡必须分层设置排水沟至坡外。

3.3.4 每级边坡开挖前，必须清除边坡上方已松动的石块及可能崩塌的岩土体，严禁在危石下方作业、休息和存放机具。

3.3.5 边坡开挖后，必须及时按设计要求进行支护结构施工或采取封闭措施。必须在边坡支护混凝土达到设计要求强度，以及锚杆（索）按设计要求施加预应力的情况下，方可开挖下一级土石方。

3.3.6 对开挖后不稳定或欠稳定的边坡，必须采取自上而下、分段跳槽、及时支护的逆作法或半逆作法施工，未经设计许可严禁大开挖、爆破作业。

3.3.7 高边坡开挖时必须要有专人监护。切坡作业时，严禁先切除坡脚，严禁从下部掏采。

3.3.8 严禁在滑坡体或回填土尚未压实地段上部堆土、堆放材料、停放施工机械或搭设临时设施。

3.3.9 边坡爆破施工时，必须采取措施防止爆破震动影响边坡及邻近建（构）筑物稳定。

3.3.10 人工开挖时挖掘分层厚度不得超过 2m，严禁掏根挖土和反坡挖土；作业人员严禁站在石块滑落的方向撬挖或上下层同时开挖。

3.4 防止脚手架坍塌

3.4.1 搭设脚手架所用管件、底座、可调托撑等必须进行验收，严禁使用不合格材料搭设脚手架。

3.4.2 脚手架地基与基础必须满足脚手架所受荷载、搭设高度等要求，严禁在不具备承载力的基础上搭设脚手架。基础排水必须畅通，不得有积水。混凝土结构面上的立杆必须采取防滑措施。

3.4.3 脚手架搭设必须按规定设置扫地杆、剪刀撑、连墙件等。

3.4.4 双排脚手架起步立杆必须采用不同长度的杆件交错布置，架体相邻立杆接头必须错开设置，严禁设置在同步内。开口形双排脚手架的两端均必须设置横向斜撑。

3.4.5 满堂钢管支撑架的构造应遵守下列规定：

3.4.5.1 严禁不按方案搭设支撑架，立杆间距、水平杆步距必须根据实际情况进行设计验算。

3.4.5.2 水平杆必须按步距沿纵向和横向通长连续设置，严禁缺失。必须按规定在立杆底部设置纵向和横向扫地杆。

3.4.5.3 架体必须均匀、对称设置剪刀撑或斜拉杆、交叉拉杆，并与架体连接牢固，连成整体。

3.4.5.4 支撑架高宽比超过3时，必须采取架体与既有结构连接、扩大架体平面尺寸或对称设置缆风绳等加强措施，否则严禁作业。

3.4.6 悬挑脚手架钢梁悬挑长度必须按设计确定，严禁固定段长度小于悬挑段长度的1.25倍。型钢悬挑梁固定端必须采用2对及以上U型钢筋拉环或锚固螺栓与建筑结构梁板固定，U型钢筋拉环或锚固螺栓必须预埋至混凝土梁、板底层钢筋位置，必须与混凝土梁、板底层钢筋焊接或绑扎牢固。

3.4.7 脚手架使用期间应遵守下列规定：

3.4.7.1 严禁拆除主节点处的纵、横向水平杆，纵、横向扫地杆。严禁拆除连墙件。严禁使用重锤敲砸架体上的钢管和扣件。

3.4.7.2 开挖脚手架基础下的设备基础或管沟时，必须对脚手架采取加固措施。严禁在模板支撑架及脚手架基础开挖深度影响范围内进行挖掘作业。

3.4.7.3 严禁满堂支撑架顶部实际荷载超过设计规定。

3.4.7.4 严禁作业层上的施工荷载超过设计规定。严禁将模板支架、缆风绳、泵送混凝土和砂浆输送管等固定在脚手架上。严禁将脚手架作为起吊重物的承力点。

3.4.8 脚手架拆除应遵守下列规定：

3.4.8.1 双排脚手架拆除作业必须由上而下逐层进行，严禁上下同时拆除；连墙件必须随脚手架逐层拆除，严禁先将连墙件整层或数层拆除后再拆脚手架；分段拆除高差大于两步时，必须增设连墙件加固。

3.4.8.2 满堂支撑架拆除时，应按“先搭后拆，后搭先拆”的原则，从顶层开始，逐层向下进行，严禁上下层同时拆除。

3.5 防止模板坍塌

3.5.1 严禁使用不合格的模板，模板选用应符合设计规定，且必须满足承载力、刚度和整体稳固性要求。

3.5.2 混凝土强度未达到设计要求时，严禁拆除模板。拆模时，应根据锚固情况分批拆除锚固连接件，防止大片模板塌落。

3.5.3 大模板吊装就位后必须及时进行拼接、对拉紧固，设置侧向支撑或缆风绳等确保模板稳固的措施。

3.5.4 液压滑模应遵守下列规定：

3.5.4.1 提升架、操作平台、料台和吊脚手架必须具有足够的承载力和刚度。严禁使用未经设计验算、验收的液压提升系统。

3.5.4.2 模板滑升、混凝土出模时，混凝土发生流淌或局部塌落现象时，必须立即停滑处理。

3.5.5 液压爬模应遵守下列规定：

3.5.5.1 必须对承载螺栓、支撑杆和导轨主要受力部件分别按施工、爬升和停工三种工况进行强度、刚度及稳定性计算后，方可组织施工。

3.5.5.2 爬升时，承载体受力处的混凝土强度必须大于10MPa，且必须满足设计要求。

3.5.6 混凝土浇筑顺序、支撑架和工具式模板拆除顺序必须按施工方案进行。

3.6 防止操作平台坍塌

3.6.1 操作平台面铺设的钢、木或竹胶合板等材质的脚手板，必须符合承载力要求，必须平整满铺及可靠固定。

3.6.2 必须在操作平台的明显位置设置限载标志，严禁超重、超高、集中堆放物料。

3.6.3 移动式操作平台高宽比严禁大于2，施工荷载严禁大于1.5kN/m^2。移动式操作平台的行走轮和导向轮必须设置制动设施。制动器除在移动情况外，必须保持制动状态。移动操作平台时，操作平台上严禁站人。

3.6.4 落地式操作平台必须与建筑物进行刚性连接或加设防倾措施，不得与脚手架连接。采用脚手架搭设操作平台时，必须经设计验算。

3.6.5 悬挑式操作平台应遵守以下规定：

3.6.5.1 操作平台的搁置点、拉结点、支撑点必须设置在稳定的主体结构上，可靠连接；严禁将操作平台设置在临时设施上。

3.6.5.2 操作平台的结构必须稳定可靠，承载力必须符合设计要求。悬挑梁必须锚固固定，操作平台的均布荷载严禁大于5.5kN/m^2，集中荷载严禁大于15kN。

3.6.5.3 采用斜拉方式的悬挑式操作平台，平台两侧的连接吊环必须与前后两道斜拉钢丝绳连接，每一道钢丝绳必须能承载该侧所有荷载。

3.6.5.4 采用支承方式的悬挑式操作平台，必须在钢平台下方设置不小于两道斜撑，斜撑的一端必须支承在钢平台主结构钢梁下，另一端必须支承在建筑物主体结构。

3.6.5.5 采用悬臂梁式的操作平台，必须采用型钢制作悬挑梁或悬挑桁架，严禁使用钢管，其节点必须采用螺栓或焊接的刚性节点。当平台板上的主梁采用与主体结构预埋件焊接时，预埋件、焊缝均必须经设计计算，建筑主体结构必须同时满足强度要求。

3.6.5.6 操作平台应设置4个吊环，吊运时应使用卸扣，严禁使吊钩直接钩挂吊环。吊环应按通用吊环或起重吊环设计，必须满足强度要求。

3.6.5.7 安装操作平台时，钢丝绳必须采用专用的钢丝绳夹连接，钢丝绳夹数量必须与钢丝绳直径相匹配，且不得少于4个。建筑物锐角、利口周围系钢丝绳处必须加衬软垫物。

3.7 防止临时建筑坍塌

3.7.1 严禁采用毛竹、三合板、石棉瓦等搭设简易的临时建筑物；严禁将夹芯板作为活动房的竖向承重构件使用。

3.7.2　临时建筑严禁使用国家淘汰的原材料、构配件和设备等产品。

3.7.3　严禁将临时建筑布置在易发生滑坡、坍塌、泥石流、山洪等危险地段和低洼积水区域，且必须避开强风口、危房、河沟、高边坡、深基坑边缘等。搭设在空旷、山脚处的活动房必须采取防风、防雷接地、防洪和防暴雨等措施。

3.7.4　施工现场临时建筑的地基基础应稳固。严禁在临时建筑基础及影响范围内进行开挖作业。

3.7.5　施工围挡外侧为街道或行人通道时，必须采取加固措施。弃土及物料堆放应远离围挡，堆场离围挡的安全距离不应小于1.0m。严禁在施工围挡上方或紧靠施工围挡架设广告或宣传标牌。

3.7.6　在影响临时建筑安全的区域内不得超重堆载，严禁堆土、堆放材料、停放施工机械，并不得有强夯、混凝土输送等振动源产生的振动影响。

3.7.7　施工现场使用的组装式活动房屋必须经验收合格后方可使用，使用荷载严禁超过其设计允许荷载。

3.7.8　临时建筑严禁设置在起重机械安装、使用和拆除期间可能倒塌覆盖的范围内。

3.8　防止拆除工程坍塌

3.8.1　拆除作业必须严格按专项施工方案所规定的拆除顺序实施。

3.8.2　拆除工程施工严禁立体交叉作业，且必须对拟拆除物的稳定状态进行监测。

3.8.3　对局部拆除影响结构安全的，必须进行加固后方可开始拆除作业。建筑的承重梁柱，在其所承载的全部构件拆除前，不得先拆除。

3.8.4　采用起重机拆除大型构件时，必须用吊索具锁定牢固、起重机吊稳后，方可开展拆除作业。

3.8.5　爆破拆除应遵守下列规定：

3.8.5.1　爆破拆除工程的预拆除施工中，严禁拆除影响结构稳定的构件。预拆除作业应在装药前全部完成，严禁预拆除与装药交叉作业。

3.8.5.2　对高大建筑物、构筑物的爆破拆除设计，必须控制倒塌的触落地震动及爆破后坐、滚动、触地飞溅、前冲等危害，并应采取相应的安全技术措施。

3.8.6　严禁采用静力破碎的方法实施建筑物、构筑物整体拆除或承重构件拆除。

4　防止起重伤害事故

4.1　一般规定

4.1.1　未经授权或聘用的人员，禁止操作起重机械。对于属于特种设备的起重机械，必须由经培训考试合格且取得特种设备作业人员证的人员进行操作；持证人员禁止操作与准操机型不相符的起重机械。对于不属于特种设备的起重机械，必须由经培训考试合格的人员进行操作。

4.1.2　采用非常规起重设备、方法且单件起吊重量在100kN及以上的起重吊装工程，必须编制专项施工方案并组织专家论证。

4.1.3　起重机械及其安全防护装置、工器具、吊索具等，必须在施工前经检查合格、安全系数符合规定后方可使用。闲置或停用一年以上的起重机械，必须经载荷试验后方可使用。

4.1.4　吊装区域地基承载力不满足要求、物件就位基础验收不合格、吊点选择不合理、吊索捆绑方式和角度不符合要求、物件及吊耳强度不满足要求的禁止吊装。

4.1.5　起重机工作时，必须保证臂架、吊索具、缆风绳等与带电体的最小距离满足要求。

4.1.6　吊装区域必须设置警戒线并派人监护，臂架和物件上严禁有人或浮置物，无关人员和车辆禁止通过或逗留。

4.1.7　禁止在雨、雪、大雾等恶劣天气或照明不足情况下进行起重作业。当作业地点的风力达到五级（8.0m/s～10.7m/s）时，禁止吊装受风面积大的物件；当风力达到六级（10.8m/s～13.8m/s）及以上时，禁止进行起重作业；当风速超过起重机械说明书规定的恶劣天气时，禁止起重机械工作。

4.1.8　禁止以运行的设备、管道及其附属设施等作为起吊设备及工器具的承力点；利用建（构）筑物或设备构件作为承力点时，必须经核算合格后方可使用。

4.1.9　起重机械严禁超载，严禁同时操作三个动作。在接近额定载荷时，严禁同时操作两个动作。臂架型起重机在接近额定载荷时，禁止降低起重臂（增幅）；最小工作半径就位时，禁止快速卸载。

4.1.10　物件就位时，未放置平稳或连接牢固时禁止松钩，禁止在未连接或未固定好的设备上作业。

4.1.11　起重机械在作业中出现故障或其他异常时，必须采取措施放下物件；起重机上有吊物时，操作人员严禁离开工作岗位；起重机械运转中严禁调整或检修。

4.1.12　吊装过程中禁止与吊装无关的悬停，无法避免时必须保证物件的稳定性和安全性，操作人员与起重机指挥严禁离开工作岗位。必须在采取可靠措施并通知操作人员后，方可对吊起的物件进行加工。

4.1.13　吊装作业应统一指挥，起重机指挥和操作人员禁止从事与施工无关的活动。操作人员、起重机指挥不能看清对方或物件时，必须设中间起重机指挥逐级传递信号。采用对讲机指挥作业时，必须保持不间断传递语音信号。信号中断必须立即停止动作，信号未恢复正常时禁止作业。多人绑挂同一物件时，必须做好呼唤应答，绑挂必须经确认合格后方可进行吊装。

4.1.14　两台及以上起重机械抬吊物件时，起重机械载荷分配必须满足专项施工方案要求后方可进行吊装。

4.2　防止流动式起重机起重伤害

4.2.1　流动式起重机停放或行驶时，其车轮、支腿或履带的前端、外侧与沟、坑边缘的距离必须符合要求。

4.2.2　正常作业时，过载解除开关或强制释放开关严禁使用。

4.2.3　汽车（轮胎/全地面）起重机

4.2.3.1　起重机铭牌、型号、性能表三者额定起重量标识不一致的禁止使用。

4.2.3.2　支腿作业时，所有轮胎必须离地，回转支承平面的倾斜度禁止超过使用说明书的规定。

4.2.3.3　作业前必须支好全部支腿，作业过程中严禁扳动支腿操纵阀。发现支腿下沉、起重机倾斜等不正常现象时，禁止继续吊装并及时处置。

4.2.3.4　平衡配重、超起装置配置必须符合使用说明书、起重性能表和专项施工方案要求。

4.2.3.5　使用楔形接头时须注意钢丝绳的穿绕方向，保证受力钢丝绳与受力方向在一条直线上；钢丝绳的尾端即自由端应使用钢丝绳夹固定，以防止钢丝绳意外滑出；严禁使用钢丝绳夹同时固定钢丝绳的自由端和受力端。

4.2.4　履带起重机

4.2.4.1　起重机站位地面或支承面的承载能力必须大于起重机当前工况下最大接地比压，机身倾斜度禁止超过厂家规定。

4.2.4.2　超起工况作业时，超起配重的回落区域，必须平整坚实、高度符合配重安全回落要求。

4.3　防止桥式、门式、门座起重机起重伤害

4.3.1　露天工作的起重机，必须设置抗风防滑装置。作业完毕后，必须夹紧夹轨器，特殊天气时还应设置缆风绳。

4.3.2　进行起重作业时，运行区域内起重机结构与周边固定障碍物的最小距离必须满足要求，供电滑线（电缆）必须设置防护装置。

4.3.3　两台及以上起重机在同一轨道上以及在两条平行或交叉的轨道上作业时，必须制定可靠的交叉作业防碰撞措施，保证两机结构及吊物之间保持安全距离。禁止用一台起重机顶推另一台起重机（两机刚性连接的除外）。

4.3.4　起重机检修时，必须切断电源，设标识牌，需要通电时必须采取安全防护措施。

4.3.5　未安装传动式高度限位装置的桥式、门式起重机，必须同时安装两种不同形式的高度限位装置。

4.4　防止塔式起重机起重伤害

4.4.1　基础经验收合格后方可安装；风速超过使用说明书中规定时，禁止安装、拆卸和顶升作业；雨、雪、大雾和塔机结构上结冰等恶劣气候条件下，禁止施工。

4.4.2　需要安装附着装置的，附着位置和附着装置的强度应满足塔机使用说明书的要求或经过设计计算。

4.4.3　顶升加节应符合使用说明书要求。顶升前，必须将回转下支座与顶升套架可靠连接，并将塔机配平；顶升时，严禁进行起升、回转、变幅等操作；顶升结束后，应将标准节与回转下支座可靠连接并恢复解除的安全装置；顶升加节结束后，必须经验收合格后方可使用。

4.4.4　加节、降节作业时，爬升支撑装置起作用后，方可顶升降节。

4.4.5　加节后需进行附着的，必须按先安装附着装置、后顶升加节的顺序进行。拆卸作业时，必须先降节，后拆除附着装置。附着装置安装完成后，必须经验收合格后方可使用。

4.4.6 塔机的尾部与周围建筑物及其外围施工设施之间的安全距离不小于0.6m。

4.4.7 两台塔机之间的最小架设距离应保证处于低位塔机的起重臂端部与另一台塔机的塔身之间至少有2m的距离；处于高位塔机的最低位置的部件（吊钩升至最高点或平衡重的最低部位）与低位塔机中处于最高位置部件之间的垂直距离不应小于2m。集中布置多台塔机，作业中有交叉干涉、可能造成相互碰撞的，及塔机与建（构）筑物之间有干涉的，必须制订和采取防碰撞措施，并对所有操作、指挥、管理人员培训交底。

4.4.8 塔身、套架、回转支承螺栓严禁漏装、错装、紧固力矩不够及超力矩紧固；必须定期检查螺栓紧固状态，杜绝螺栓松动。

4.5 防止施工升降机、物料提升机起重伤害

4.5.1 当遇大雨、大雪、大雾，顶部风速大于说明书规定或导轨架、电缆表面结有冰层时，严禁使用。

4.5.2 运行中严禁开启吊笼门、层门。

4.5.3 超载保护、安全监控、防坠安全器、限位等安全装置必须齐全、灵敏可靠。必须有防止吊笼驶出导轨的机械措施，严禁用行程限位开关作为停止运行的控制开关。

4.5.4 超载、超员及严重偏载的情况下严禁使用。严禁物料提升机吊笼载人。

4.5.5 附墙架与结构物固定连接方式与角度、附墙架间距、最高附着点以上导轨架的自由端高度、行程限位撞尺等必须符合厂家要求，严禁私自调整。

4.5.6 加节顶升过程中必须悬挂禁止使用标识，加节完成后必须经验收合格后方可使用。

4.6 防止液压提升装置起重伤害

4.6.1 卡爪、钢绞线等零部件严禁超过设备制造厂家规定的次数和更换标准。严禁使用折弯、松股和严重锈蚀等缺陷超标钢绞线。

4.6.2 钢绞线左捻和右捻数量必须各半、对称布置，严禁错位、交叉或扭转，导出高度及弯曲半径必须符合使用说明书要求。

4.6.3 液压提升装置安装完成后，必须对液压缸进行同步性调试。起吊过程中，各台液压缸必须同步，所有卡爪完全锁紧；钢绞线有局部松弛现象或爬升式液压提升装置钢绞线有移动时，必须停机处理。

4.6.4 负荷未转换到安全锚组件上时，严禁长时间悬停。

4.6.5 液压系统故障时，必须立即停止顶（提）升作业，并采取必要的设备支撑措施。

4.7 防止缆索起重机起重伤害

4.7.1 地锚必须按设计要求施工，必须经验收合格后方可使用。

4.7.2 绳索系统必须按专项施工方案布置、必须经检测验收后方可使用。

4.7.3 溜放未设置储绳卷筒的绳索，其绞盘必须固定牢靠，且必须设置反向拽拉控制。

4.7.4 在承载索浇锌期间以及完成后的24小时内，现场及周围严禁存在可能会影响锌液凝聚质量的震动、抖动等因素。

4.7.5　缆机的非正常工作区为两端跨距约10%范围（此范围内吊运能力明显下降），严禁长时间在非正常工作区内吊装作业。

4.7.6　除进行检修和维护保养等工作外，小车严禁搭乘人员；检修和维护保养时，小车搭乘工作人员仅允许“微速”运行。

4.7.7　缆机所吊重物靠近目标物时，牵引动作完成后重物高度必须大于所有障碍最高点20m，水平方向距目标物大于5m。

4.7.8　缆机所吊重物在任何方向靠近目标位（或障碍物）小于20m时，直至缆机停止动作前，必须进行连续指挥，指挥频率为3秒/次。连续指挥时，缆机操作人员如发现信号中断，必须停止操作缆机，咨询并得到起重机指挥答复后方可继续操作。

4.7.9　吊物必须超过障碍物3m以上才能指挥缆机进行牵引或大车行走。

4.7.10　起重机指挥与缆机所吊重物（边界）距离以5m－10m为宜，禁止远距离指挥。

4.7.11　起重机指挥交换班（或中断一段时间）后开始指挥时，必须告知操作人员所指挥缆机的编号。

4.7.12　严禁一人指挥多台缆机，多人在不同施工部门指挥同一台缆机时必须要有语言上的交接。

4.8　防止其他起重机械起重伤害

4.8.1　卷扬机

4.8.1.1　钢丝绳端部与卷筒压紧装置连接必须牢固，卷筒上钢丝绳不少于三圈；制动器不少于2个且必须灵敏可靠。

4.8.1.2　作业前基座固定、钢丝绳、防护设施、制动装置、导向滑轮、索具等必须检查合格。

4.8.1.3　运行中如发现异常情况，必须立即停机进行排除；作业完毕，必须切断电源，锁好开关箱。

4.8.2　桅杆起重机

4.8.2.1　缆风绳的规格、数量及地锚的拉力、埋设深度等必须按照起重机性能经计算确定；缆风绳与桅杆和地锚的连接必须牢固。

4.8.2.2　必须在采取起重臂防后翻倾倒措施后方可使用。

4.8.3　电动、手拉葫芦

4.8.3.1　电动葫芦行走轮与轨道两侧间隙应定期检查并符合要求。

4.8.3.2　当采用两台或多台手拉葫芦吊同一物件时，必须制定可靠的安全技术措施，且单台手拉葫芦的允许起重量必须大于起吊物件的重量。

4.8.3.3　严禁将下吊钩回扣到起重链条上起吊物件。

4.8.3.4　起重作业暂停或将物件悬吊空中时，必须将手拉链拴在起重链上，需在空中停留较长时间时，必须同时在物件上加设保护钢丝绳。

4.8.4　千斤顶

4.8.4.1　使用过程中必须保持千斤顶与物件接触面垂直，并采取防滑措施。

4.8.4.2　两台及以上千斤顶同时顶升一个物件时，千斤顶总起重能力必须大于载荷的两倍。各千斤顶顶升速度不一致、受力不均衡时严禁使用。

4.8.4.3 严禁加长手柄或超过规定人数操作。顶升高度严禁超过有效顶程。

4.8.5 吊装门架

4.8.5.1 吊装门架必须经有资质的单位进行设计；对门架结构进行更改必须经门架设计单位同意。焊缝经检测合格后方可使用。

4.8.5.2 门架投入投用前必须进行全行程空载模拟试验。正式起吊载荷前，必须进行一次试吊，确认起升机构、行走机构、各受力构件和受力点、支腿（立柱）垂直度等正常后方可进行正式吊装。

4.8.5.3 在起吊和下降载荷时，必须对门架支腿（立柱）的垂直度进行实时监测，一旦超标，必须立即停止起吊或下降作业，采取措施纠正。

4.8.6 液压顶升塔

4.8.6.1 采用液压顶升塔吊装时，顶升塔基础、吊梁、轨道水平度、沉降及塔身垂直度、插销和转换手柄位置必须符合要求。

4.8.6.2 液压顶升塔顶升、下降、行走作业必须同步、缓慢、平稳，位移偏差必须符合使用说明书要求。

4.8.6.3 顶升塔油缸禁止长时间承载，特殊情况下必须卸载或插销承载。

4.8.6.4 起升机构和行走机构严禁同时运行。

5 防止触电事故

5.1 防止低压触电事故

5.1.1 施工用电设施安装、运行、维护、拆除必须由对应电压等级的持证电工负责。

5.1.2 当施工采用独立电源供电时，低压用电系统必须采用 TN－S 系统，配电布置必须采用一机一闸一保护，电气设备不带电的外露可导电部分必须与保护导体可靠连接。

5.1.3 当配电系统设置多级剩余电流动作保护时，每两级之间必须有保护性配合，并符合下列规定：

5.1.3.1 末级配电箱中的剩余电流保护器的额定动作电流不应大于 30mA，分断时间不应大于 0.1s。

5.1.3.2 当分配电箱中装设剩余电流保护器时，其额定动作电流不应小于末级配电箱剩余电流保护值的 3 倍，分断时间不应大于 0.3s。

5.1.3.3 当总配电箱中装设剩余电流保护器时，其额定动作电流不应小于分配电箱中剩余电流保护值的 3 倍，分断时间不应大于 0.5s。

5.1.3.4 剩余电流保护器必须每月检验一次，每次使用前启动试验按钮试跳一次，试跳不正常时严禁继续使用。

5.1.4 严禁利用额定电压 220V 的临时照明灯具作为行灯使用，行灯变压器严禁带入金属容器或金属管道内使用。

5.1.5 电缆与金属结构物接触必须采取可靠的绝缘措施。过路敷设的电缆必须采取防止被碾压损坏的保护措施。

5.1.6　配电箱内的保护导体，严禁串联使用，必须一个接线柱接一根保护导体。停用设备的隔离开关断开后，配电箱方可关门上锁。

5.1.7　移动电气设备时，必须切断电源。

5.1.8　用电设备电源开关跳闸时，严禁自行合闸，必须待电工查明原因并处理后，方可合闸继续使用。

5.1.9　水上、金属容器内、隧道内潮湿环境等特殊作业环境照明设备必须使用相应的安全电压。

5.1.10　保护接地装置必须定期检测接地电阻并做好相关记录。

5.1.11　六级（10.8m/s～13.8m/s）及以上大风、雷雨、暴雨等恶劣天气，必须及时切断施工电源，严禁室外作业。

5.1.12　在活动板房、集装箱等金属外壳内穿越的低压线路必须穿绝缘管保护，防止破皮漏电。活动板房、集装箱等金属外壳必须可靠接地。

5.2　防止高压触电事故

5.2.1　严禁无票操作及擅自解除高压电器设备的防误操作闭锁装置，严禁误入带电运行间隔。

5.2.2　高压试验工作周围必须设围栏，满足安全距离，严禁其他人员进入试验场地或接触被试验设备。

5.2.3　在带电设备周围或上方进行安装或测量时，上下传递物件必须使用干燥的绝缘绳索，严禁使用钢卷尺或带有金属丝的测绳、皮尺。

5.2.4　高压开关柜、低压配电屏、保护盘、控制盘及各式操作箱等需要部分带电时，带电系统与非带电系统应有明显可靠的隔断措施，并应设安全标志。部分带电的装置，应设专人管理。

5.2.5　导地线附件安装完成，作业人员从导地线上全部撤离后，方可拆除临时接地线。

6　防止物体打击事故

6.1　进入现场必须正确佩戴安全帽，严禁在起重机械覆盖范围内和有可能坠物的区域逗留、休息。

6.2　高处放置的施工材料、小型工器具等必须稳妥放置或采取固定措施，否则严禁在其下方作业。

6.3　上、下层垂直交叉作业时，中间必须搭设严密牢固的防护隔板、罩栅或其他隔离设施；安全隔离措施尚未设置完成时，必须设置警戒隔离区，人员严禁进入隔离区。在无专项施工方案或现场未落实安全防护措施的情况下，严禁立体交叉作业。

6.4　高处作业必须做好防止物件掉落的防护措施；高处作业工具袋、工具保险绳必须拴紧系牢；上下传递物件必须用绳子系牢物件后再传递，严禁上下抛掷物品。高处作业下方必须设警戒区域。

6.5　高处临边、施工操作平台等安全防护栏杆下部必须按规定设置挡脚板，挡脚板与平台间隙不大于10mm。

6.6 可能坠物的人员进出通道口和通行道路，其上部必须设置安全防护棚。安全防护棚应能承受高空坠物的冲击。

6.7 临近边坡的作业面、通行道路，当上方边坡的地质条件较差，或采用爆破方法施工边坡土石方时，必须在边坡上设置阻拦网、插打锚杆或覆盖钢丝网进行防护。

6.8 进洞前应做好洞脸边坡防护，高边坡应设置马道和平台，平台沿边应设置挡渣设施。

7 防止机械伤害事故

7.1 机械在运行中严禁进行检修或调整；严禁用手触摸其转动、传动等运动部位；当机械发生异常情况时，必须立即停机；检修、调整或中断使用时，必须将其动力断开。

7.2 机械设备的传动、转动等运动部位必须设安全防护装置；各种指示灯、仪表、制动器、限制器、安全阀、闭锁机构等安全装置齐全、完好。电动机械严禁使用倒顺开关。严禁戴手套操作转动设备。

7.3 砂轮机安全罩必须保持完整，砂轮片有缺损或裂纹时严禁使用；使用砂轮机时，操作人员必须站在侧面并戴防护眼镜，严禁在砂轮片的侧面打磨工件，严禁两人同时使用同一个砂轮机。

7.4 空气压缩机压力表、安全阀及调节器等必须定期进行校验；气压、机油压力、温度、电流等表计的指示值突然超出规定范围或指示不正常时必须立即停机进行检修。

7.5 混凝土及砂浆搅拌机进料、运转时，严禁将头或手伸进料斗与机架之间或滚筒内；料斗升起时，严禁在料斗下通过或停留；清理料坑时，料斗必须可靠固定并锁紧；检修或维护时，必须先切断电源，并悬挂警示牌；人员进入滚筒作业时，外面必须有人监护。

7.6 喷浆机必须按作业要求调整风压，严禁空气压缩机超压运行；作业时在喷嘴的前面及左右5m范围内禁止有人；暂停工作时，喷嘴严禁对着有人的方向；处理输料管堵塞故障时，必须先切断动力源，确认输料管疏通后再重新作业。

7.7 钢筋切断机操作时，严禁非操作人员在钢筋摆动范围内及切刀附近停留。带钩的钢筋严禁上机除锈。钢筋调直到末端时，操作人员应避开钢筋甩动范围。在弯曲钢筋的作业半径内和机身不设固定销的一侧严禁站人。

7.8 射钉枪枪口禁止对人，严禁用手掌推压钉管。在使用结束或更换零件时，在断开射钉枪之前，严禁装射钉弹。经两次扣动扳机子弹还不能击发时，保持原射击位置30秒后，再将射钉弹退出。

8 防止火灾事故

8.1 一般规定

8.1.1 临时消防设施必须与在建工程的施工同步设置，施工现场在建工程可利用已具备使用条件的永久性消防设施作为临时消防设施。当永久性消防设施无法满足使用要求时，必须增设临时消防设施，并定期对各类临时消防设施进行检查与保养，禁止使用过期和性能不达标消防器材。

8.1.2　现场临时设施必须符合消防设计。现场临时建筑、仓库、易燃易爆品库等各类建筑之间的防火安全距离，出入口、疏散通道、消防通道的设置，临时消防系统和消防器材的配置，以及易燃易爆物品的存放及处理，必须符合相关规程规范的要求。

8.1.3　现场生活、办公、可燃材料库和易燃易爆品库等临时建筑构件的燃烧性能等级必须为A级。当采用金属夹芯板材时，其芯材的燃烧性能等级必须为A级。

8.1.4　在施工现场易燃、易爆区周围动用明火或进行可能产生火花的作业，必须办理动火工作票、采取防火措施。

8.1.5　动火作业后，必须对现场进行检查，确认无火灾隐患后，动火操作人员方可离开。

8.1.6　开展滤油作业时，油系统的金属管道必须采取防静电接地措施，滤油机离火源及高温设备不得过近（或采取相应的防火措施）。采取保温措施的，保温材料必须选用阻燃材料。

8.1.7　酸性蓄电池室、油罐室、油处理室、大物流仓储等防火、防爆重点场所必须采用防爆型的照明、通风设备，其控制开关必须安装在室外。

8.2　防止焊接、切割、热处理火灾

8.2.1　进行焊接、切割、热处理作业时，隔离、防护必须采用有阻燃、隔热性能的材料制作的接火盆或隔离棚（墙），并确保能够阻挡作业过程中所产生的焊渣、火花。

8.2.2　进行焊接、切割或热处理作业时，必须清除焊渣、火花可能落入范围内以及作业地点周围10m范围内的易燃、易爆物品，或采取有效的隔离、防护措施并设专人监护。

8.2.3　装过挥发性油剂及其他易燃物质的容器和管道在未清理干净前，严禁用电焊或火焊进行焊接或切割。

8.2.4　氧气瓶与乙炔、丙烷气瓶的工作间距不得小于5m，气瓶与明火作业点的距离不得小于10m。乙炔瓶应安装灵敏可靠的回火防止器。

8.3　防止电线、电缆火灾

8.3.1　电气线路必须具有相应的绝缘强度和机械强度，严禁使用绝缘老化或失去绝缘性能的电气线路，严禁在电气线路上悬挂物品，严禁电气设备超负荷运行或带故障使用。

8.3.2　控制室、开关室、计算机室等通往电缆夹层、隧道、穿越楼板、墙壁、屏、盘、箱、柜等处的所有电缆孔洞和盘面之间的缝隙（含电缆穿墙套管与电缆之间缝隙）必须采用合格的不燃或难燃材料封堵。

8.3.3　电缆竖井和电缆沟必须分段做防火隔离，对敷设在主控室或厂房内构架上的电缆要采取分段阻燃措施。

8.3.4　在电缆通道、夹层内动火作业必须办理动火作业票，并采取可靠的防火措施。在电缆通道、夹层内使用的临时电源必须满足绝缘、防火要求。

8.4　防止变压器火灾

8.4.1　变压器在放油、滤油过程中，使用外接电源或真空热油循环进行干燥时，外壳、铁心、夹件及各侧绕组、储油罐和油处理设备必须采取可靠接地。

8.4.2 变压器干燥现场严禁放置易燃物品，并应配备适用的消防器材。

8.4.3 变压器附件有缺陷需要进行焊接处理时，必须放尽残油，除净表面油污，运至安全地点后进行。

8.4.4 存在以下情况时，严禁对已充油的变压器、电抗器的微小渗漏进行补焊：

8.4.4.1 未制定专项方案或未进行全员安全技术交底；

8.4.4.2 变压器及电抗器的油面呼吸不畅通；

8.4.4.3 焊接部位在油面以上；

8.4.4.4 焊接部位油污未清理干净；

8.4.4.5 未采取气体保护焊或断续的电焊。

8.4.5 变压器干燥使用的电源及导线必须经负荷计算，电路中应有过负荷自动切断装置及过热报警装置。

8.5 防止汽机油系统火灾

8.5.1 油系统禁止使用铸铁、铸铜阀门，法兰禁止使用塑料垫、橡皮垫（含耐油橡皮垫）和石棉纸垫。

8.5.2 油管道法兰、阀门及轴承、调速系统等应保持严密不漏油，如有漏油必须及时消除，严禁漏油渗透至下部蒸汽管、阀门的保温层。

8.5.3 润滑油、密封油系统投运时，主油箱上的排烟风机必须投入运行，必须定期检查油管道和主油箱中的含氢量。当含氢量大于1%时，必须查明原因并及时消除。

8.5.4 机组试运期间必须对油系统渗漏情况定期检查，机组油系统设备或管道发生漏油必须停机处理。

8.5.5 事故排油阀必须设两个串联钢质截止阀，其操作手轮必须设在距油箱5m以外的地方，手轮布置在零米地面以上，并有两个以上的通道，操作手轮不得加锁，且挂有明显的“禁止操作”标识牌。

8.6 防止燃油罐区火灾

8.6.1 储油罐或油箱的加热温度必须根据燃油种类严格控制在允许的范围内，加热燃油的蒸气温度，应低于油品的自燃点。

8.6.2 油罐区、输卸油管道必须有可靠的防静电安全接地装置，油罐区应设置可靠的防雷接地装置，并定期测试接地电阻值。

8.6.3 油区内易着火的临时建筑必须拆除，禁止存放易燃物品。

8.6.4 禁止携带和穿着易产生火花和静电的工具和服装进入燃油罐区。

8.7 防止制粉系统火灾

8.7.1 试运期间，制粉系统发生漏粉时必须及时消除漏粉点，清理积粉，严禁明火作业。

8.7.2 进入制粉系统内作业前必须确认无可燃气体的存在，消除静电；系统外至少应有两人监护，监护人应能直接看到作业人员。

8.8 防止输煤皮带火灾

输煤系统调试过程中应确保永久消防水、火灾报警系统已投用，若确实无法投用，应配备足够的临时消防设施并安排专人沿皮带进行巡视检查。严禁将带有火种的煤送入输煤皮带。

8.9　防止脱硫吸收塔火灾

8.9.1　脱硫防腐工程用的原材料库房与在建工程的防火间距不应小于15m，原材料必须按生产厂家提供的储存、保管、运输技术要求入库储存分类存放，并应配置灭火器等消防设备，设置严禁动火标志。

8.9.2　脱硫防腐材料储存和施工场所禁止使用不符合防爆要求的用电设施。

8.9.3　脱硫吸收塔防腐施工区必须进行全封闭硬质隔离，设立警戒线，并在显著位置挂警示牌，设置专职安全人员现场监督，人员进出必须实名登记，未经允许的人员、材料禁止进入作业场地。在作业区10m范围内严禁动火作业。

8.9.4　脱硫防腐施工作业人员进入现场必须穿棉制衣服，禁止穿带有铁钉的鞋子。

8.9.5　脱硫系统防腐施工时，区域内禁止其他施工作业。

8.9.6　脱硫系统防腐施工时，作业区必须配备足量的灭火器或接引双路消防水带，并保证消防水随时可用。

8.9.7　收塔和烟道内部防腐施工时，必须预留2个以上出入孔，保持通道畅通，并设置2台及以上防爆型排风机进行强制通风。

8.9.8　在已完成防腐施工的吸收塔筒壁外动火作业时，必须封堵吸收塔上的人孔、管口和烟气进出口。

8.9.9　吸收塔及烟道内的脚手架应铺设钢脚手板，严禁铺设木、竹脚手板；禁止堆积物料，作业用胶板和胶水，即来即用，人离物尽。

8.9.10　施工人员撤离现场时，必须清理现场、消除热源、回收易燃废弃物、断开电气设备电源。

9　防止放炮（爆破）事故

9.1　爆破作业场所有下列情形之一时，禁止爆破作业：

9.1.1　距工作面20m以内的风流中瓦斯含量达到1%或有瓦斯突出征兆的；

9.1.2　爆破会造成巷道涌水、堤坝漏水、河床严重阻塞、泉水变迁的；

9.1.3　岩体有冒顶或边坡滑落危险的；

9.1.4　硐室、炮孔温度异常的；

9.1.5　地下爆破作业区的有害气体浓度超过规定的；

9.1.6　爆破可能危及建（构）筑物、公共设施或人员的安全而无有效防护措施的；

9.1.7　作业通道不安全或堵塞的；

9.1.8　支护规格与支护说明书的规定不符或工作面支护损坏的；

9.1.9　危险区边界未设警戒的；

9.1.10　光线不足、无照明或照明不符合规定的；

9.1.11　未按要求作好准备工作的。

9.2　露天和水下爆破装药前，遇以下恶劣气候和水文情况时，禁止爆破作业，所有人员必须立即撤到安全地点：

9.2.1　热带风暴或台风即将来临时；

9.2.2　雷电、暴雨雪来临时；

9.2.3　大雾天，能见度不超过100m时；

9.2.4　现场风力超过8级，浪高大于1.0m时；

9.2.5　水位暴涨暴落时。

9.3　非长大隧道掘进爆破时，起爆站必须设在硐口侧面50m以外；长大隧道在硐内的避车洞中设立起爆站时，起爆站距爆破位置不得小于300m。竖井、斜井等掘进爆破，起爆时井筒内严禁有人。地下爆破距爆破作业面100m范围内照明电压必须按规定使用安全电压。

9.4　用爆破法贯通洞室，两工作面相距15m时，只准从一个工作面向前掘进，并应在双方通向工作面的安全地点设置警戒，待双方作业人员全部撤至安全地点后，方可起爆。间距小于20m的两个及以上平行、立体洞室中的一个洞室工作面需进行爆破时，应通知相邻洞室工作面的作业人员撤到安全地点。

9.5　禁止在杂散电流大于30mA的工作面或高压线射频电源危险范围内采用普通电雷管起爆；雷雨天禁止任何起爆网路连接作业。

9.6　装药警戒区内禁止携带烟火等火源以及手持式或其他移动式通讯设备；禁止钻残孔，在残孔附近钻孔时应避免凿穿残留炮孔；禁止在警戒区临时集中堆放大量炸药；禁止将起爆器材、起爆药包和炸药混合堆放或违规存放；禁止冲撞起爆药包；禁止炎热天气将爆破器材在强烈日光下暴晒；炮孔装药必须使用木质或竹制炮棍；禁止往孔内投掷起爆药包和敏感度高的炸药。

9.7　禁止使用无填塞爆破；禁止使用石块和易燃材料填塞炮孔。

9.8　各类爆破作业，人员未全部撤离爆破警戒区、警戒人员未到位、安全起爆条件不具备时，禁止起爆。

9.9　露天浅孔、深孔、特种爆破，爆后未超过5min禁止检查人员进入爆破作业地点；如不能确认有无盲炮，应经15min后才能进入爆区检查；地下开挖工程爆破后，经通风吹排烟、检查确认井下空气合格、等待时间超过15min后，方准许作业人员进入爆破作业地点。

9.10　处理盲炮时禁止无关人员进入警戒区；禁止强行拉出或掏出炮孔中的起爆药包。

10　防止场内车辆伤害事故

10.1　驾驶员必须充分确认周围环境安全后方可实施作业。严禁作业时将身体部位探出车外，离开车辆时必须携带钥匙并摘挡、拉手刹。驾驶员必须具有相应的资质，酒后严禁实施作业。

10.2　严禁车辆违规载人载物、人货混装、超速行驶，严禁违规举升人员、载人配重，叉车载物若遮挡驾驶员视线必须倒车低速行驶。

10.3　车辆在坡道上停放、装卸作业时，必须拉手刹并固定车轮，下坡时严禁空挡滑行。

10.4　实施大件运输、大件转场时，必须制订搬运方案和安全技术措施，必须指定有经验的专人负责，事前必须进行全面安全技术交底。

10.5　在货场、厂房、仓库、窄路等处严禁倒车，转弯时必须有专人指挥。实施复杂、狭窄场地，临边，临近带电体及线路等危险区域（路段）作业时，必须划定明确的作业范围，设置警示标志并设专人监护。禁止无关人员从作业区域穿行。

10.6　作业前，必须提前确认路基、边坡满足安全作业要求；悬崖陡坡、路边临空边缘必须设安全警示标志、安全墩、挡墙等防护设施，并确保夜间有充足照明。

10.7　应根据恶劣气候、气象、地质灾害情况及时启动车辆作业预警，必须加强大型活动用车、作业用车和通勤用车管理，制定并落实防止重、特大车辆伤害事故的管控措施和应急预案。

11　防止淹溺事故

11.1　水上作业平台周边必须设置防护栏杆，人员上下通道必须设安全防护措施并设置多条安全通道。

11.2　水上作业时，作业人员必须穿救生衣、防滑鞋，并配备救生工具和足够的照明设施。

11.3　临水作业前必须探测水深，在施工现场必须设置安全防护设施、安全警示牌、围挡和其他警戒标识。严禁擅自移动或拆除施工现场的安全防护设施、标志、警示牌等。

11.4　施工过程中必须监测水位变化，围堰内外的水头差必须在设计范围内，筑岛围堰必须高出施工期间可能出现的最高水位 0.7m 以上。

11.5　水上围堰必须设置水上作业警示标志和防护栏，夜间河道作业区内必须布置警示照明灯，在靠近航道处的作业区必须设置防止船舶撞击的装置。

11.6　基坑、顶管工作井周边必须有良好的排水系统和设施，避免坑内出现大面积、长时间积水，并设置防护盖板或围栏，夜间必须设置警示灯。

11.7　隧道内反坡排水时，抽水设备排水能力必须大于排水量 20%以上并且有备用设备，抽水设备必须有备用电源。

11.8　当发生强降雨可能造成地下工程透水时，必须暂停隧道施工作业；恢复作业时，必须经检查无误后方可进行作业。

12　防止灼烫事故

12.1　开展焊接与热切割作业时，必须正确穿戴焊工工作服、焊工防护鞋、工作帽和焊工手套。电焊作业必须戴好焊工面罩，热切割作业必须戴好防护眼镜。

12.2　化学作业人员开展配置化学溶液、装卸酸（碱）等工作时，必须正确穿戴耐酸（碱）服、橡胶耐酸（碱）手套、防护眼镜（面罩）及防毒口罩。

12.3　在无可靠隔离措施的情况下，严禁在已投入使用的酸碱等腐蚀性液体设备或管道的阀门、法兰等部件附近作业或停留。

12.4 严禁在办公室、工具房、休息室、宿舍等地方存放酸、碱等危险化学品。

12.5 在施工现场易燃、易爆区周围或下方有作业人员时，动用明火或进行焊接作业必须采取防火隔离措施。

12.6 试运人员或检修作业人员工作时，严禁站在化学液体、热力汽水可能喷泄的方向。冲洗盛放化学品的液位计时，必须站在液位计的侧面；松解法兰时，严禁正对法兰站立。

12.7 试运期间对热力汽水管道及附件进行检修作业时，必须办理工作票；制作的临时堵板相关参数必须经计算确定且固定可靠。

13 防止有限空间作业中毒和窒息事故

13.1 施工前必须对施工现场有限空间进行识别，对危险有害因素进行辨识。

13.2 必须根据有限空间作业的特点，制定应急预案，配备呼吸器、防毒面具、通讯器材、安全绳索等防护设施和应急装备，严禁在作业人员不熟悉应急救援方法、应急物资不到位的情况下组织施工。

13.3 有限空间作业前应遵守下列规定：

13.3.1 必须对管理人员、监护人员、作业人员进行交底和培训，严禁在监护人员和作业人员未掌握有限空间作业安全知识、操作技能的情况下实施作业。有限空间监护人员应当持证上岗。

13.3.2 作业前必须实施围挡封闭，严禁无关人员进入作业区域。

13.3.3 进入有限空间作业前，严格实行作业审批制度，并确认相应的防护措施，严禁擅自进入有限空间作业。

13.3.4 作业前必须采取可靠的隔断（隔离）措施，将可能危及作业安全的设施设备、存在有毒有害物质的空间与作业地点有效隔离。

13.3.5 有限空间作业必须严格遵守“先通风、再检测、后作业”的原则。检测指标包括氧气浓度、易燃易爆物质（可燃性气体、爆炸性粉尘）浓度、有毒有害气体浓度，检测必须在作业开始前30分钟内实施。未对存在易燃易爆气体、有毒有害气体的环境进行通风、检测、评估的情况下，严禁组织开展有限空间作业。

13.3.6 作业人员与监护人员必须明确联络信号，信号不明，严禁作业。

13.3.7 进入有盛装或者残留物料对作业存在危害的有限空间前，必须对物料进行清洗、清空或者置换，严禁在危害物料未清除、未经检测合格的情况下组织作业。

13.3.8 进入有毒、缺氧有限空间中进行作业时，作业人员必须配备符合要求的防护面罩、移动式监测和报警仪器、通信设备、照明及应急救援设备等个人防护用品。

13.4 有限空间作业时应遵守下列规定：

13.4.1 在有限空间作业过程中，必须对氧气浓度、易燃易爆物质（可燃性气体、爆炸性粉尘）浓度、有毒有害气体浓度等指标进行定时检测或者连续监测；进入自然通风换气效果不良的有限空间，必须采取机械连续通风，严禁使用纯氧通风。作业中断间隔超过30分钟，恢复作业前必须重新通风、检测合格后方可进入。

13.4.2 严禁作业人员在有毒害环境作业过程中摘下防护面罩及安全防护绳。

13.4.3 监护人员必须在作业现场并与作业人员保持联系，发现有限空间气体环境发生不良变化、安全防护措施失效和其他异常情况时，必须立即向作业人员发出撤离警报，并采取措施协助作业人员撤离。

13.4.4 有限空间作业中发生事故后，现场有关人员必须立即报警，严禁盲目施救。应急救援人员实施救援时，必须做好自身防护，佩戴适用的呼吸器具、救援器材等。

13.5 作业完成后必须进行人员和设备的清点，确认无误后方可关闭进出口及解除本次作业前采取的隔离、封闭措施。

14 防止管道吹扫事故

14.1 吹管临时系统必须经有设计资质的单位进行设计。

14.2 无特种设备制造资质单位生产的压力管道、压力容器，禁止接入吹管临时系统使用。

14.3 临时管道、临时设备部件及密封件等焊接焊口必须进行100%无损检测，靶板前焊口必须采用氩弧焊打底。

14.4 高、中压主汽门的临时封堵装置必须安装牢固、严密，并经隐蔽验收合格。

14.5 吹管临时控制门必须靠近正式管道且垂直安装在水平管段，并搭设操作平台，实现远方操作，具有中停功能，且要具备防止临时控制门无法闭合的措施。

14.6 集粒器必须靠近再热器水平安装，并搭设便于清理的操作平台；布置在汽机房时，再热冷段管道必须进行清理，并验收合格。

14.7 吹管系统投入使用前，必须经建设、设计、施工、监理、调试单位联合验收合格。

14.8 吹管范围必须设置警戒区，专人巡护、值班。必须设专人负责管理吹管临时控制门，工作人员必须保持通讯畅通。

14.9 吹管临时系统必须有防止人员烫伤的保温措施和可靠的防火措施，备足消防器材，严禁使用易燃材料。

14.10 拆装靶板前，必须与当值人员联系，确认吹管临时控制门已切断电源，关闭临时门的旁路门，并有可靠的安全措施；再次开启临时门时，必须确认靶板更换人员已经离开。

14.11 检查辅助蒸汽系统吹扫效果时，作业人员严禁站在管道的正下方和阀门、焊口的正面。

15 防止烟囱、冷却塔筒壁施工事故

15.1 烟囱、冷却塔筒壁施工必须按超过一定规模的危险性较大的分部分项工程进行管理，必须向现场管理人员和作业人员进行安全技术交底。

15.2 烟囱和冷却塔筒壁施工时必须划定危险区域，设置围栏、悬挂警示牌。危险区的进出口处必须设专人管理，严禁无关人员和车辆进入。

15.3　烟囱和冷却塔出入口必须设置安全通道，搭设安全防护棚，施工人员严禁在通道外逗留或通过。

15.4　在未采取可靠防护措施的情况下，危险区内严禁存放材料、半成品及设备。

15.5　烟囱、冷却塔的施工平台、操作架荷载严禁超过设计值。操作平台采用50mm厚的木板并固定牢靠，人员严禁集中在一侧工作，材料、器具等必须分散、均匀堆放。操作平台、平桥四周应设高1.2m的双道栏杆，并设置阻燃安全网。

15.6　平台上必须配备适量的灭火装置或器材。严禁在平台上堆放易燃物。在平台上进行电焊或气割时，应选择适当位置并采取防火措施。

15.7　冷却塔平桥的提升必须统一指挥，在平桥及系统提升过程中，升降机及平桥均严禁使用，提升后必须与井架卡牢。

15.8　在操作架下层工作时，应从指定地点上下，严禁随意攀越，且上、下过程不得失去保护。内外操作架必须拉设全兜式安全网。

15.9　筒壁采用翻模施工时，最上层承力层混凝土强度小于2MPa严禁浇筑混凝土。其上节混凝土强度未达到6MPa以上严禁拆模。

15.10　筒壁采用爬模时，新浇混凝土的强度必须达到1.2MPa及以上。支架爬升时，附墙架穿墙螺栓受力处的新浇混凝土强度必须达到10MPa以上。

15.11　烟囱、冷却塔筒壁施工过程中无可靠的安全防护措施严禁交叉作业，上道工序未验收合格严禁下道工序施工。

15.12　混凝土强度未达到模板拆除设计要求时，严禁拆除模板。

16　防止锅炉、汽机大件设备吊装事故

16.1　一般规定

16.1.1　吊装作业前，必须办理安全施工作业票，吊装作业过程中，专业技术负责人和起重机指挥必须在现场。

16.1.2　吊装作业时必须采取防风、防雨雪、防冻措施，夜间作业时必须采取照明措施。

16.1.3　吊装作业前，必须进行悬停试验，并确认吊装机械制动可靠及各机构正常。

16.1.4　安装用施工通道、操作平台和安全防护设施不合格时，禁止吊装。

16.1.5　设备就位后，未确认连接牢固，禁止人员上下，严禁卸载摘钩。

16.2　防止发电机定子吊装事故

16.2.1　需现场配制的起吊门架、铺设轨道、专用吊具，必须经设计计算和验收合格后，方可使用。

16.2.2　桥式起重机强度和主梁垂直静挠度、轨道梁挠度、主厂房结构强度和排柱垂直度不满足要求的，利用起重机原有起吊系统吊装时，必须对传动系统起吊能力进行核算后，方可利用桥式起重机吊装。

16.2.3　采用液压提升装置吊装的，必须在钢绞线使用根数、次数及外观、性能状

况，钢绞线垂直度及受力状况，吊装梁水平度，与带电物体安全距离等满足要求后，方可吊装。

16.2.4　吊装及平移应低速平稳，无特殊情况禁止停顿或变速。定子在空中有摆动时禁止起重机械动作。

16.2.5　吊装机械供电必须设置专用电源，吊装关键位置必须全程监视。

16.2.6　吊装完成后，桥式起重机及运行轨道必须经检查和恢复后，方可继续使用。

16.3　防止锅炉受热面吊装事故

16.3.1　专用吊耳必须经检查检测合格后方可使用；新购入或大修后的手拉葫芦必须经拉力试验合格并签证后方可使用。

16.3.2　受热面组件及临时加固设施必须经确认合格并签证后，方可吊装。

16.3.3　吊装管道时，捆绑钢丝绳必须设置可靠的防滑措施。

16.3.4　链条葫芦上下吊钩受力应在一条轴线上，起重能力在5t及以下的允许1人拉链，起重能力在5t以上的允许2人拉链，不得随意增加人数猛拉。

16.3.5　链条葫芦接钩、就位时，必须在受热面上加设保险钢丝绳，停顿时必须使保险钢丝绳承载。未加设保险钢丝绳并定期检查，且未横向固定牢固的设备，禁止长时间临时吊挂。吊挂钢丝绳必须有防焊接击伤和热切割灼伤措施。

16.3.6　钢梁必须经核算合格、棱角处采取防割伤钢丝绳措施后，方可用于设备临时吊挂。

16.3.7　起吊组合大件或不规则组件时，必须在物件上拴挂溜绳。

16.3.8　进行上下立体交叉作业时，禁止在同一垂直方向上操作。下层作业的位置，必须处于依上层高度确定的可能坠落半径范围之外。无法错开时，必须采取可靠的防护隔离措施。

16.4　防止除氧器吊装事故

16.4.1　吊装滑移时，除氧器滑移路线的基础必须满足承力要求，滑道的强度、刚度、稳定性及铺设必须符合滑移要求。

16.4.2　除氧器支座落在滑道上后，必须确认落点牢固后，方可进行起重机械卸载。

16.4.3　千斤顶使用时动作应相互协调、升降平稳，严禁倾斜和局部超载。

16.4.4　除氧器一端落在滑道上开始拖运时，另一端起重机操作必须保持同步，起重机钢丝绳保持受力竖直。

16.4.5　滑移过程中遇到卡涩时，在未查明原因的情况下，严禁强行拖拽。

16.5　防止锅炉板梁吊装事故

16.5.1　吊装作业前，板梁必须经验收合格，吊耳位置必须满足板梁挠度和起重机械载荷分配要求，吊耳受力方向、型式和强度必须经过核算满足要求。

16.5.2　翻转板梁时，必须采取起重机械防冲击措施。禁止同一机械主副钩配合翻转板梁。

16.5.3　风力大于等于五级（8.0m/s～10.7m/s）时，禁止板梁吊装。

16.5.4　板梁抬吊时必须控制起重机械的起升同步性，监测板梁的水平度和与锅炉钢架的安全距离。

16.5.5　板梁吊装时，吊装机械严禁与其他起重机械或建构筑物干涉。吊装过程下方禁止有人。

16.5.6　板梁就位后，必须采取有效的固定措施。

16.6　防止锅炉汽包吊装事故

16.6.1　锅炉钢结构、顶板梁安装验收合格，具备承载条件后，方可进行汽包吊装。

16.6.2　吊装作业前，汽包外观、几何尺寸、就位方向及吊点的形式、位置和捆绑方式必须经核查正确，材质、焊缝必须经检验合格，吊装用卷扬机、滑轮组、导向滑轮或液压提升装置以及承重钢结构、受力支撑点等必须经校验、检查合格。

16.6.3　采用卷扬机吊装时，必须监护卷筒钢丝绳排列状态和钢丝绳通过导向滑轮状态，并防止钢丝绳与其他物件摩擦，导向滑轮还应加油润滑、降温。

16.6.4　采用液压提升装置吊装需要长时间停顿时，必须将安全夹持器锁紧、电源切断，并派专人监护。

16.6.5　汽包吊装区域内严禁电焊、切割作业。吊装过程中汽包、钢丝绳、滑轮或钢绞线等必须与带电物体保持安全距离。

16.6.6　倾斜吊装时，汽包的倾斜角度和位置变化严禁超过吊装要求，各起吊机械严禁超载，汽包严禁与锅炉钢架碰撞。

16.6.7　汽包需水平位移时，必须设置平移装置，平移应缓慢、同步，各受力点符合强度要求。

16.6.8　汽包就位后，必须在确认连接牢固，吊杆螺母采取防松措施后，方可卸载摘钩。

17　防止太阳能热发电施工事故

17.1　施工前，必须检查有无危险地段、电气线路及其他障碍物等。

17.2　吊装集热器和定日镜时，必须使用专用吊索具并拴好溜绳。

17.3　镜片存放或搬运时，禁止使其焦点或焦线对着易燃易爆物品，或者易于受热损坏的物品。

17.4　进行集热器回路气压试验前，必须对压缩气体的爆炸冲击波和易碎物抛射距离进行计算。

17.5　进行集热管注油后的调试前，必须将保护膜清理干净。

17.6　集热器进行调试和维修时，物品和车辆等禁止处于焦点或焦线位置。

17.7　注油作业前，必须做好导热油毒性防护。进行涉及导热油的作业时，必须穿戴防护服和防护面罩。清理导热油滤网时，必须按相应程序降温降压，并有运行人员指挥。

17.8　储热罐注油和注熔盐作业时，必须制定防止烫伤措施。在含有氮气密封装置的系统作业时，必须制定防止窒息措施。

18　防止液氨储罐泄漏、中毒、爆炸事故

18.1　氨制冷相关工程的设计、施工单位必须具备相应资质，严禁使用质量不符合要求的储罐、管道、法兰、阀门等。

18.2　液氨储罐区必须与生活区、办公区分开，严禁在受崩塌、滑坡、地基沉陷、泥石流等地质灾害威胁部位选址，且不得设置在道路转弯下坡部位。选址必须与人口密集区域保持足够的安全距离，同时应考虑在事故情况下，因风向不利对厂外人口密集区域、公共设施、道路交通干线的影响。

18.3　氨区场所必须远离火源，氨区控制室和配电间出入门口不得朝向装置间。

18.4　氨区必须设置避雷装置，罐区入口、卸车、充装等场所必须设置静电释放装置，易燃物质的管道、法兰等必须要有防静电接地措施。氨区所有电气设备、配电柜、照明灯具、事故排风机等必须选用相应等级的防爆设备或采取防爆措施。

18.5　液氨储罐区必须设置视频安全监控系统、氨气浓度检测报警联动装置。在发生危险时能通过报警、联锁装置自动保护、自动泄压、自动排放、自动喷淋等措施防止事故扩大。

18.6　在储罐四周安装水喷淋装置，当储罐罐体温度过高时自动淋水装置应启动，防止液氨罐受热、爆洒。氨储存箱、氨计量箱的排气，应设置氨气吸收装置。

18.7　液氨系统必须经检测合格后方可投入使用。液氨储罐应设置液位计、压力表和安全阀等安全附件，且必须定期校验；低温液氨储罐应设温度指示仪。

18.8　液氨运输必须选用具有危险货物运输资质的单位，并签订专项运输协议。

18.9　液氨槽车卸氨时，必须在现场划分安全区域，设专人监护，严禁无关人员进入，操作人员必须按规定穿戴劳动防护用品。严禁未装阻火器的机动车辆进入氨区。

18.10　卸氨时流速和压力必须符合操作规程并安排专人观测液氨高压储罐液位，液位不应大于其径向高度的50%～80%，液位接近80%时应停止充装，严禁使用软管卸氨。

18.11　氨区严禁吸烟、带火种，严禁穿戴铁钉鞋、穿化纤衣物进入氨区。人员进入储罐区前，必须释放静电。操作时，应按规定佩戴个人防护用品。

18.12　液氨储罐、管道、法兰、阀门必须定期检查和检修；空罐检修时必须采取措施防止罐内形成爆炸性混合气体；严禁在存有液氨的罐体上实施动火作业。

19　防止输电线路工程深基坑中毒窒息事故

19.1　深基坑内作业应坚持“先通风、再检测、后作业”的原则，未经通风和检测合格，任何人员不得进入深基坑内作业。检测的时间不得早于作业开始前30分钟，在深基坑内作业过程中，必须进行定时检测或者连续监测。

19.2　深基坑内作业严禁用纯氧进行通风换气，严禁在坑内使用燃油动力机械设备。

19.3　人工挖孔桩基础施工时，严禁作业人员乘用提土工具上下；坑内作业禁止超

过 2 人，每次作业禁止超过 2h，严禁在坑内休息。

19.4 开挖过程如出现地下水异常（水量大、水压高），必须立即停止作业，在未制定切实有效的措施和方案前，严禁擅自施工。

19.5 基坑内基础混凝土暖棚养护时，必须采取监控措施和通风措施后方可作业。

19.6 掏挖桩基础时，坑上应设监护人。发生中毒窒息事故时禁止盲目施救。

20 防止输电线路工程倒塔事故

20.1 杆塔组立施工，必须对拉线、地锚计算校核，并通过验收。

20.2 杆塔组立施工时，严禁使用不匹配的地脚螺栓与螺帽，组塔前必须将所有地脚螺栓佩带上螺帽。

20.3 在杆塔的关键部位塔材缺失、螺栓未紧固的情况下，严禁进行架线作业。

20.4 架线作业前，必须对放线段塔脚板地脚螺栓与螺帽的匹配进行检查、对塔脚板地脚螺栓双螺帽进行紧固、对铁塔螺栓进行复检紧固，对拉线和地锚进行检查。

20.5 非平衡挂线施工时，必须在设置反方向临时拉线、对受力地锚及拉线进行检查、确认拉线受力符合要求的情况下，方可进行耐张杆塔紧线作业。

21 防止抱杆倾倒事故

21.1 抱杆组塔施工前，必须对主要受力工具进行检查，严禁以小代大或超负荷使用。

21.2 抱杆的拉线、地锚必须经过计算校核并通过验收。

21.3 严禁利用树木或外露岩石等承力大小不明物体作为受力钢丝绳的地锚；临时地锚必须采取避免被雨水浸泡的措施。

21.4 抱杆系统布置情况未经检查严禁开展组塔作业，座地抱杆底部必须坚实稳固平整。

21.5 杆塔组立起立抱杆作业，严禁使用正装法。

21.6 抱杆吊装塔材时，严禁超负荷吊装。

21.7 构件起吊和就位过程中，严禁调整抱杆拉线；座地抱杆高度超过其设计独立起升高度时，必须安装附着件。

22 防止输电线路跨（穿）越施工事故

22.1 跨越高速铁路、高速公路、110 千伏及以上带电线路、江河航道时，专项施工方案必须经专家审查论证后，方可施工。

22.2 跨越带电线路架线搭设跨越架，必须验算新建线路在跨越架搭设处风偏距离；搭设跨越架时严禁在架体内侧攀登，严禁搭设过程中监护人缺位。

22.3 跨越架的拉线、地锚必须经过计算校核，跨越架必须经验收合格后方可投入使用，跨越架强度必须能够承受牵张过程中断线的冲击力。

22.4　跨越架（防护网）搭设至拆除全过程必须设专人看护，严禁人为破坏。

22.5　设备运行单位必须将带电线路“退出重合闸”后，方可开展跨越不停电电力线路施工。

22.6　穿越带电线路展放导引绳、牵引绳及导线，必须设压线滑车，严禁二道保护缺位。

22.7　跨越带电线路牵引导线，必须验算牵引绳、走板、导线对封顶网安全距离，必须验算封顶网在事故状态下对被跨带电线路安全距离，严禁放线过程中随意调整张力，严禁突然加大或减缓牵引速度造成导线跳动。

22.8　跨越带电线路紧线时，所在耐张段两端耐张塔导线开断后必须完成压接，严禁开断后临锚过夜。

22.9　在进行跨越档两端铁塔的附件安装时，必须采取二道防护措施，锚线必须采取防止跑线措施。

22.10　跨越不停电电力线路施工期间，施工人员严禁在跨越架内侧攀登或作业，严禁从封顶架上通过。

22.11　停电、送电工作必须指定专人负责，严禁采用口头或约时停电、送电；在未接到停电许可工作命令前，严禁任何人接近带电体。

22.12　跨越档附件未安装完毕前，严禁拆除跨越架（防护网）。严禁将跨越架整体推倒拆除。

22.13　跨越停电线路工作间断或过夜时，严禁拆除作业段内的工作接地线；施工结束后，严禁未经现场施工负责人检查即拆除停电线路上的工作接地线。

22.14　跨越江河施工，严禁未配备救生设备乘坐船舶或水上作业。

23　防止输电线路工程索道运输作业事故

23.1　索道架设严禁跨越居民区、工厂、铁路、航道、等级公路、高压电力线路等重要公共设施。

23.2　自制部件、装置必须经检验、试验且合格后方可投入使用。

23.3　严禁直接将工作索从绳盘上解圈展放。

23.4　索道架设后，必须在牵引设备、金属支撑架处安装可靠的临时接地装置。

23.5　货运索道禁止超载使用，严禁载人。

23.6　索道下方、受力内侧严禁站人。

23.7　索道运行时，必须保证通讯畅通，对于任一监护点发出的停机指令，必须立即停机，待查明原因且处理完毕后方可继续运行。

23.8　钢丝绳出现故障必须停机处理，排除高空故障必须有严格的安全措施。

23.9　长期停运的索道重新启用前，必须经调试、检查且试运行合格后方可投入使用。

23.10　索道拆除时，严禁带张力直接剪断承力钢索。

24 防止临近带电体作业事故

24.1 在与带电设备不满足安全距离、未采取停电措施、未落实绝缘隔离防护措施的情况下，严禁开展施工作业。

24.2 严禁使用不符合规定的导线做接地线或短路线。

24.3 无论高压设备是否带电，严禁作业人员移开或越过遮栏进行作业。

24.4 对停电设备验明无电压后，必须立即进行短路接地。凡可能送电至停电设备的各部位必须装设接地线或合上专用接地开关。在靠近电源进线处母线上装设接地线后，方可在停电母线上工作。

24.5 电缆及电容器接地前必须逐相充分放电，星形接线电容器的中性点必须接地，串联电容器及与整组电容器脱离的电容器必须逐个多次放电，装在绝缘支架上的电容器外壳必须放电。

24.6 严禁在未采取防止静电感应、电击措施的情况下，传递临时试验线或其他导线以及拆装接头；进行高压验电必须使用合格的、符合电压等级的验电设备，穿戴与带电设备电压等级相匹配的绝缘手套、绝缘鞋。

24.7 高压开关柜内手车开关拉出后，隔离带电部位的挡板封闭后禁止开启，打开开关柜柜门前必须核对设备名称、编号；严禁检修人员擅自改变设备状态。

24.8 未明确开关柜内母线布置方式及设备状态前，严禁开启母线桥小室盖板。严禁检修人员脱离工作负责人、专责监护人的监护范围开展作业。

24.9 在带电体附近搬运工器具及材料时，必须与带电体保持足够的安全距离。

24.10 带电体附近使用的高空作业平台、起重机械、挖掘机等机械设备必须控制平台、起重臂、挖斗的角度及长度，并可靠接地，设专人监护；在行驶中严禁打开操作平台、起重臂、挖斗等。

24.11 临近带电体组立杆塔，靠近带电体一侧使用的控制绳必须采用绝缘绳。

24.12 在带电体附近组立杆塔时，铁塔塔腿吊装完成后必须立即将临时接地引下线与接地网进行可靠连接。

24.13 在带电体附近使用施工机具、工器具，金属外壳必须可靠接地。

24.14 架线施工时，跨越带电线路档的两端必须安装接地滑车并可靠接地。

25 防止陆上风电机组设备场内运输及施工事故

25.1 防止风电机组设备场内运输事故

25.1.1 风电场内不满足运输条件的路桥改造、加固、验收前，运输道路的边坡塌方、边坡挡墙支护不牢等安全隐患未消除前，禁止运输风电机组设备。

25.1.2 未确认运输车辆制动系统安全可靠前，禁止运输风电机组设备。

25.1.3 当使用装载机作为风电机组设备运输车辆的辅助牵引时，必须设专人统一指挥，并确保牵引钢丝绳、挂钩或插销等安全可靠，且牵引钢丝绳周边严禁人员通过和逗留。

25.1.4　风电场内各主要路口及危险路段内必须设置相应的交通安全标识和防护设施。

25.1.5　恶劣天气和照明不足情况下，或恶劣天气后未对运输道路进行隐患排查的，禁止运输风电机组设备。

25.2　防止风电机组设备吊装事故

25.2.1　吊装专项施工方案未严格按要求编审批，未进行安全技术交底的，禁止作业。

25.2.2　设备与起重机吊臂之间的安全距离必须大于500mm。

25.2.3　禁止使用超过安全使用周期的风电机组设备专用吊带，且每次使用前都必须检查合格后方可使用。

25.2.4　超过四级风（5.5～7.9m/s）时，禁止吊装叶片和叶轮；超过五级风（8.0～10.7m/s）时，禁止吊装塔架和机舱。

25.2.5　雷雨季节，风电机组设备主吊车机体外壳必须接地且接地电阻值不大于4Ω；叶片吊装就位后，必须及时连接避雷引下线并确保与机舱、塔架避雷引下线、接地网可靠连接。

25.2.6　风电机组设备主吊车地基承载力和地面平整度必须满足专项施工方案要求。

25.2.7　风电机组设备主吊车采用履带起重机铺设路基箱时履带纵向中心线必须与路基箱中心线保持重叠，禁止履带纵向边沿处于路基箱接缝处。

25.2.8　风电机组设备主吊车采用全地面起重机时，行驶地面的承载力必须大于起重机的接地比压和轴荷载，使用支腿作业时，所有轮胎必须离地，整机保持水平状态，回转支承安装平面的倾斜度不大于1%。

25.2.9　设备吊装工作完成后，必须按照厂家说明书及时将叶片桨距角调节至抗涡激模式，叶片处于顺桨状态，叶轮转子处于机械锁定状态，直至空运转测试开始。

26　防止海上风电施工事故

26.1　防止风电机组设备场内运输事故

26.1.1　海上风电机组设备运输前应安排技术人员现场踏勘航线、了解现场作业环境，参与运输方案的制定。运输方案必须经专家评审通过后方可实施。

26.1.2　船舶必须经安全检查验收合格后方可入场，并向监理单位等相关方报验，取得总承包单位和监理单位等相关方签字确认的入场许可手续。船机锚泊系统应满足现场施工安全需要。

26.1.3　船舶起锚和抛锚作业时必须做好海缆保护措施。作业前，应通过安全技术交底的形式，书面将海缆路由坐标告知各施工船舶，并要求施工船舶在进行抛锚作业的时候，抛锚位置应远离海缆。

26.2　防止海上起重吊装事故

26.2.1　海上吊装专项施工方案未严格按要求编审批，未进行安全技术交底的，禁止作业。

26.2.2 海上风电施工人员作业时必须按有关规定采取穿戴救生衣等防护措施。

26.2.3 海上风力发电机组打桩、吊装作业时，应着重防范溜桩、穿刺等导致船舶、海上设施或平台失稳的情况。作业前应对施工场区地勘资料进行分析，并做好扫海和平台站位选择。

26.2.4 严格按照操作手册做好桩腿插桩、保压等技术操作，施工过程派专人观察桩腿压力变化，同时还应制定专项应急预案。

26.2.5 起重船的纵倾应满足起重机的安全作业要求，横倾任何情况均不应超过5°。前、后锚机的锚缆（链）受力均匀。调载系统及备用调载泵的状态和能力正常。

26.2.6 海上风力发电机组吊装应注意叶轮组对工装（俗称“象腿”工装）的检查和验收，确保“象腿”焊接质量；叶轮吊装时要做好“溜尾"过程的配合，起吊前应关注气象信息（台风、大风、洋流浓雾、暴雨等）等影响，起吊时注意风速变化和现场缆风绳的设置。

26.2.7 设备吊装工作完成后，必须按照厂家说明书及时将叶片桨距角调节至抗涡激模式，叶片处于顺桨状态，叶轮转子处于机械锁定状态，直至空运转测试开始。

26.3 防止风电机组设备安装事故

26.3.1 施工人员必须与塔筒、机舱和叶轮保持安全距离，应站在潜在的坠落区域以外。上部塔筒和机舱安装时，施工人员只允许在下段塔筒内部，并且位于法兰水平高度以下部位，直到塔筒或机舱就位。

26.3.2 在轮毂内工作期间，必须锁定变桨机构。

26.3.3 叶片就位时，不得将身体伸出轮毂。叶片变桨时，作业人员应与其保持安全距离。

26.3.4 舷外摘挂钩时，要有防坠措施。

26.3.5 禁止在朝下的叶片上去除人孔盖，防止人员和工器具等坠落到叶片内部。

26.3.6 在机舱内工作期间，必须锁定齿轮箱高速轴；必须将安全带系挂在机舱锚固点上，防止高处坠落。

27 防止泥石流、滑坡、崩塌事故

27.1 工程建设场地必须在项目可行性研究阶段进行地质灾害危险性评估工作后，方可开展下阶段工作。

27.2 评估工作结束后两年，工程建设仍未进行，必须重新进行地质灾害危险性评估工作。

27.3 评估工作结束后，评估区地质环境条件发生重大变化或工程建设方案有较大变化时，必须重新进行地质灾害危险性评估工作。

27.4 评估工作必须对评估区内分布的各类地质灾害体的危险性和危害程度，逐一进行现状评估，对工程建设可能引发或加剧的以及本身可能遭受的各类地质灾害的可能性、危害程度分别进行预测评估。

27.5 生产区域、生活营地严禁选址在泥石流、滑坡、崩塌等地质灾害易发区域。

如生产区域、生活营地选址在项目可研阶段地质灾害危险性评估范围之外的，必须对选址区域进行地质灾害危险性评估工作。

27.6　开工前必须做好设计交底工作，包括安全交底和环保交底。

27.7　施工期产生的开挖料和弃渣应按施工总平面布置要求运到指定暂存场和渣场，严禁随意堆放和丢弃。

27.8　泥石流、滑坡、崩塌等地质灾害易发区，建设单位必须在汛前、汛后、持续降雨后和特殊工况（如地震、台风、北方冻前和冻后等）下组织进行地质灾害隐患排查。

28　防止水电工程压力管道安装事故

28.1　钢管现场存放必须垫稳并采取防倾倒、滚动及变形的措施。

28.2　钢管运输时，人员严禁靠近受力的钢丝绳和滑车，严禁进入破断可能回弹的区域，严禁在可能倾翻的下侧停留。

28.3　钢管洞内卸车和运输牵引的主地锚钩采用预埋锚杆固定的，正式投入使用前，应进行载荷试验，以验证其承载能力。竖井或斜井内运输钢管时，所有人员严禁进入钢管下部。

28.4　钢管吊运时，应计算出其重心位置，确认吊点位置。翻转时应先放好旧轮胎或木板等垫物，工作人员应站在重物倾斜方向的对面。翻转时应采取措施防止冲击。

28.5　钢管调整与组装使用的千斤顶及压力架等应牢固可靠，应有防坠落、防倾倒等措施。钢管吊装对缝时，严禁将身体伸入或扒在管口上。钢管上临时焊接的脚踏板、挡板、压码、支撑架、扶手、栏杆、吊耳等，焊后应检查，确认符合要求后方可使用。

28.6　用于支撑拆除的自制台车和作业平台，必须经过专门设计计算，并经检查、空车试验合格后方可使用；在使用过程中必须经常检查其可靠性和稳定性。

28.7　压力钢管安装所使用的起重工具，如手拉葫芦、滑车、卡具、钢丝绳等，必须经检查合格，且安全系数符合规定。

29　防止竖（斜）井载人提升机械安装和使用事故

29.1　竖（斜）井上下人员的专用提升设施，未经设计并验收合格的，严禁使用。竖（斜）井载人罐笼使用前必须对防坠器进行动作试验。

29.2　竖（斜）井载人提升设备基础承载力必须满足设备说明书的要求。提升设备必须设置过卷装置、过速装置、过负荷和欠电压保护装置、联络装置、速度限制器、防止闸瓦过度磨损时的报警和自动断电的保护装置、防坠器、缓冲绳等安全设施，并定期检修保证其安全可靠。

29.3　升降人员前，必须经过空车试运，并对钢丝绳、安全设施进行检查，严禁超载运行。井口接罐地点必须设置牢固的活动栅门，由专人负责启闭。接罐人员必须佩戴安全带，上下井的人员必须服从接罐人员的指挥。通向井口的轨道应设阻车器，阻车器的阻爪严禁在阻车时自行打开。

29.4 检修井筒或处理事故的人员，如需站在罐笼或箕斗顶上工作时，必须装设保护伞和栏杆，作业人员必须佩戴安全带；提升容器的速度严禁大于0.15m/s。

29.5 竖井载人提升机必须配备应急备用电源，作业人员必须配备应急通讯设备。

30 防止地下工程开挖作业事故

30.1 严禁在超前地质预报和安全监测措施不到位的情况下进行地下工程开挖。

30.2 每循环开挖时初期支护必须及时跟进，严禁在初期支护未跟进或跟进未完成的情况下进行下循环开挖钻爆作业。

30.3 洞深超过5倍洞径时必须采取机械通风，并进行气体检测。

30.4 TBM、盾构施工人员必须经过培训，并熟识设备各项信号，未经专项培训和允许，严禁操作或调试设备。

30.5 有轨运输出渣洞室，要加强轨道路基养护。牵引设备牵引能力必须满足隧道最大纵坡和运输重量要求，运输不得超载。纵坡大于2.5%的隧道，牵引设备在停靠时必须设置前后限位器及防撞设施。

30.6 TBM、盾构机刀具检查和更换，需选择地质条件好、地层稳定的地段，并关闭相关工作系统。开仓换刀时，严禁仓外人员进行转动刀盘、出渣和泥浆循环等危及仓内人员的操作。

30.7 TBM、盾构施工进、出洞必须制定地层稳定加固和降水措施，对沿途受影响范围的道路、建筑物等必须进行监测，并结合反馈的监控数据及时调整掘进方式。

30.8 TBM、盾构掘进中必须严格按照掘进参数和地质状况动态控制土仓或泥水仓内外压力平衡和排放量。掘进过程中，必须采取防止螺旋输送机发生喷涌的措施。

30.9 严禁洞口边坡不稳定时进洞开挖。

30.10 大断面洞室全断面开挖或扩挖必须自上而下分层进行，下层开挖需在上层开挖支护完成且监测围岩变形稳定后进行。

30.11 地下多洞室同时施工的工程，必须结合开挖支护的进度，建立有效的沟通联络，控制相互间的距离，保证施工安全。

30.12 竖井和斜井施工系统锚喷支护须紧跟开挖工作面及时施工，施工中需加强安全检查，发现变形、裂缝和掉块时，须立即停止施工，撤离作业人员。

30.13 竖井和斜井施工必须做好洞口防护，导井口除溜渣外必须封闭，严禁上下同时作业，扒渣作业人员要系好安全带防止坠落导井。

30.14 岩爆易发生洞段必须建立岩爆监测、预报和分析系统，制定相应应对措施。施工时选派有经验作业人员，密切观察岩石表面剥落和监听岩石内部声响。岩爆发生时必须立即停机避让，等岩爆强度基本平静下来再进行处理。

30.15 隧道内空气温度不得超过30℃，平均气温超过28℃时，必须根据不同部位温度程度，采取措施降低温度后再施工。

30.16 有涌水突泥风险的洞室，必须采取措施防止发生涌水突泥对洞室结构产生破坏。同时要注意涌水的含泥量，防止排水管被堵排水不畅。对涌水突泥量较大的洞室，必须结合突泥进行整治。

30.17　有涌水突泥风险的洞室，必须加强围岩变形和地下水监测，制定相应的应急预案。

30.18　瓦斯洞段必须配置专业瓦斯检测人员和仪器，加强对易积瓦斯部位、不良地质地段、机电设备及开关附近，以及爆破作业前后的瓦斯检测。对浓度超限的必须严格按照安全要求处理。

30.19　瓦斯隧道必须持续通风，停工时必须做好瓦斯隧道的封闭，停工期间不能停止通风。复工前必须进行瓦斯检测及相关通风系统设备检查，安全符合要求后再复工。

第六部分　资料性文件

附录 A　电力建设工程相关标准条目

1.《电力建设工程施工安全管理导则》（NB/T 10096—2018）

4　基本要求

5　施工安全管理策划

6　安全生产管理体系

7　安全生产责任与职责

8　安全生产管理制度

9　安全生产目标管理

10　安全生产教育培训

11　安全生产费用

12　施工安全技术管理

13　施工机械设备安全管理

14　作业安全

15　安全检查

16　安全风险管控与隐患排查治理

17　分包安全管理

19　应急管理

2.《建筑施工组织设计规范》（GB/T 50502—2009）

5.5　主要施工方案

7.4　安全管理计划

3.《建筑施工安全技术统一规范》（GB 50870—2013）

8　建筑施工安全技术管理

4.《施工现场临时建筑物技术规范》（JGJ/T 188—2009）

5.《电力建设安全工作规程 第 3 部分：变电站》（DL 5009.3—2013）

3.2　施工现场

6.《建筑施工土石方工程安全技术规范》（JGJ 180—2009）

6　基坑工程

7.《建筑施工高处作业安全技术规范》（JGJ 80—2016）

3　基本规定

4　临边与洞口作业

5　攀登与悬空作业
7　交叉作业
8　建筑施工安全网
8.《安全标志及其使用导则》（GB 2894—2008）
6　安全标志牌的要求
7　标志牌的型号选用
8　标志牌的设置高度
9　安全标志牌的使用要求
10　检查与维修
9.《烟囱工程施工及验收规范》（GB/T 50078—2008）
13　施工安全
10.《固定式钢梯及平台安全要求 第1部分：钢直梯》（GB 4053.1—2009）
《固定式钢梯及平台安全要求 第2部分：钢斜梯》（GB 4053.2—2009）
《固定式钢梯及平台安全要求 第3部分：工业防护栏杆及钢平台》（GB 4053.3—2009）
11.《便携式金属梯安全要求》（GB 12142—2007）
8　使用要求
12.《便携式木折梯安全要求》（GB 7059—2007）
4　一般要求
7　使用要求
13.《安全网》（GB 5725—2009）
5　技术要求
7　检验规则
8　标识
14.《施工现场临时用电安全技术规范》（JGJ 46—2005）
3　临时用电管理
4　外电线路及电气设备防护
5　接地与防雷
6　配电室及自备电源
7　配电线路
8　配电箱及开关箱
9　电动建筑机械和手持式电动工具
15.《建筑施工扣件式钢管脚手架安全技术规范》（JGJ 130—2011）
3　构配件
6　构造要求
7　施工
8　检查与验收
9　安全管理

16.《建筑机械使用安全技术规程》(JGJ 33—2012)

4　起重机械与垂直运输机械

5　土石方机械

6　运输机械

7　桩工机械

8　混凝土机械

9　钢筋加工机械

10　木工机械

11　地下施工机械

12　焊接机械

13　其他中小型机械

17.《建设工程施工现场消防安全技术规范》(GB 50720—2011)

3　总平面布局

4　建筑防火

5　临时消防设施

6　防火管理

18.《履带起重机安全操作规程》(DL/T 5248—2010)

4　安装与拆卸

5　运行

19.《汽车起重机安全操作规程》(DL/T 5250—2010)

4　运行

5　维护保养

20.《起重机安全规程　第1部分：总则》(GB 6067.1—2010)

3　金属结构

9　安全防护装置

12. 人员的选择、职责和基本要求

15　起重机的设置

16　安装与拆卸

17　起重机械的操作

18　检查

21.《钢丝绳吊索 插编索扣》(GB/T 16271—2009)

5　技术要求

22.《建筑施工升降机安装、使用、拆卸安全技术规程》(JGJ 215—2010)

3　基本规定

4　施工升降机的安装

5　施工升降机的使用

23.《建筑施工工具式脚手架安全技术规范》(JGJ 202—2010)

5　高处作业吊篮

24.《建筑灭火器配置验收及检查规范》(GB 50444—2008)

3　安装设置

4　配置验收

5　检查与维护

25.《水运工程施工安全防护技术规范》(JTS 205—1—2008)

4　施工安全技术准备

5　通用作业的安全防护

7　桩基施工

10　主要施工船舶安全操作

附录B　项目部安全生产管理制度

项目部安全生产管理制度包括但不限于：

1）危险源辨识和风险评价控制管理制度；

2）安全生产责任制度及承诺制度；

3）安全教育培训制度；

4）安全例会制度；

5）分包安全管理制度；

6）安全施工措施管理制度；

7）危险性较大的分部分项工程安全管理制度；

8）安全施工作业票管理制度；

9）安全设施与防护用品管理制度；

10）文明施工管理制度；

11）施工机械设备安全管理制度；

12）脚手架安全管理制度；

13）临时用电安全管理制度；

14）现场消防安全管理制度；

15）现场交通安全管理制度；

16）安全检查制度；

17）生产安全事故隐患排查治理管理制度；

18）安全奖惩管理制度；

19）特种作业和特种设备作业人员管理制度；

20）危险化学品安全管理制度；

21）现场安全设施和防护用品管理制度；

22）应急管理制度；

23）职业卫生管理制度；

24）事故报告、调查、处理、统计管理制度；

25）环境保护管理制度；

26）安全生产费用管理制度；

27）班组安全活动制度。

附录 C　危险性较大的分部分项工程

1 通用部分包括（但不限于）

a）特殊地质地貌条件下施工

b）人工挖孔桩工程

c）土方开挖工程：

开挖深度超过 3m（含 3m）的基坑（槽）的土方开挖工程。

d）基坑支护、降水工程：

开挖深度超过 3m（含 3m）或虽未超过 3m 但地质条件和周边环境复杂的基坑（槽）支护、降水工程。

e）边坡支护工程

f）模板工程及支撑体系：

1）各类工具式模板工程：包括大模板、滑模、爬模、飞模、翻模等工程。

2）混凝土模板支撑工程：搭设高度 5m 及以上；搭设跨度 10m 及以上；施工总荷载 10kN/m^2及以上；集中线荷载 15kN/m 及以上；高度大于支撑水平投影宽度且相对独立无联系构件的混凝土模板支撑工程。

3）承重支撑体系：用于钢结构安装等满堂支撑体系。

g）起重吊装及安装拆卸工程：

1）采用非常规起重设备、方法，且单件起吊重量在 10kN 及以上的起重吊装工程。

2）采用起重机械进行安装的工程。

3）起重机械设备自身的安装、拆卸。

h）脚手架工程

1）搭设高度 24m 及以上的落地式钢管脚手架工程。

2）附着式整体和分片提升脚手架工程。

3）悬挑式脚手架工程。

4）吊篮脚手架工程。

5）自制卸料平台、移动操作平台工程。

6）新型及异型脚手架工程。

i）拆除、爆破工程：

1）建（构）筑物拆除工程。

2）采用爆破拆除的工程。

j）临近带电体作业

k）其他

1）建筑幕墙安装工程。

2）钢结构、网架和索膜结构安装工程。

3）地下暗挖、顶管、盾构、水上（下）、滩涂及复杂地形作业。

4）预应力工程。

5）用电设备在5台及以上或设备总容量在50kW及以上的临时用电工程。

6）厂用设备带电。

7）主变压器就位、安装。

8）高压设备试验。

9）厂、站（含风力发电）设备整套启动试运行。

10）有限空间作业。

11）采用新技术、新工艺、新材料、新设备的分部分项工程。

2 火电（含核电常规岛）工程包括（但不限于）

a）锅炉水压试验。

b）汽包就位。

c）锅炉板梁吊装就位。

d）锅炉受热面吊装就位。

e）汽轮机本体安装。

f）燃机模块吊装就位。

g）发电机定子吊装就位。

h）除氧器吊装就位。

i）氢系统充氢。

j）燃气管道置换及充气。

k）锅炉酸洗作业。

l）锅炉、汽机管道吹扫。

m）燃油系统进油。

n）液氨罐充氨。

o）烟囱、冷却塔筒壁施工。

3 水电工程包括（但不限于）

a）隧道、竖井、大坝、地下厂房、防渗墙、灌浆平洞、主动（被动）防护网、松散体、危岩体等开挖、支护、混凝土浇筑等工程。

b）水轮机安装及充水试验。

c）尾水管、座环、发电机转子定子吊装。

d）缆机设备自身的安装、拆卸工程。

e）岩壁梁工程。

f）竖（斜）井载人（载物）提升机械安装工程。

g）上下游围堰爆破拆除工程。

h）水下岩坎爆破工程。

4 送变电及新能源工程包括（但不限于）

a）运行电力线路下方的线路基础开挖工程。

b）10kV及以上带电跨（穿）越工程。

c）15m及以上跨越架搭拆作业工程。

d）跨越铁路、公路、航道、通信线路、河流、湖泊及其他障碍物的作业工程。

e）铁塔组立，张力放线及紧线作业工程。

f）采用无人机、飞艇、动力伞等特殊方式作业工程。

g）铁塔、线路拆除工程。

h）索道、旱船运输作业工程。

i）塔筒及风机运输、安装工程。

j）山地光伏安装（含设备运输）工程。

附录 D　超过一定规模的危险性较大的分部分项工程

1 通用部分包括（但不限于）

a）深基坑工程

1）开挖深度超过 5m（含）的基坑（槽）的土方开挖、支护、降水工程。

2）开挖深度虽未超过 5m，但地质条件、周围环境和地下管线复杂，或影响毗邻建（构）筑物安全的基坑（槽）的土方开挖支护、降水工程。

b）模板工程及支撑体系

1）各类工具式模板工程包括大模板、滑模、爬模、飞模、翻模等工程。

2）混凝土模板支撑工程：搭设高度 8m 及以上；搭设跨度 18m 及以上；施工总荷载 151<N/m^2 及以上；集中线荷载 20kN/m 及以上。

3）承重支撑体系：用于钢结构安装等满堂支撑体系，受单点集中荷载 700kg 以上。

c）起重吊装及安装拆卸工程

1）采用非常规起重设备、方法、且单件起吊质量在 100kg 及以上的起重吊装工程。

2）起重量 600kN 及以上的起重设备安装工程，高度 200m 及以上内爬起重设备的拆除工程。

d）脚手架工程

1）搭设高度 50m 及以上落地式钢管脚手架工程。

2）提升高度 150m 及以上附着式整体和分片提升脚手架工程。

3）架体高度 20m 及以上悬挑式脚手架工程。

e）拆除、爆破工程

1）采用爆破拆除的工程。

2）码头、桥梁、高架、烟囱、冷却塔拆除工程。

3）容易引起有毒有害气（液）体、粉尘扩散造成环境污染及易引发火灾爆炸事故的建、构筑物拆除工程。

4）可能影响行人、交通、电力设施、通信设施或其他建（构）筑物安全的拆除工程。

5）文物保护建筑、优秀历史建筑或历史文化风貌区控制范围的拆除工程。

f）其他

1）施工高度 50m 及以上的建筑幕墙安装工程。

2）跨度大于 36m 及以上的钢结构安装工程；跨度大于 60m 及以上的网架和索

膜结构安装工程。

3）开挖深度超过 8m 的人工挖孔桩工程。

4）复杂地质条件的地下暗挖工程、顶管、盾构、水下作业工程。

5）高度在 30m 及以上的高边坡支护工程。

6）采用新技术、新工艺、新材料、新设备且无相关技术标准的分部分项工程。

2 水电工程

a）缆机设备自身的安装、拆卸作业工程。

b）岩壁梁施工作业工程。

c）竖（斜）井载人提升机械安装工程。

d）隧道开挖作业工程。

e）上下游围堰爆破拆除工程。

f）水下岩坎爆破工程。

3 送变电及新能源工程

a）高度超过 80m 及以上的高塔组立工程。

b）运输质量在 20kg 及以上、牵引力在 10kN 及以上的重型索道运输作业工程。

c）风机（含海上）吊装工程。

附录 E　重要临时设施、重要施工工序、特殊作业、危险作业项目

1 重要临时设施

重要临时设施包括（但不限于）施工供用电、用水、压缩空气及其管线，氧气、乙炔库及其管道，交通运输道路，作业棚，加工间，资料档案库，砂石料生产系统、混凝土生产系统、布料机、混凝土预制件生产厂、起重运输机械，油库、炸药、剧毒品库及其他危险品库，射源存放库和锅炉房等。

2 重要施工工序

重要施工工序包括（但不限于）大型起重机械安装、拆除、移位及负荷试验，特殊杆塔及大型构件吊装，高塔组立，张力放线、预应力混凝土张拉，除氧器吊装，汽轮机扣缸，发电机定子吊装，发电机穿转子，大型变压器运输、吊罩、抽芯检查、干燥及耐压试验，主要电气设备耐压试验，高压线路及厂用设备带电，油系统进油，锅炉受热面及大板梁吊装，锅炉水压试验，临时供电设备安装与检修，汽水管道冲洗及过渡，循环水泵、磨煤机等重要转动机械试运，主汽管吹洗，锅炉升压、安全门整定，油循环，汽轮发电机组试运，燃气管道吹扫，燃气、氢气等投运，发电机首次并网，高边坡开挖，爆破作业，高排架、承重排架安装和拆除，土石方开挖、基础处理、支护，大体积混凝土浇筑，机电金结安装，水轮机充水试验，洞室开挖中遇断层、破碎带的处理等。

3 特殊作业

特殊作业包括（但不限于）大型设备、构件装卸运输（超重、超高、超宽、超长、精密、价格昂贵设备），爆破、爆压及在有限空间内作业，高压带电线路交叉作业，邻近高压线路施工，重要及特殊跨越作业，进入高压带电区、厂（站）运行区、氢气站、氨区、油区、氧气（乙炔）站及带电线路作业，高处压接导线、接触易燃易爆、剧毒、

腐蚀剂、有害气体或液体及粉尘、射线作业，季节性施工，多工种立体交叉作业及与运行交叉的作业，盲板抽堵作业，大坎、悬崖部分混凝土浇筑，岩臂梁施工等。

4 危险作业项目

危险作业项目包括（但不限于）起重机满负荷起吊，两台及以上起重机抬吊作业，移动式起重机在高压线下方及其附近作业，起吊危险品，超重、超高、超宽、超长物件装卸及运输，易燃易爆区动火作业，在发电、变电运行区作业，高处作业，高压带电作业及邻近高压带电体作业，特殊高处脚手架、大型起重机械拆卸、组装作业，水上、水下作业，沉井、沉箱、顶管、盾构、有限空间内作业，土石方爆破，国家和地方规定的其他危险作业。